工业和信息化**精品系列**教材

信息技术

基础模块 | 第2版

张丹阳◎主编

李平 赵磊◎副主编

人民邮电出版社

北京

图书在版编目（CIP）数据

信息技术 : 基础模块 / 张丹阳主编. -- 2版. --
北京 : 人民邮电出版社, 2023.9
工业和信息化精品系列教材
ISBN 978-7-115-62630-1

Ⅰ. ①信… Ⅱ. ①张… Ⅲ. ①电子计算机－高等职业
教育－教材 Ⅳ. ①TP3

中国国家版本馆CIP数据核字(2023)第169385号

内 容 提 要

本书依据《高等职业教育专科信息技术课程标准（2021 年版）》的课程目标、内容标准及相关要求编写而成。本书根据学生的认知规律，精心设计教学内容，充分激发学生的学习兴趣，培养学生的学习能力，提升学生的信息素养，拓展学生的专业视野，帮助学生掌握常用的工具软件和信息化办公技术，了解人工智能、物联网、区块链等新一代信息技术，具备支撑专业学习的能力，能在日常生活、学习和工作中综合运用信息技术解决问题；使学生拥有团队意识和职业精神，具备独立思考和主动探究的能力，为学生职业能力的持续发展奠定基础。

本书采用单元任务式结构，介绍信息技术的相关基础知识和计算机操作技能。全书共 6 个单元，分别为文档处理、电子表格处理、演示文稿制作、信息检索、新一代信息技术概述、信息素养与社会责任。

本书可作为高职高专院校非计算机专业“大学计算机基础”课程的教材，也可作为计算机等级考试的辅导教材。

◆ 主　　编　张丹阳
副 主 编　李　平　赵　磊
责任编辑　刘　佳
责任印制　王　郁　焦志炜
◆ 人民邮电出版社出版发行　　北京市丰台区成寿寺路 11 号
邮编　100164　电子邮件　315@ptpress.com.cn
网址　https://www.ptpress.com.cn
三河市君旺印务有限公司印刷
◆ 开本：787×1092　1/16
印张：16.75　　2023 年 9 月第 2 版
字数：409 千字　　2024 年 8 月河北第 5 次印刷

定价：59.80 元

读者服务热线：(010)81055256　印装质量热线：(010)81055316
反盗版热线：(010)81055315
广告经营许可证：京东市监广登字 20170147 号

第2版前言

FOREWORD

当今世界，以大数据、云计算、互联网、物联网、虚拟现实、量子信息、区块链、人工智能等为代表的新一代信息技术突飞猛进，开启了数字化的新时代。习近平总书记在党的二十大报告指出，“加快发展数字经济，促进数字经济和实体经济深度融合，打造具有国际竞争力的数字产业集群”，为“数字中国”背景下的产业变革指明了方向。数字经济必将极大地改变了人类生产生活方式和社会治理方式，成为“重组全球要素资源、重塑全球经济结构、改变全球竞争格局的关键力量”。

信息技术涵盖信息的获取、表示、传输、存储、加工、应用等各种技术。随着时代的发展，人工智能、量子信息移动通信、物联网、区块链等新一代信息技术，正迅速又深刻地影响着我们的生活、学习和工作方式。在人手一部智能手机的社会中，我们经常使用的地图导航、微信支付、网络购物、百度搜索、微信社交、在线学习、视频会议、线上办公等都是信息技术的具体应用。掌握信息技术的基础知识与技能，对提升国民信息素养，增强个体的信息社会适应能力与创造力，对个人的生活、学习和工作，对全面建设社会主义现代化国家具有重大意义。

本书以教育部办公厅印发的《高等职业教育专科信息技术课程标准（2021年版）》为依据，充分体现信息技术课程的性质、基本理念、课程目标、内容标准及有关要求；秉承立德树人的宗旨，围绕信息技术学科的核心素养，力求帮助学生认识信息技术对人类生产、生活的影响，了解现代社会信息技术的发展趋势，理解信息社会特征并遵循信息社会规范；使学生掌握常用的工具软件和信息化办公技术，了解人工智能、区块链等新一代信息技术，具备支撑专业学习的能力，能在日常生活、学习和工作中综合运用信息技术解决问题；培养学生的团队意识和职业精神，使其具备独立思考和主动探究的能力，为学生职业发展、终身学习和服务社会奠定基础。

本套教材分为《信息技术（基础模块）（第2版）》和《信息技术（拓展模块）（第2版）》两册，基础模块包含文档处理、电子表格处理、演示文稿制作、信息检索、新一代信息技术概述和信息素养与社会责任6个单元，拓展模块包含程序设计基础、云计算、大数据、物联网、人工智能、区块链、数字媒体、信息安全、项目管理、机器人流程自动化、现代通信技术和虚拟现实技术12个模块。

本书以典型岗位的真实工作任务为载体，有机融入信息技术的相关知识，基于工作过程的主线，设计编写教学单元，理实一体、工学结合、任务驱动，体现职教特色。例如，基础模块的单元2电子表格处理安排了“制作员工信息登记表”“编辑培训成绩统计表”“绘制培

第2版前言

FOREWORD

训成绩分析图”“编辑产品销售业绩数据透视表和数据透视图”4个典型、真实的岗位工作任务，将电子表格处理的知识技能融入其中。

本书以培养学生技术学科的核心素养为目标，以在线课程平台为支撑，以知识导图、任务描述、技术分析、任务实施、学习笔记、考核评价为路径，力求构建“路径指引、泛在个性”的学习模式，培养学生积累、梳理与探究知识的素养，以多种形式强化知识技能构建与运用，增强学生学习的主体意识和实践精神。

本书依据高职学生的认知特点，图文并茂、生动有趣地呈现教学内容，激发学生的学习兴趣。前4个单元每项任务都有具体的操作步骤，让学生可以边学边实践，按照提示步骤操作就能轻松完成实训任务，从而达到“手把手”教学的目的。

本书以国家精品在线课程为标准，从教师教学和学生学习两个角度开发数字化教学与学习的在线资源，包括教学计划、教学设计方案、PPT课件、考试题库、微课、实训指导、拓展资源等内容，可登录人邮教育（www.ryjiaoyu.com）下载。

本书主编张丹阳，副主编李平、赵磊，参编张聪慧、梁平、俞伯阳、刘昀、尹睿智、傅连仲。本书在编写过程中参考了大量国内外相关文献，在此特向作者一并表示感谢。

由于编者水平有限，书中难免存在疏漏和不足之处，敬请各位专家和读者批评指正。

编者

2023年4月

目录

CONTENTS

目 录

CONTENTS

目 录

CONTENTS

单元1 文档处理

01

文档处理是信息化办公的重要组成部分，广泛应用于人们日常生活、学习和工作的方方面面。本单元介绍文档的编辑、图片的插入和编辑、表格的插入和编辑、样式与模板的创建和使用、多人协同编辑文档等内容。

学习目标

知识目标

◎ 掌握文档的基本操作，如打开、复制、保存等，熟悉自动保存文档、创建联机文档、保护文档、检查文档、将文档转换为PDF格式、加密发布PDF格式文档等操作。

◎ 掌握文本的编辑、文本的查找和替换、段落的格式设置等操作。

◎ 掌握图形等对象的插入、编辑和美化等操作。

◎ 掌握在文档中插入和编辑表格、对表格进行美化、灵活应用公式对表格中数据进行处理等操作。

◎ 熟悉分页符和分节符的插入操作，掌握页眉、页脚、页码的插入 和编辑等操作。

能力目标

◎ 掌握样式与模板的创建和使用，掌握目录的制作和编辑操作。

◎ 熟悉文档样式和表格编号的使用，掌握页面设置操作。

◎ 掌握打印预览和打印操作的相关设置。

◎ 掌握多人协同编辑文档的方法和技巧。

素养目标

◎ 掌握多人协同编辑文档的方法，培养团队合作精神。

知识导图

文档处理知识导图如图1-1所示。

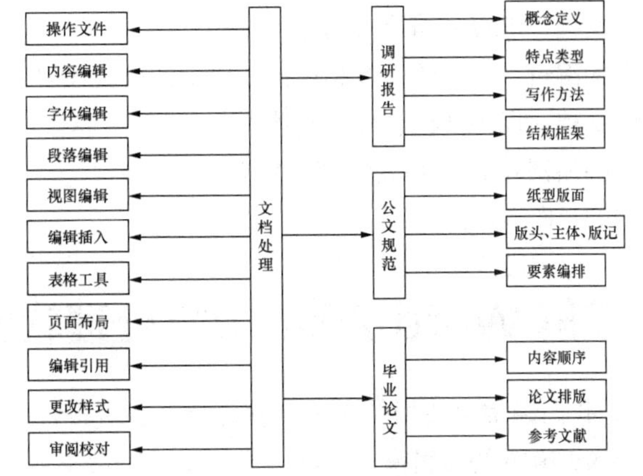

图 1-1　文档处理知识导图

任务 1.1 编辑调研报告

任务描述

陆欣是一名大学生，学校要求在暑假完成一项社会调研实践活动，并撰写调研报告，调研题目自定，调研的内容要求及调研报告的体例结构如图 1-2 所示。

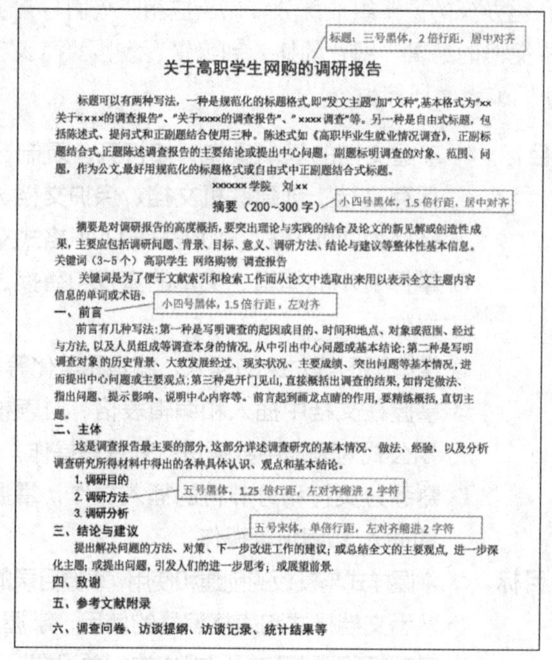

标题：三号黑体，2 倍行距，居中对齐

关于高职学生网购的调研报告

标题可以有两种写法，一种是规范化的标题格式,即"发文主题"加"文种",基本格式为"××关于××××的调查报告"、"关于××××的调查报告"、"××××调查"等。另一种是自由式标题，包括陈述式、提问式和正副题结合使用三种。陈述式如《高职毕业生就业情况调查》，正副标题结合式,正题陈述调查报告的主要结论或提出中心问题，副题标明调查的对象、范围、问题，作为公文,最好用规范化的标题格式或自由式中正副题结合式标题。

×××××× 学院 刘××

摘要（200~300 字）

小四号黑体，1.5 倍行距，居中对齐

摘要是对调研报告的高度概括，要突出理论与实践的结合及论文的新见解或创造性成果，主要应包括调研问题、背景、目标、意义、调研方法、结论与建议等整体性基本信息。

关键词（3~5 个）高职学生 网络购物 调查报告

关键词是为了便于文献索引和检索工作而从论文中选取出来用以表示全文主题内容信息的单词或术语。

一、前言

小四号黑体，1.5 倍行距，左对齐

前言有几种写法：第一种是写明调查的起因或目的、时间和地点、对象或范围、经过与方法，以及人员组成等调查本身的情况，从中引出中心问题或基本结论；第二种是写明调查对象的历史背景、大致发展经过、现实状况、主要成绩、突出问题等基本情况，进而提出中心问题或主要观点；第三种是开门见山，直接概括出调查的结果，如肯定做法、指出问题、提示影响、说明中心内容等。前言起到画龙点睛的作用，要精练概括，直切主题。

二、主体

这是调查报告最主要的部分，这部分详述调查研究的基本情况、做法、经验，以及分析调查研究所得材料中得出的各种具体认识、观点和基本结论。

1. 调研目的

2. 调研方法

五号黑体，1.25 倍行距，左对齐缩进 2 字符

3. 调研分析

三、结论与建议

五号宋体，单倍行距，左对齐缩进 2 字符

提出解决问题的方法、对策、下一步改进工作的建议；或总结全文的主要观点，进一步深化主题；或提出问题，引发人们的进一步思考；或展望前景.

四、致谢

五、参考文献附录

六、调查问卷、访谈提纲、访谈记录、统计结果等

图 1-2 调研的内容要求及调研报告的体例结构

技术分析

完成调研报告的编辑，需要掌握以下 Word 技术。

- 新建文档、保存文档及自动保存文档。
- 文本的编辑、文本的查找和替换、段落的格式设置。
- 联机文档、保护文档、检查文档。
- 文档的加密和 PDF 格式文档的发布。
- 文档的打印。

1.1.1 了解 Word 2016 文字处理软件

工作中，我们经常会使用图文编辑软件撰写调研报告、申请书、会议议程、工作计划和成绩表等，Word 2016 的编辑窗口及其构成如图 1-3 所示。

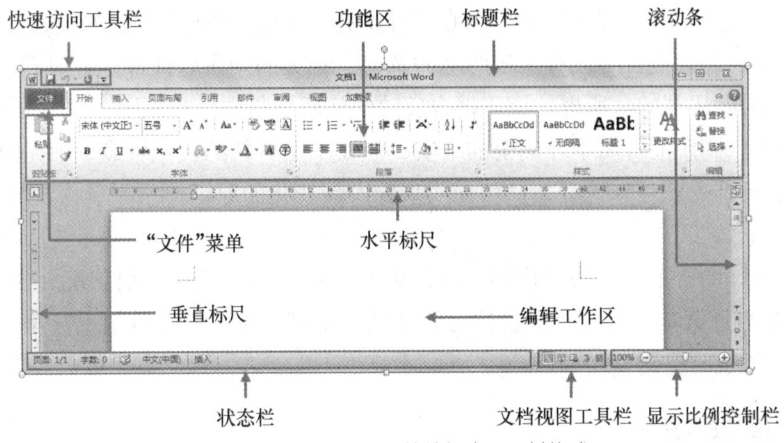

图 1-3 Word 2016 的编辑窗口及其构成

Word 2016 采用窗口化的操作界面，窗口中包含快速访问工具栏、标题栏、"文件"菜单、功能区、编辑工作区、滚动条、水平和垂直标尺、状态栏、文档视图工具栏、显示比例控制栏等。

Word 2016 文档编辑软件的主要功能如表 1-1 所示。

表1-1 Word 2016文档编辑软件的主要功能

序号	功能模块	具体功能简述
1	操作文件	新建、打开、关闭、保存、另存为、最近使用文件、信息、打印、配置选项等
2	编辑功能	选择、替换、查找、剪切、复制、粘贴、格式刷等
3	字体编辑	字体、字形、字号、字符间距、颜色、上标、下标、倾斜、下画线等
4	段落编辑	对齐方式、大纲级别、缩进、行间距、段前间距、段后间距、换行、分页、版式、底纹、显示和隐藏编辑标记等
5	编辑插入	插入页、表格、图片、图表、形状、流程图、结构图、关系图、链接、页眉、页脚、页码、文本框、艺术字、日期时间、符号等
6	页面布局	主题、文字方向、页边距、纸张大小、纸张方向、分栏、分隔符、行号、页面背景、段落、排列等
7	邮件操作	开始邮件合并、选择收件人、编辑收件人列表、筛选收件人、插入合并域、预览、完成邮件合并、规则等
8	编辑视图	页面、阅读版式视图，显示标尺、网格线、导航窗口，显示比例，新建、重排和拆分窗口等
9	编辑引用	目录、脚注、题注、索引、引文、书目等
10	表格工具	表格样式、表格属性、表格合并、表格拆分、插入行列、绘制边框、对齐方式、单元格大小、重复标题行、排序、公式等
11	更改式样	样式集、颜色、字体和段落间距等
12	审阅校对	校对、语言、批注、修订、更改、比较和保护等

1.1.2 了解调研报告的相关知识

扫码观看
微课视频

1. 概念与特点

调研报告是对某项工作、某个事件、某个问题，经过深入细致的调研后，将调研中收集到的材料加以系统整理、分析研究，以书面形式向组织和领导汇报调查情况的一种文书。

调研报告有以下几个特点。

① 写实性。调研报告是在大量现实和历史资料的基础上，用叙述性的语言实事求是地反映

某一客观事物。充分了解实情和全面掌握真实可靠的素材是写好调研报告的基础。

② 针对性。调研报告一般有比较明确的意向，相关的调研取证都是针对和围绕某一个综合性或专题性问题展开的。所以，调研报告反映的问题要集中且有深度。

③ 逻辑性。调研报告离不开确凿的事实，但又不是材料的机械堆砌，而是对核实无误的数据和事实进行严密的逻辑论证，从而探明事物发展变化的原因，预测事物发展变化的趋势，得出科学的结论。

④ 时效性。调研报告所写的内容、所用的数据都是为了反映当前状况、提供决策参考。时过境迁便如明日黄花，若调研报告的时效性低，则其将失去参考价值，甚至误导决策，因此必须抓住时机及时提交。

2. 调研报告的类型

调研报告主要分为以下几种类型。

① 情况调研报告。情况调研报告是比较系统地反映本地区、本单位基本情况的一种调研报告。这种调研报告是为了弄清情况，供决策者参考。

② 典型经验调研报告。典型经验调研报告是通过分析典型事例、总结工作中出现的新经验，从而指导和推动某方面工作的一种调研报告。

③ 问题调研报告。问题调研报告是针对某一方面的问题，进行专项调查，以澄清事实真相，判明问题的原因和性质，确定造成的危害，并提出解决问题的办法和建议，为问题的最后处理提供依据，也为其他有关方面提供参考和借鉴的一种调研报告。

3. 调研报告的写作方法

调研报告一般由标题和正文两部分组成。

（1）标题

标题可以有两种格式。一种是规范化的标题格式，即“发文主题”加“文种”，基本格式为“×× 关于 ×××× 的调研报告”“关于 ×××× 的调研报告”“×××× 调研”等。另一种是自由式标题格式，包括陈述式、提问式和正副标题结合式 3 种。陈述式如《高职毕业生就业情况调研》；提问式如《为什么大学生喜欢网购》；正副标题结合式的正标题陈述调研报告的主要结论或提出中心问题，副标题说明调查的对象、范围、问题，如《高校发展重在学科建设——×××× 大学学科建设实践思考》等。对于公文标题，最好用规范化的标题格式或自由式标题格式中的正副标题结合式。

（2）正文

正文一般分前言、主体、结尾 3 个部分。

① 前言。前言有几种写法：第一种是写明调研的起因或目的、时间和地点、对象或范围、经过与方法，以及人员组成等调研本身的情况，从中引出中心问题或基本结论；第二种是写明调研对象的历史背景、大致发展经过、现实状况、主要成绩、突出问题等基本情况，进而提出中心问题或主要观点；第三种是开门见山、直接概括出调研的结果，如肯定做法、指出问题、提示影响、说明中心内容等。前言起到画龙点睛的作用，要精练概括，直切主题。

② 主体。主体是调研报告最主要的部分，这部分详述调研的基本情况、做法、经验，以及分析调研所得材料得出的各种具体认识、观点和基本结论。

③ 结尾。结尾的写法也比较多：可以提出解决问题的方法、对策、下一步改进工作的建议；可以总结全文的主要观点，进一步深化主题；也可以提出问题，引发人们的进一步思考；还可以展望前景。

4. 调研报告的结构框架

① 标题（少于 25 个字）。

② 署名。

③ 摘要（200 ~ 300 个字），概括文章的主要内容与中心思想。

④ 关键词（3 ~ 5 个字）。

关键词是为了便于文献索引和检索工作从报告中选取出来用以表示全文主题内容信息的单词或术语。

⑤ 前言：研究背景、研究目的、研究意义、研究方法等。

⑥ 正文：研究现状、研究过程、调研概况、数据分析、问题讨论与建议等。

⑦ 结论与建议。

⑧ 参考文献。

⑨ 附录：调查问卷、统计结果、访谈提纲、访谈记录等。

1.1.3 创建调研报告文档

1. 启动 Word 2016

启动 Word 2016 就是在 Windows 系统中运行一个应用程序，具体步骤如下。

① 单击桌面左下角的“开始”按钮。

② 单击“开始”/“所有程序”/“Microsoft Office”/“Microsoft Word”命令。

启动 Word 2016 还有两种快捷方法：方法一是双击桌面上的软件图标；方法二是在资源管理器中找到带有软件图标的文件（扩展名为“.docx”或“.doc”），双击相应文件。

软件启动后进入 Word 2016 的编辑窗口，如图 1-4 所示。

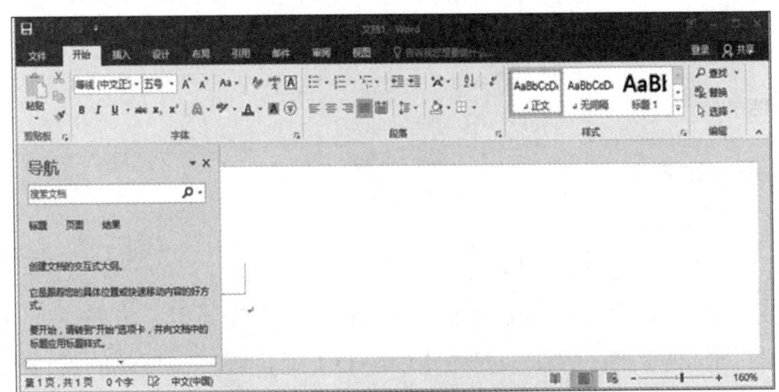

图 1-4 Word 2016 的编辑窗口

2. 退出 Word 2016

退出 Word 2016 的步骤如下。

① 单击“文件”菜单。

② 在弹出的界面中单击“关闭”选项卡。

退出 Word 2016 还可以采用单击标题栏右边的“关闭”按钮的方法。

退出时，若修改文档后尚未保存，将会弹出一个对话框，询问是否要保存文档。若单击“保存”按钮，则 Word 2016 保存当前文档后退出；若单击“不保存”按钮，则直接退出 Word 2016；若单击“取消”按钮，则取消这次操作并关闭对话框，可以继续进行编辑等操作。

3. 创建“调研报告”文档

创建“调研报告”文档的步骤如下。

① 启动 Word 2016，自动创建的新空文档暂时被命名为“文档”或“文字文稿”。

② 单击“保存”按钮，弹出“另存为”对话框，在“文件名”文本框中输入“调研报告”。

③ 单击“保存”按钮，完成“调研报告”文档的创建，如图 1-5 所示。

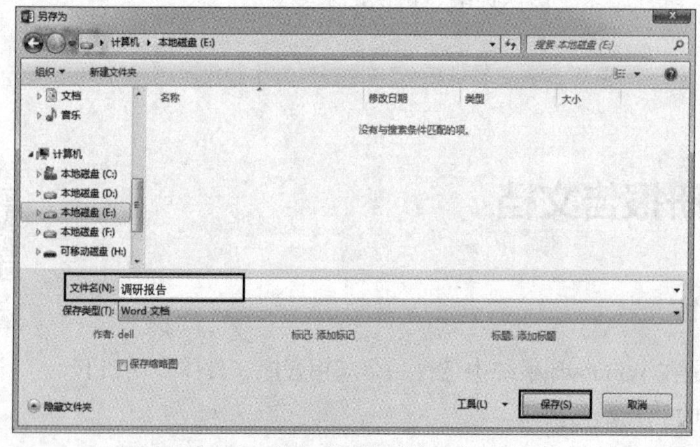

图 1-5　创建“调研报告”文档

如果在编辑文档的过程中需要另外创建一个或多个新文档，可以用以下方法来创建。

方法一：单击“文件”/“新建”选项卡。

方法二：按【Alt+F】组合键打开“文件”菜单，单击“新建”选项卡。

方法三：按【Ctrl+N】组合键。

4. 打开文档

打开文档的步骤如下。

① 单击“文件”菜单。

② 在弹出界面中单击“打开”选项卡。

打开一个或多个已存在的 Word 文档，还有两种快捷方法：方法一是在资源管理器中，双击带有软件图标的文档；方法二是按【Ctrl+O】组合键，在打开的窗口中选择要打开的文档。

5. 设置自动保存时间间隔

设置自动保存时间间隔的步骤如下。

① 单击“文件”/“打开”/“最近”选项卡。

② 单击“保存”选项卡，在“保存自动恢复信息时间间隔”文本框中输入“10”，如图 1-6 所示。

时间间隔单位为分钟，可输入 1 ~ 120 的值，也就是说文档自动保存时间可以设置为 1 分钟到 120 分钟的任意一个值。

③ 单击“确定”按钮，设置生效。

图 1-6 设置自动保存时间间隔

6. 输入文本

在“调研报告”文档中输入调研报告的内容。在编辑工作区内闪烁着的黑色竖条“|”称为插入点，输入的文本将出现在该位置。输入文本时，插入点自动后移。

① 在编辑工作区中，将鼠标指针移动到想输入文本的位置，单击，定位插入点。

② 输入文本，插入表格、图片和图形等内容。

自动换行：Word 2016 有自动换行的功能，当输入至每行的末尾时不需要按【Enter】键，Word 2016 就会自动换行，只有要开始一个新段落时才需要按【Enter】键；按【Enter】键代表结束当前段落，并开始一个新段落。

中英文输入：Word 2016 支持中文和英文的输入，按【Ctrl+Shift】组合键可在中、英文之间进行切换。

插入和改写状态：单击状态栏上的“插入”/“改写”按钮或按【Insert】键，会在“插入”和“改写”状态之间切换。

1.1.4 编辑“调研报告”文档

1. 编辑标题

① 在编辑工作区中，选中标题文字，单击“字体”按钮，在弹出的对话框中设置中文字体为“黑体”、字号为“三号”，单击“确定”按钮，如图 1-7 所示。

② 在编辑工作区中，选中标题文字，单击“段落”按钮，在弹出的对话框中设置对齐方式为“居中”、行距为“1.5 倍行距”，单击“确定”按钮，完成设置，如图 1-8 所示。

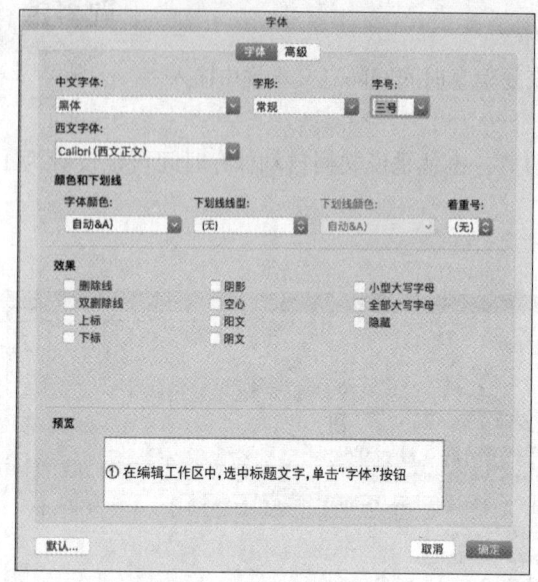

图 1-7 “字体”对话框（1）

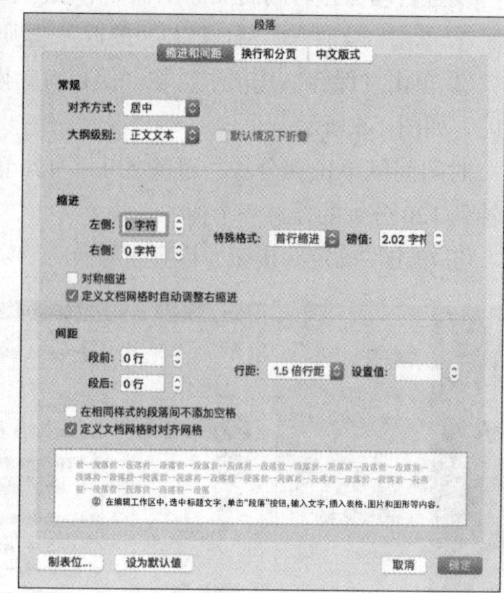

图 1-8 “段落”对话框（1）

2. 编辑摘要及内容

① 在编辑工作区中，选中摘要文字，单击“字体”按钮，在弹出的对话框中设置中文字体为“宋体（中文正文）”、字号为“五号”，单击“确定”按钮，如图 1-9 所示。

② 在编辑工作区中，选中摘要文字，单击“段落”按钮，在弹出的对话框中设置对齐方式为“两端对齐”、行距为“单倍行距”、特殊格式为“首行缩进”、磅值为“2 字符”，单击“确定”按钮，完成设置，如图 1-10 所示。

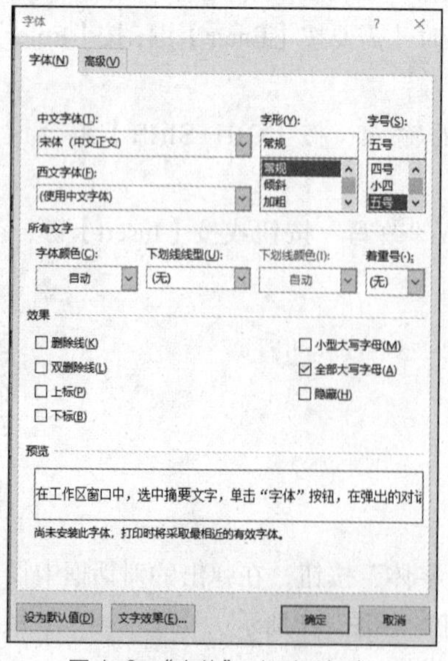

图 1-9 “字体”对话框（2）

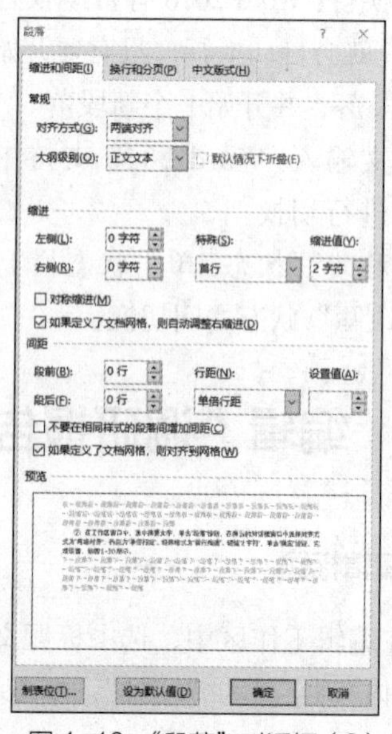

图 1-10 “段落”对话框（2）

调研报告内容的编辑与上面的操作类似。如果要编辑多个相同格式的段落，通常使用“格式刷”按钮来简化操作，方法为：选中带有格式的文本，单击“格式刷”按钮复制格式，然后选中文本即可为其应用相同格式，如图 1-11 所示。若想多次使用格式刷，可以直接双击“格式刷”按钮，若想退出则按【Esc】键。

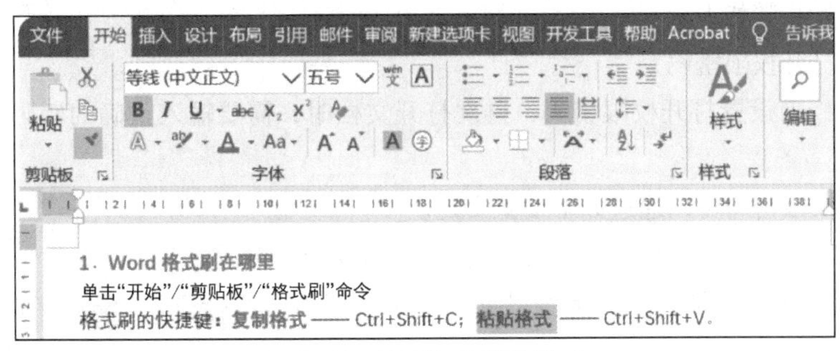

图 1-11 使用格式刷复制格式

3. 编辑一级标题

扫码观看
微课视频

① 在编辑工作区中，选中一级标题文字，单击“字体”按钮，在弹出的对话框中设置中文字体为“楷体”、字号为“四号”，如图 1-12 所示，单击“确定”按钮，完成设置。

② 在编辑工作区中，选中一级标题文字，单击“段落”按钮，在弹出的对话框中设置对齐方式为“左对齐”，段间距为段前“0.5 行”、段后“0.3 行”，行距为“单倍行距”，如图 1-13 所示，单击“确定”按钮，完成设置。

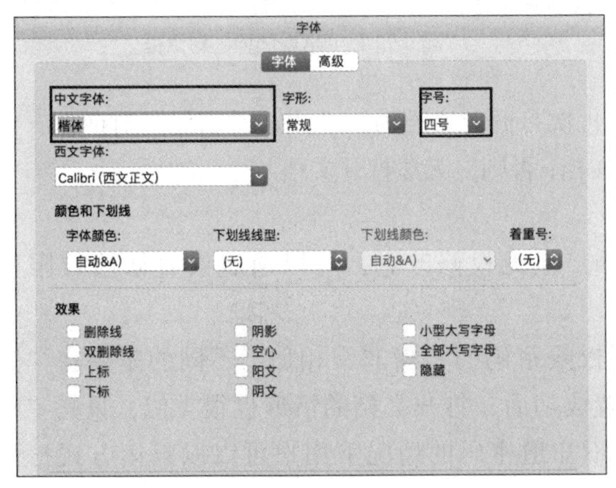

图 1-12 “字体”对话框（3）

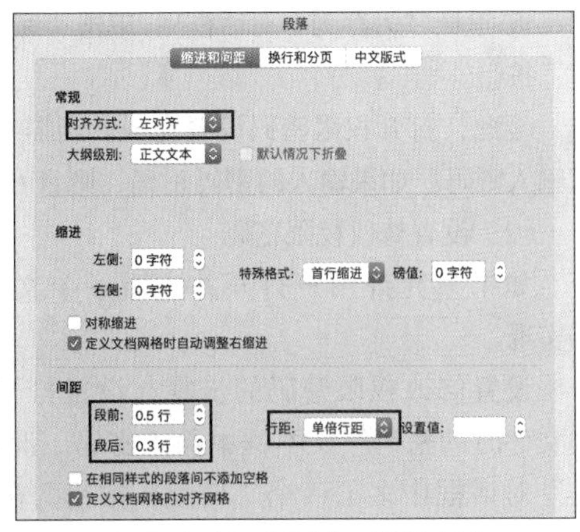

图 1-13 “段落”对话框（3）

4. 编辑二级标题

① 在编辑工作区中，选中二级标题文字，单击“字体”按钮，在弹出的对话框中设置中文字体为“楷体”、字号为“小四号”，单击“确定”按钮。

② 在编辑工作区中，选中二级标题文字，单击“段落”按钮，在弹出的对话框中设置对齐方式为“左对齐”，段间距为段前“0.5 行”、段后“0.3 行”，行距为“单倍行距”，特殊格式为“首行缩进”，磅值为“2 字符”，单击“确定”按钮，完成设置。

1.1.5 “调研报告”文档的保存、类型转换和打印

1. 保存文档

保存文档的步骤如下。

（1）设置打开权限密码

在保存文档前设置打开权限密码，再次打开文档时，需要输入正确的密码，否则无法打开文档。

设置打开权限密码可以通过如下步骤实现。

① 单击“文件”/“另存为”选项卡，打开“另存为”对话框。

② 在“另存为”对话框中，单击“工具”/“常规选项”命令，打开图1-14所示的“常规选项”对话框，在此设置密码。

③ 单击“确定”按钮，此时会弹出“确认密码”对话框，要求重复输入设置的密码。

④ 在“确认密码”对话框的文本框中输入设置的密码，单击“确定”按钮。如果密码核对正确，则返回“另存为”对话框，否则会出现“确认密码不符”的警示信息。此时只能单击“确定”按钮，重新设置密码。

⑤ 返回“另存为”对话框后，单击“保存”按钮。

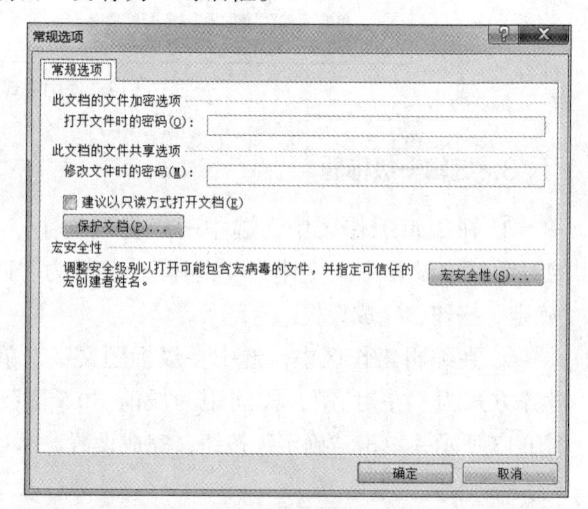

图1-14 “常规选项”对话框

至此，打开权限密码设置完成。当需要再次打开此文档时，会出现“密码”对话框，要求输入密码。如果输入的密码正确，则打开文档；否则，无法打开文档。

（2）设置修改权限密码

如果只允许用户打开并查看一个文档，但无权修改它，可以通过设置修改权限密码实现。

设置修改权限密码的步骤与设置打开权限密码的步骤非常相似，不同的是要在“修改文件时的密码”文本框中输入密码。设置成功后，打开文档的情形也很类似，只是“密码”对话框中多了一个“只读”按钮，在不知道密码的情况下用户可以以只读方式打开文档。

（3）设置文档为“只读”

将文档设置为只读文档，可以通过如下步骤实现。

① 打开“常规选项”对话框（参见“设置打开权限密码”部分）。

② 勾选“建议以只读方式打开文档”复选框。

③ 单击“确定”按钮，返回“另存为”对话框。

④ 单击“保存”按钮，完成只读设置。

2. 文档的类型转换

编辑文档通常都会用到 Word，但为了在打印、分享文档时保持格式、版式不变，需要将 Word 文档转为 PDF 文档。PDF 文档的可编辑性不是很强，所以经常会将 PDF 文档转换为 Word 文档进行编辑。这两种文档格式相互转换的情况在日常工作和生活中经常会遇到，下面介绍具体的转换方法。

（1）Word 文档转换为 PDF 文档

① 打开需要转换的 Word 文档，单击左上角的“文件”菜单，在弹出的界面中单击“另存为”选项卡，选择“这台电脑”选项，如图 1-15 所示。

② 在弹出“另存为”对话框中，默认的保存类型是“Word 文档”，单击“保存类型”右侧的下拉按钮，打开下拉列表，选择“PDF”选项，单击“保存”按钮即可完成格式类型的转换，如图 1-16 所示。

图 1-15 选择“这台电脑”选项

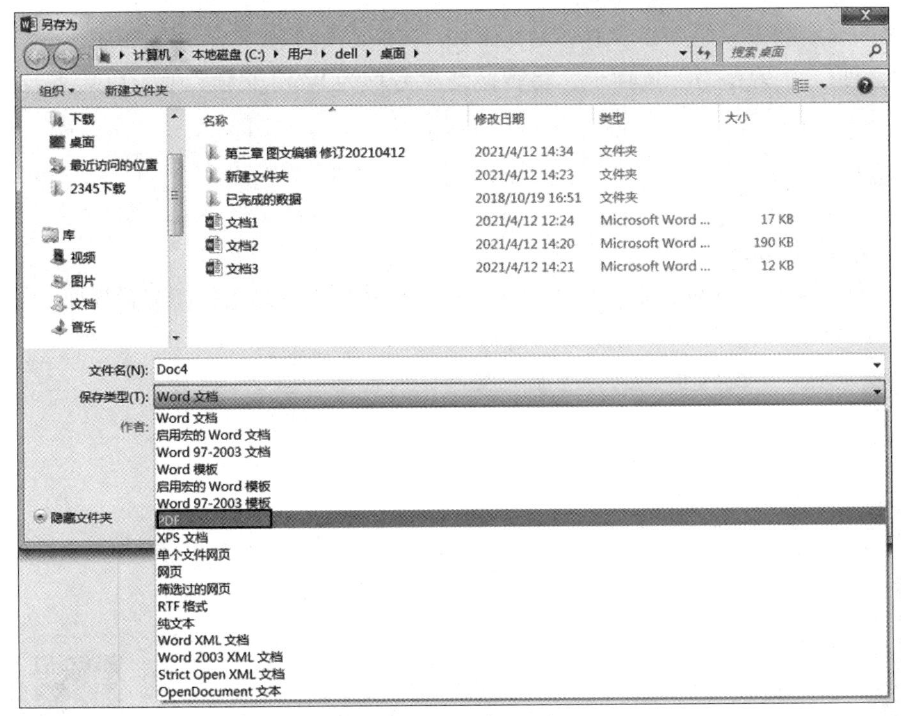

图 1-16 “另存为”对话框

（2）PDF 文档转换为 Word 文档

① 选中需要转换的 PDF 文档，单击鼠标右键，在弹出的快捷菜单中选择用 Word 2016 打开文档，如图 1-17 所示。

② Word 2016 启动并弹出关于文档转换的提示，单击“确定”按钮开始转换，如图 1-18 所示。

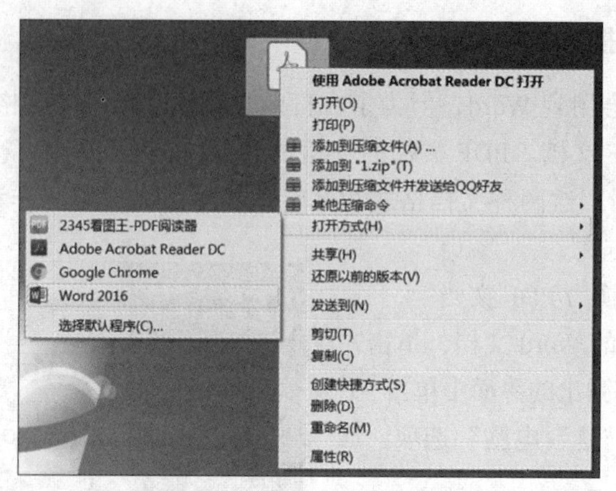

图 1-17　用 Word 2016 打开 PDF 文档

图 1-18　转换提示

③ 文档转换完成，打开原始 PDF 文档，对比原文，核对转换结果。

④ 单击“文件”/“另存为”选项卡，将转换结果另存为 Word 文档，便于以后查看、使用。

3. 打印文档

打印文档的步骤具体如下。

① 单击“文件”菜单，在弹出的界面中单击“打印”选项卡，进入打印配置界面，如图 1-19 所示。

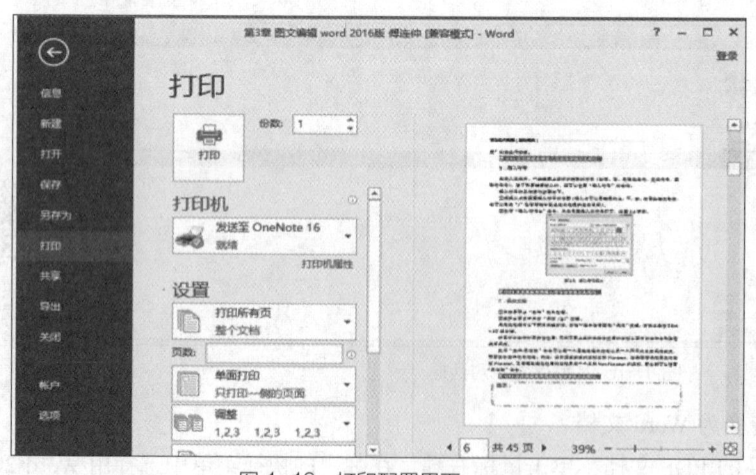

扫码观看
微课视频

图 1-19　打印配置界面

② 在打印配置界面中设置打印份数、页面范围等。

③ 单击打印配置界面中的“确定”按钮即可开始打印。

页面范围包括“全部”“当前页”和“页码范围”选项，如果选择“打印所选内容”选项，需要进一步设置需要打印的页码或页码范围。

在打印之前，可以单击“文件”/“打印”/“打印预览”选项卡，预览准备打印的文档的效果。

任务 1.2 编辑制作通知公文

任务描述

陆欣是一名大学生，她暑假期间在某研究院办公室实习。某天，陆欣接到领导的安排，要求制作一份通知公文，且要发送给相关部门。为了保证文档在不同系统下都能正常浏览，需要将文档保存为 PDF 格式，其页面排版要符合国家相关标准等规定，具体的体例结构如图 1-20 所示。

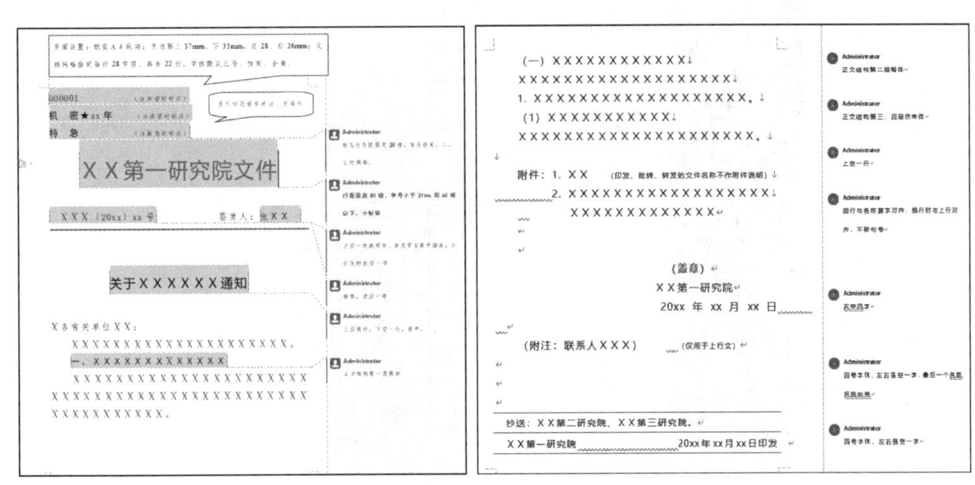

图 1-20 通知公文的体例结构

通知公文要符合《党政机关公文格式》（GB/T 9704—2012）的要求，包含纸张、排版、版头、编号、密级和保密期限、紧急程度、发文机关标志、签发人、版头中的分隔线、标题、主送机关、抄送机关、正文、成文日期、附件等内容。

技术分析

完成“编辑制作通知公文”的任务，需要掌握以下 Word 技术。

- 页边距与版心的设置。
- Word 文档的基本排版和格式化。
- 每页行数和每行字数的设置。
- 多发文机构的排版设置。
- 水平线的各项设置。

- 奇偶页页码不同的设置。
- 将文档保存为模板，以方便重复使用。
- 导出 PDF 文档。

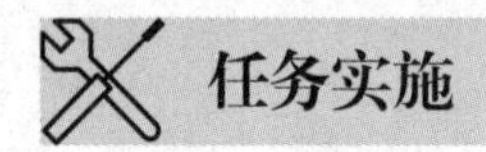

1.2.1 新建“通知”文档并输入内容

① 启动 Word 2016，单击“文件”/“新建”命令，选择“空白文档”选项，如图 1-21 所示。

② 单击“保存”按钮，或单击“文件”/“保存”命令。

③ 在“文件名”文本框中输入“通知”，单击“保存”按钮。

④ 输入通知公文内容。

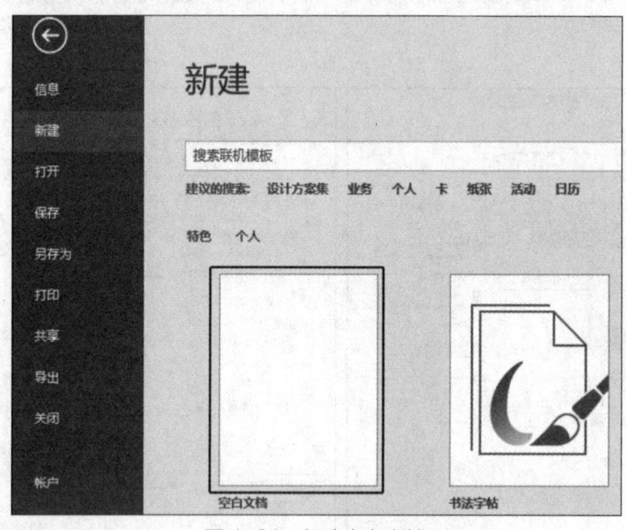

图 1-21 新建空白文档

1.2.2 设置页面布局

扫码观看
微课视频

1. 设置页边距与版心尺寸

按照公文格式的要求，纸张大小为 A4，天头（上白边）为 (37 ± 1)mm，订口（左白边）为 (28 ± 1)mm，版心为 156 mm × 225 mm，如图 1-22 所示。

① 单击“布局”/“纸张大小”命令，选择“A4”选项，如图 1-23 所示。标准 A4 纸的尺寸大小为 21cm × 29.7cm。

② 单击“布局”/“页边距”/“自定义边距”命令，在弹出的“页面设置”对话框中设置上页边距为“3.7 厘米”，左页边距为“2.8 厘米”，下页边距为“3.5 厘米”，右页边距为“2.6 厘米”，如图 1-24 所示。

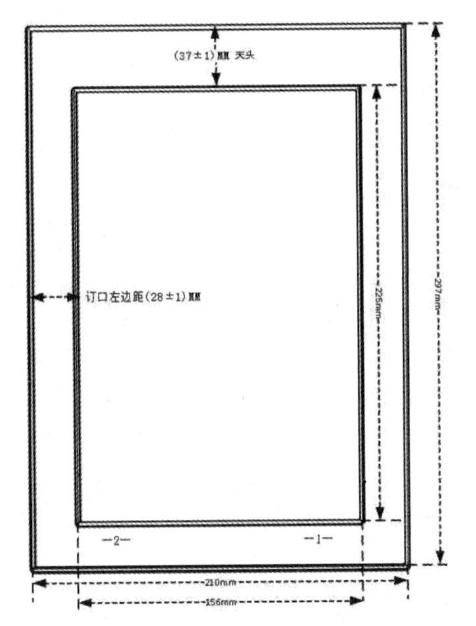

图 1-22 公文的页面设置

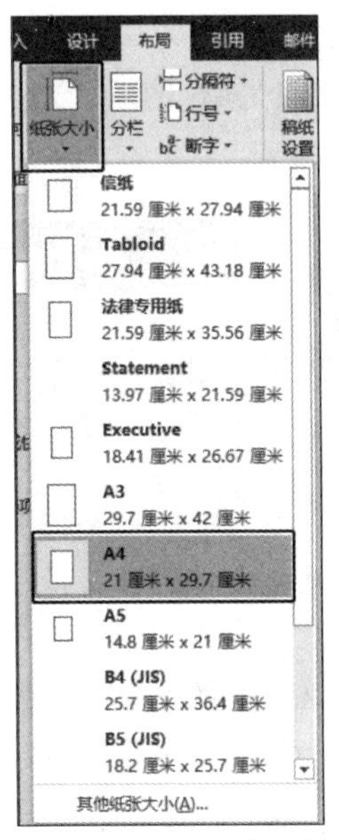

图 1-23 设置纸张大小

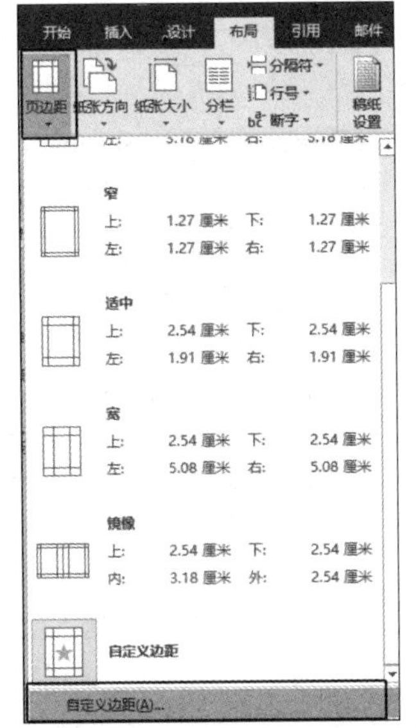

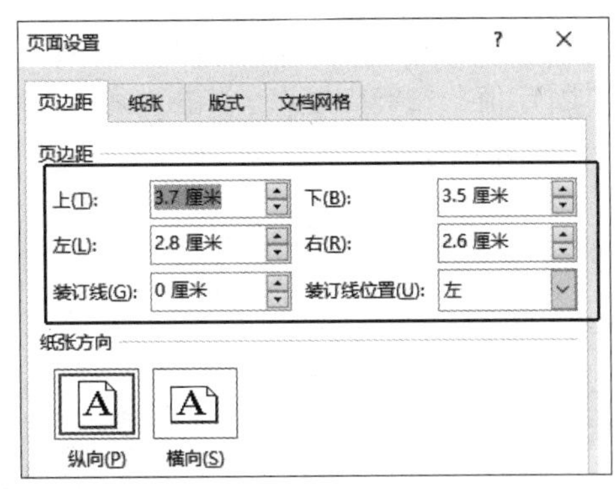

图 1-24 设置页边距

③ 单击“确定”按钮，完成设置。

公文中的天头即上页边距，订口即左页边距。对应版心的宽为 21cm-2.8cm-2.6cm=15.6cm，高为 29.7cm-3.7cm-3.5cm=22.5cm，符合正式公文的版心大小要求。

2. 设置每页行数和每行字数

正式公文一般要求每页排 22 行，每行排 28 个字符，并撑满版心，特定情况可以做适当调整。

① 单击“布局”选项卡，在“页面设置”组中单击右下角的 按钮，如图 1-25 所示，弹出“页面设置”对话框。

② 在“文档网格”选项卡中单击“字体设置”按钮，弹出“字体”对话框，设置正文的

中文字体为“仿宋”、字形为“常规”、字号为“三号”，如图1-26所示，单击“确定”按钮，回到“文档网络”选项卡。

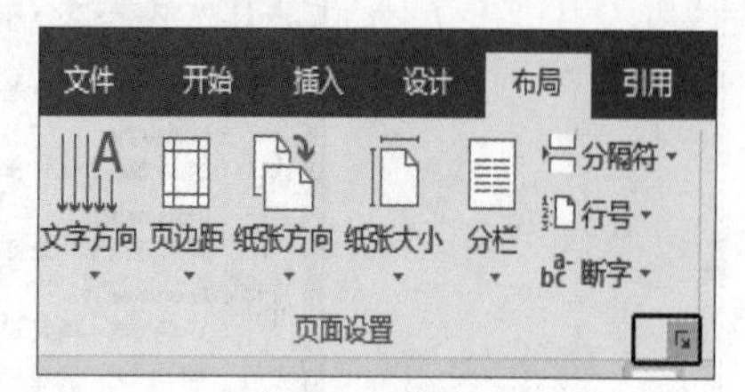

图1-25　单击按钮（1）

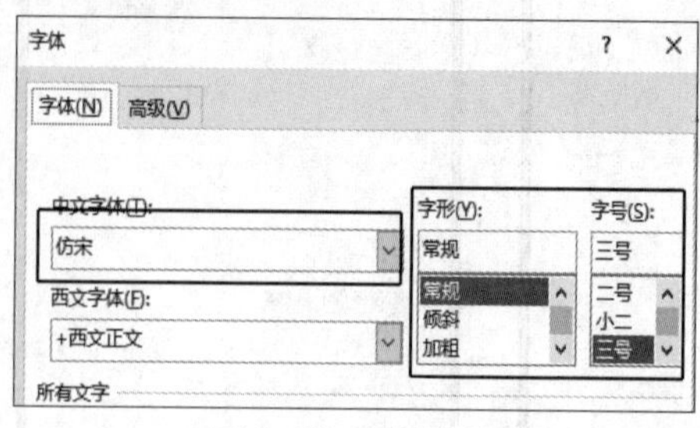

图1-26　设置字体

由于公文中的正文字体要求为仿宋体三号字，因此，需要先设置字体，后设置行数和每行的字符数。

③ 在“文档网格”选项卡中，设置每行排28个字符，每页排22行，单击“确定”按钮，如图1-27所示。

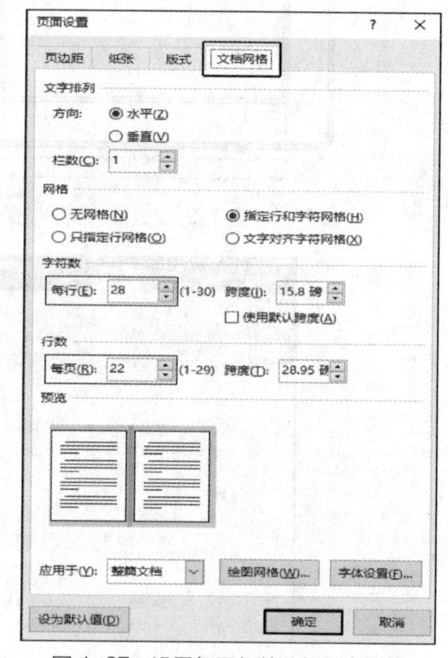

图1-27　设置每页行数和每行字符数

3. 设置段落

① 单击“开始”选项卡，单击“段落”组右下角的◪按钮，如图1-28所示，弹出“段落设置”对话框。

② 将段前间距和段后间距都设置为“0行”将行距设置为“固定值”“28.95磅”，单击“确定”按钮，完成设置，如图1-29所示。

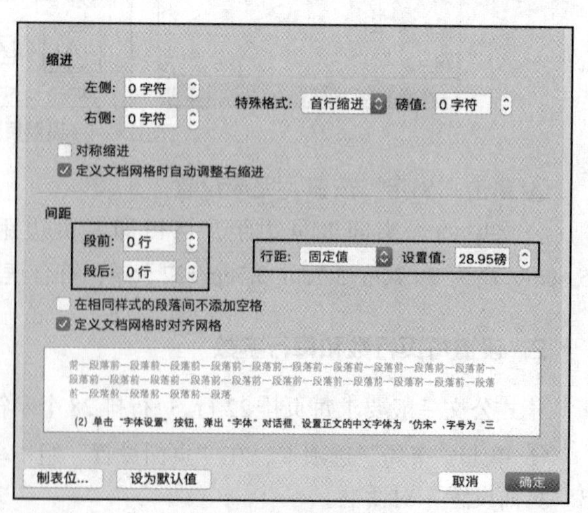

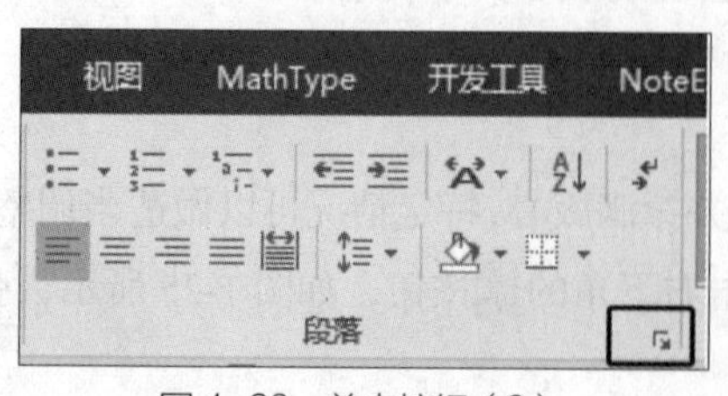

图1-28　单击按钮（2）

图1-29　设置段落

1.2.3 设置版头各部分内容

扫码观看
微课视频

1. 设置通知公文份号

公文的份号一般为 6 位阿拉伯数字，顶格编排在版心左上角的第一行。字体格式为“仿宋”“三号”，如图 1-30 所示。

2. 设置密级和保密期限的字体、字号

公文的密级和保密期限一般用三号黑体字，顶格编排在版心左上角的第二行；保密期限中的数字用阿拉伯数字标注，其设置方法与份号的设置方法类似，选择合适的字体和字号即可。

机密“★”号的输入方法为单击“插入”/“符号”/“其他符号”命令，在“子集”下拉列表中选择“其他符号”选项，选择“★”选项，单击“插入”按钮，如图 1-31 所示。

紧急程度用以体现公文送达和办理的时限要求。根据紧急程度，紧急公文应当分别标注“特急”“加急”，电报应当分别标注“特提”“特急”“加急”“平急”。

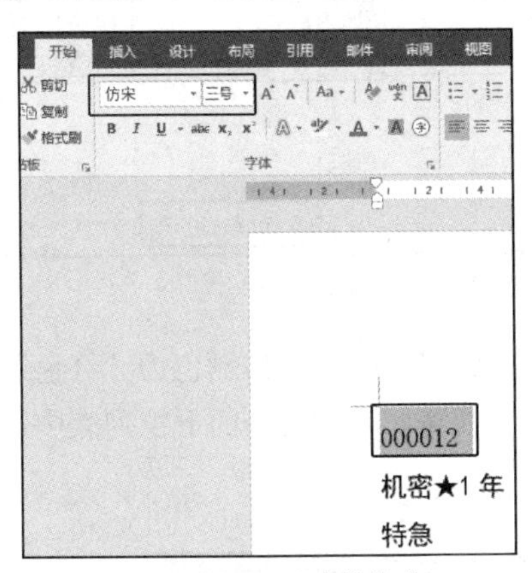

图 1-30 设置字体格式

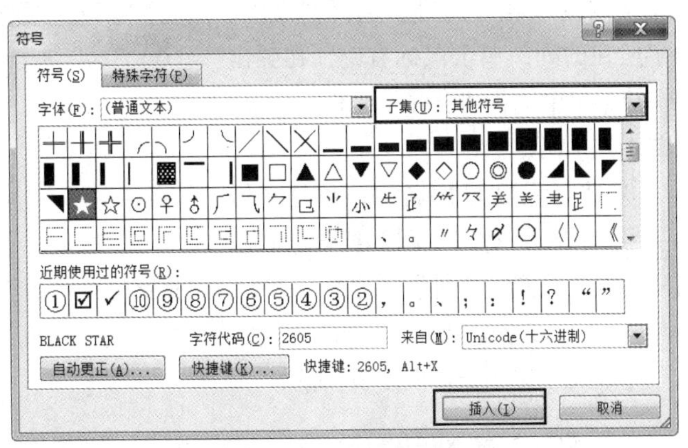

图 1-31 设置符号

1.2.4 设置发文机构

扫码观看
微课视频

1. 设置单发文机构

单发文机构由发文机构全称或者规范化简称加“文件”二字组成；也可以直接使用发文机构全称或者规范化简称，不加“文件”二字。

发文机构居中排列，推荐使用小标宋体字，颜色为红色，以醒目、美观、庄重为原则。本通知文件选择“小标宋体”“小初”字号。

2. 设置多发文机构

多机构联合发文时，如需同时标注联署发文机构名称，一般应当将机构名称排列在前；如有“文件”二字，应将其置于发文机构名称右侧，以联署发文机构名称为准，上下居中排列。

下面采用表格的方式完成图 1-32 所示的 3 个发文机构的排版。

① 单击“插入”/“表格”命令，移动鼠标指针，确定表格的行数和列数，此处选择3行2列，如图1-33所示；也可以单击“插入表格”命令，分别输入表格的行数和列数，如图1-34所示。

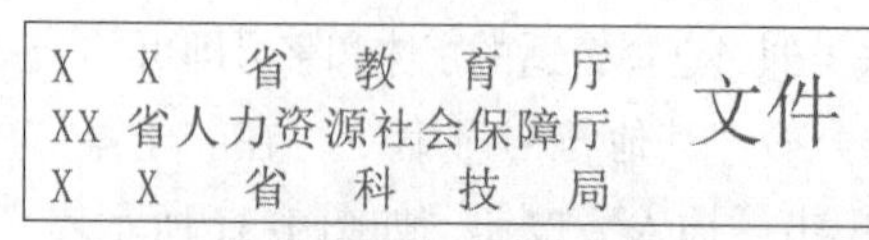

图1-32 多发文机构排版

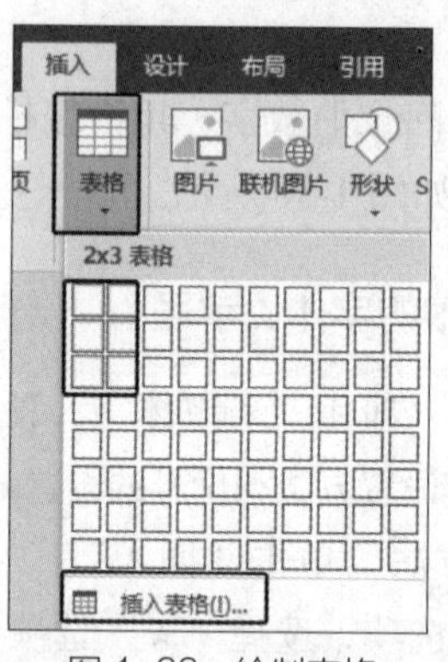

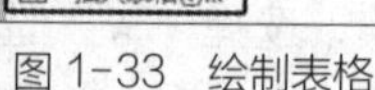

图1-33 绘制表格

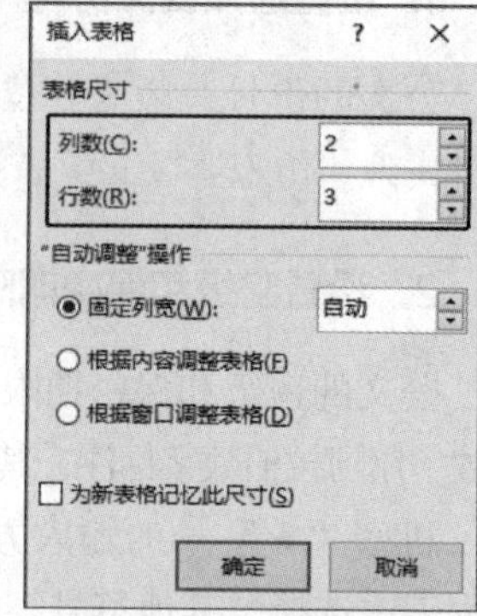

图1-34 插入表格

② 调整表格两列的宽度，在每个单元格内输入相应内容，选择“文件”二字所在的列，单击鼠标右键，在弹出的快捷菜单中选择“合并单元格”命令，如图1-35所示。

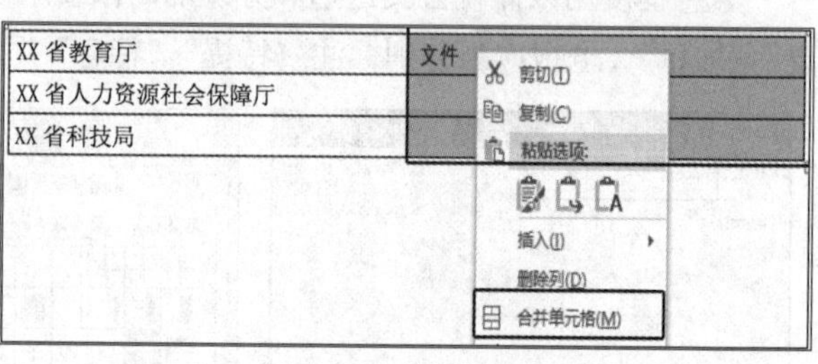

图1-35 合并单元格

③ 选择发文机构名称，单击“增大字号”按钮，将字号调整到合适。用同样的方法设置“文件”二字的字号，设置其字体为“方正小标宋简体”，字体颜色为“红色”。

④ 全选表格，单击“开始”/“段落”组中的“边框”下拉按钮，在打开的下拉列表中选择“无框线”选项，如图1-36所示。

图1-36 设置表格边框

⑤ 选中所有发文机构名称，单击“段落”组中的“分散对齐”按钮，完成设置。

1.2.5 其他设置

1. 设置发文字号

发文字号编排在发文机构标志下空两行处居中排列。年份、发文顺序号用阿拉伯数字标注。年份应标全称，用六角括号“〔 〕”括起来；发文顺序号不加“第”字，不编虚位（如 1 不编为 01），在阿拉伯数字后加“号”字。发文字号的字体格式为“仿宋”“三号”。

例如：203451〔2020〕12 号。

2. 设置水平分割线

分割线有版头分割线和版记分割线两种。位于发文字号之下且居中与版心等宽的红色分割线称为版头分割线，推荐高度为 2 磅；在公文末尾与版心等宽的分割线称为版记分割线。版记中的首条分割线和末条分割线用粗线（推荐高度为 1 磅），中间的分隔线用细线（推荐高度为 0.75 磅），首条分割线位于版记中第一个要素之上。

① 单击“插入”/“形状”/“直线”命令，在按住鼠标左键的同时，按住【Shift】键，水平拖曳鼠标画出一条水平的线。

② 选中线条，单击“绘图工具－格式”选项卡，单击“形状样式”组中的按钮，如图 1-37 所示，将线条设为“实线”，线条颜色设为“红色”，宽度设为“2 磅”，同时设置线条长度为“15.6 厘米”（与版心宽度一致），如图 1-38 和图 1-39 所示。

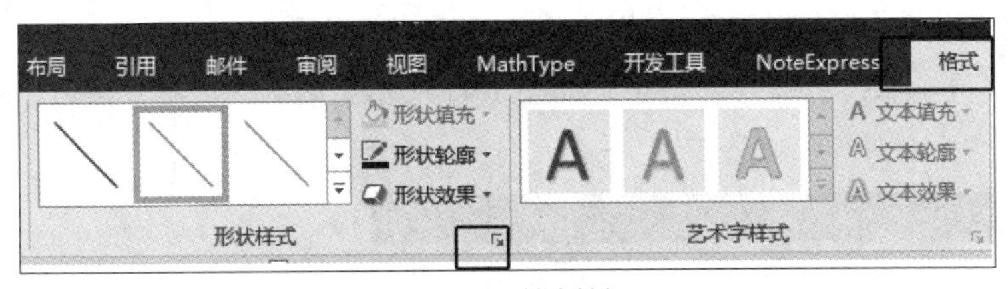

图 1-37 单击按钮

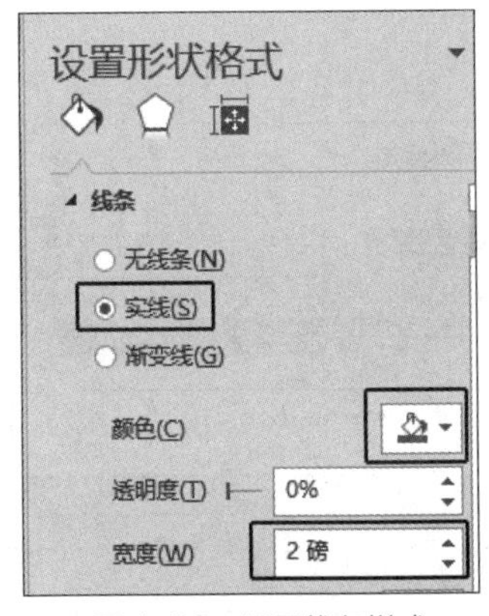

图 1-38 设置线条样式

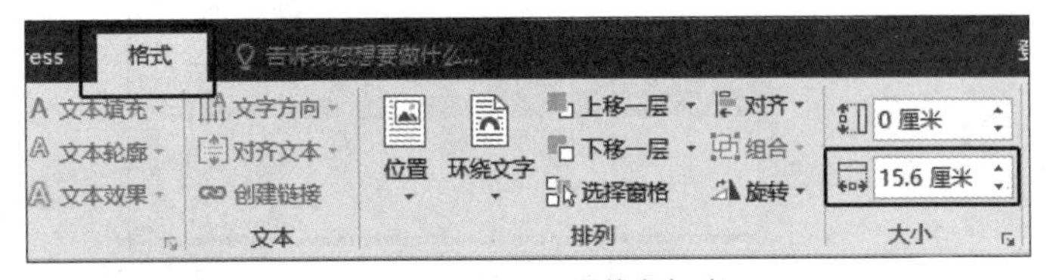

图 1-39 设置线条长度

③ 用同样的方式设置版记中的分割线。

选择线条，在按住【Ctrl】键的同时，按“上”“下”“左”“右”箭头键，可以小范围移动其位置。

3. 设置正文文字

公文首页必须显示正文，一般采用三号仿宋字体，编排于主送机关名称下一行，每个段落左边空两个字符，回行顶格。文中结构层级依次可以用“一”“（一）”“1.”“（1）”标注，一般第一级用黑体字，第二级用楷体字，第三级和第四级用仿宋体字。

4. 设置页码

公文页码一般用四号半角宋体阿拉伯数字，编排在公文版心下边缘之下，页码数字左右各放一条半字线，如 -1-、-2-、-3-，单页码居右空一字，双页码居左空一字。具体操作步骤如下。

① 单击“插入”/“页脚”/“编辑页脚”命令,弹出页眉页脚的“页眉和页脚工具 - 设计”选项卡。

② 在“页眉和页脚工具 - 设计”选项卡中，勾选“奇偶页不同”复选框，表示需要单独设置奇数页和偶数页的页码格式，如图 1-40 所示。

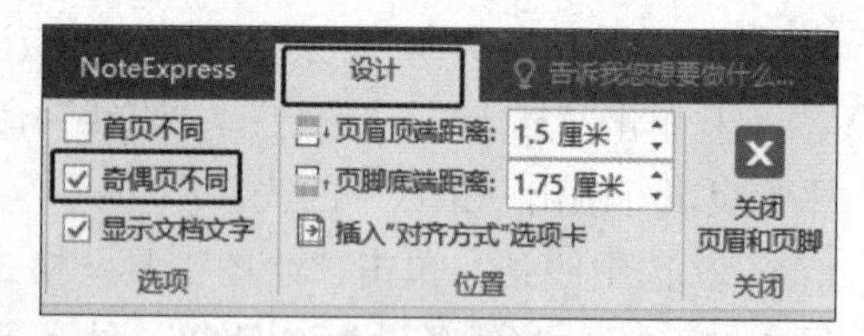

图 1-40 设计奇偶页不同

③ 进入奇数页页脚，单击“页眉和页脚工具 - 设计”选项卡，单击“页码”/“页面底端”/“普通数字 3”命令，将页码放在靠右位置，如图 1-41 所示。

④ 单击“页码”/“设置页码格式”命令，弹出“页码格式”对话框，在“编号格式”下拉列表中选择“-1-，-2-，-3-，...”选项，如图 1-42 所示，单击“确定”按钮，完成奇数页页码的设置。

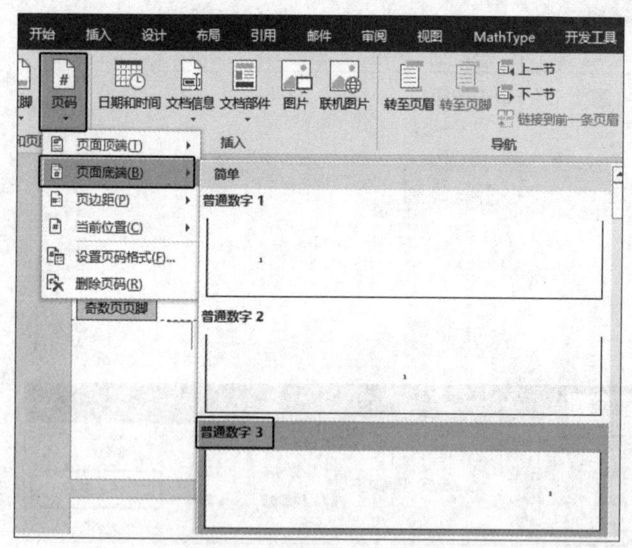

图 1-41 设置奇数页页码位置

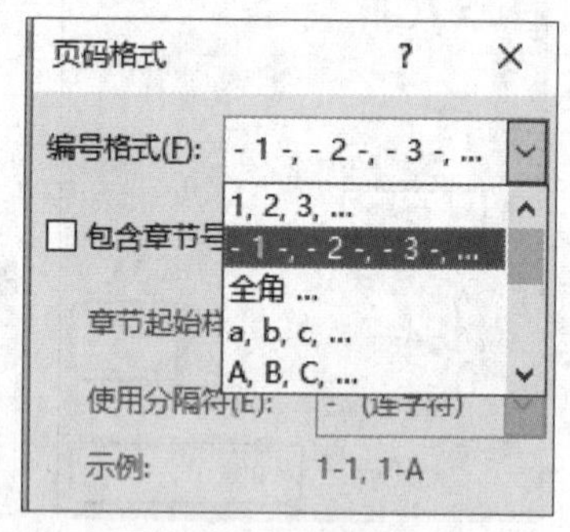

图 1-42 设置页码格式

⑤ 进入偶数页页脚，单击“页眉和页脚工具 - 设计”选项卡，单击“页码”/“页面底端”/“普通数字 1”命令，将页码放在靠左位置。页码格式的设置与步骤④相同。

⑥ 在单页页码右边输入一个空格，在双页页码左边输入一个空格。关闭页眉和页脚，完成页码的设置。

5. 将设置好格式的文档保存为模板

公文具有固定的格式，若每一次制作公文都要重复设置，费时费力，这时就需要将设置好格式的文档保存为模板，方便在以后制作公文时，用该模板快速编辑制作公文。下面介绍将文档保存为模板和用模板新建公文文档的方法。

① 打开设置好格式的公文文档，单击“文件”/“另存为”命令，选择适当的保存位置，输入文件名“通知模板”，文件类型选择“Word 模板（*.dotx）”，如图 1-43 所示，单击“确定”按钮，保存模板。

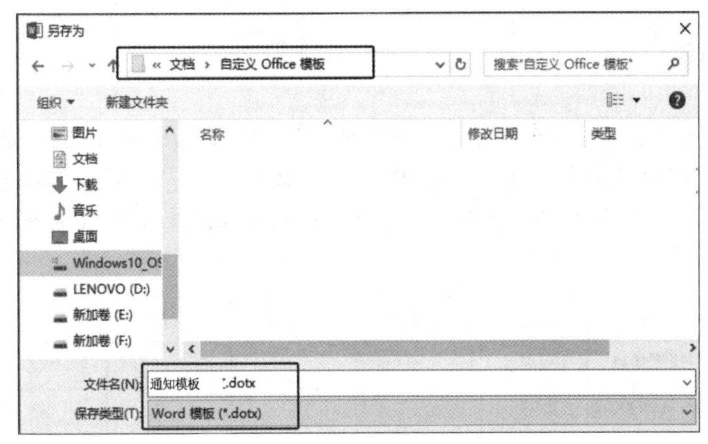

图 1-43　另存为模板

② 启动 Word 2016，单击“文件”/“新建”/“个人”命令，选择已保存的某个模板文件，新建文件，如图 1-44 所示，在此基础上进行文档的编辑修改，完成后，保存文件。

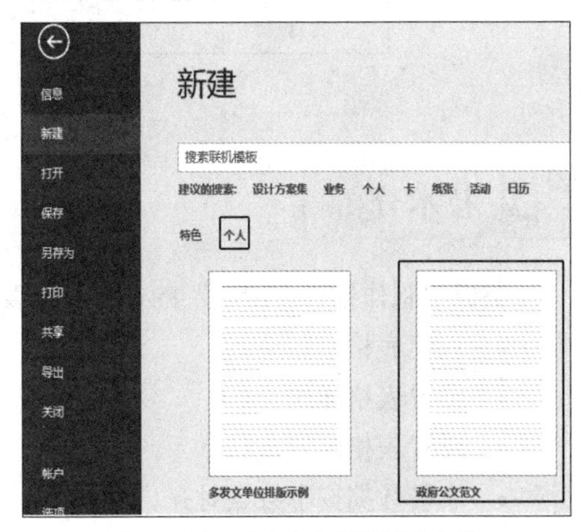

图 1-44　用自定义模板新建文档

6. 导出 PDF 文档

为保证文档在不同系统和各类设备，包括个人计算机（PC）、Pad、智能手机上均能被正常查看，可以将文档设置为 PDF 格式。

打开文档，单击“文件”菜单，在弹出的界面中单击“导出”选项卡，选择“创建 PDF/XPS 文档”选项，在右侧单击“创建 PDF/XPS”按钮，如图 1-45 所示，选择 PDF 文件的保存路径后，单击“确定”按钮。

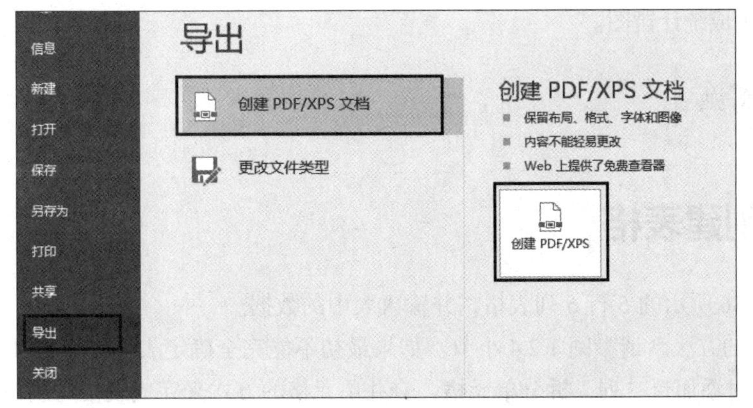

图 1-45　导出 PDF 文档

任务1.3 制作销售业绩表

任务描述

陆欣接到领导的通知，要求制作公司销售业绩表。她考虑用Word 2016完成表格的创建、单元格的合并和拆分、表格的美化、表格内数据按小数点对齐、表格跨页表头自动跟随、Word表格中公式的快速复制、平均值计算和由表格生成统计图等操作。销售业绩表如图1-46所示。

名称↵	1月↵	2月↵	3月↵	4月↵	平均↵
计算机↵	↵	↵	↵	↵	↵
移动硬盘↵	↵	↵	↵	↵	↵
笔记本计算机↵	↵	↵	↵	↵	↵
合计↵	↵	↵	↵	↵	↵

图1-46 销售业绩表

技术分析

完成“制作销售业绩表”的任务，需要掌握以下Word技术。

- 创建表格。
- 设置表格样式。
- 设置表格内容布局。
- 表格数据按小数点对齐。
- 设置表头自动重复。
- 表格数据自动求和。
- 表格数据自动求平均值。
- 自动生成统计饼图。

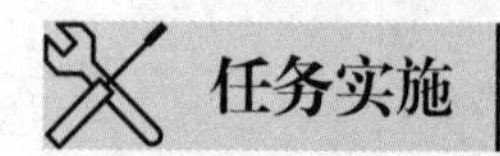

任务实施

1.3.1 创建表格

创建图1-46所示的5行6列表格，并输入表中的数据。

创建表格的方法，请参阅1.2.4小节。如果最初不能完全确定表格的行数和列数，可以在制作过程中通过添加行、列，拆分单元格，合并单元格的方式来完成表格的制作。

1.3.2 设置表格样式

选中表格，“表格工具 - 设计”选项卡和“表格工具 - 布局”选项卡将自动出现，单击选项卡下的各项命令完成对表格的各种设置。“设计”选项卡（标注为“1”的区域），如图 1-47 所示。包括“表格样式”（标注“2”的区域），通过“底纹”（标注“3”的区域）、“边框样式”（标注“4”的区域）等设置命令。通过标注为“5”的区域设置每个单元格的边框粗细，通过“边框”下拉菜单（标注为“6”的区域），设置整个表格的边框或单元格边框。

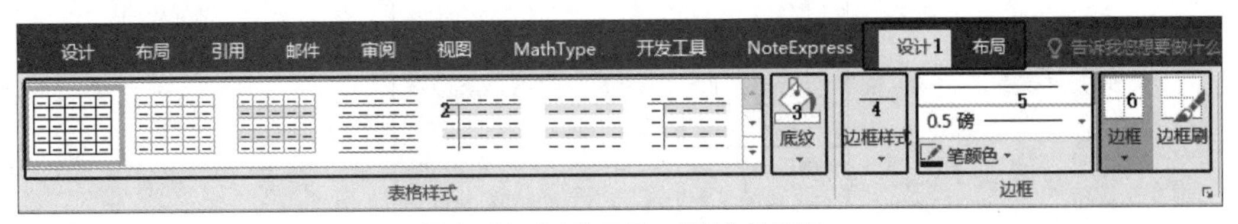

图 1-47 “表格工具 - 设计”选项卡

1.3.3 设置表格内容布局

选择表格，在“表格工具 - 布局”选项卡中，可以完成绘制表格、插入行和列、合并单元格、拆分表格和单元格、设置单元格高度和宽度、设置文字的对齐方式、对表格内容进行排序、设置重复标题行、插入公式和将文字转化为表格等操作，如图 1-48 所示。

图 1-48 “表格工具 - 布局”选项卡

1.3.4 表格数据按小数点对齐

扫码观看微课视频

① 选中需要设置小数点对齐的单元格，单击“开始”选项卡，单击“段落”组中的 按钮，在弹出的“段落”对话框中，单击左下角的“制表位”按钮，如图 1-49 所示，弹出“制表位”对话框。

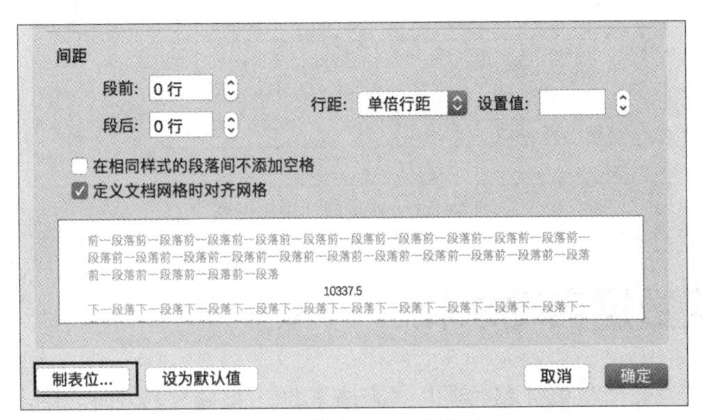

图 1-49 单击“制表位”按钮

② 在“制表位位置”文本框中输入“4 字符”，单击“设置”按钮，在“对齐方式”栏中单击“小数点对齐”单选按钮，单击“确定”按钮，完成按小数点对齐设置，如图 1-50 所示。

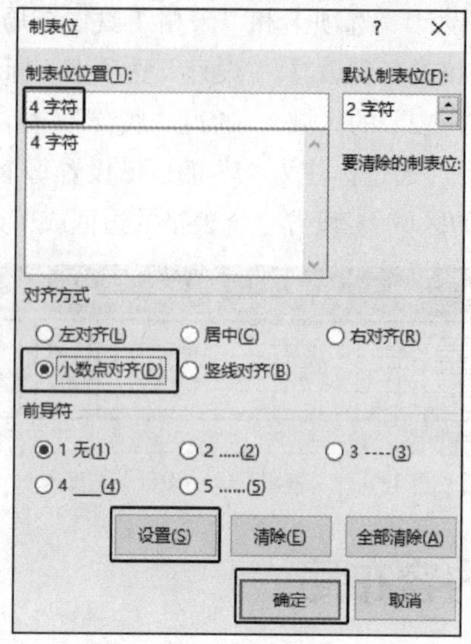

图 1-50　设置小数点对齐

如果按默认的“2 字符”制表位设置不能实现小数点对齐，则需设置较大的制表位，如本例的“4 字符”。如果设置的制表位位置不合适，可以单击“清除”按钮后重新设置。

1.3.5　设置表头自动重复

表格跨页时，通过设置表头自动重复，可以在下一页显示表头。选中表格头部，单击“表格工具－布局”选项卡，单击“重复标题行”按钮，完成表头自动重复的设置，如图 1-51 所示。

图 1-51　表头自动重复设置

1.3.6　表格数据自动求和

① 进入“1 月”“合计”单元格，单击“表格工具－布局”选项卡，单击“*fx* 公式”按钮，如图 1-52 所示。

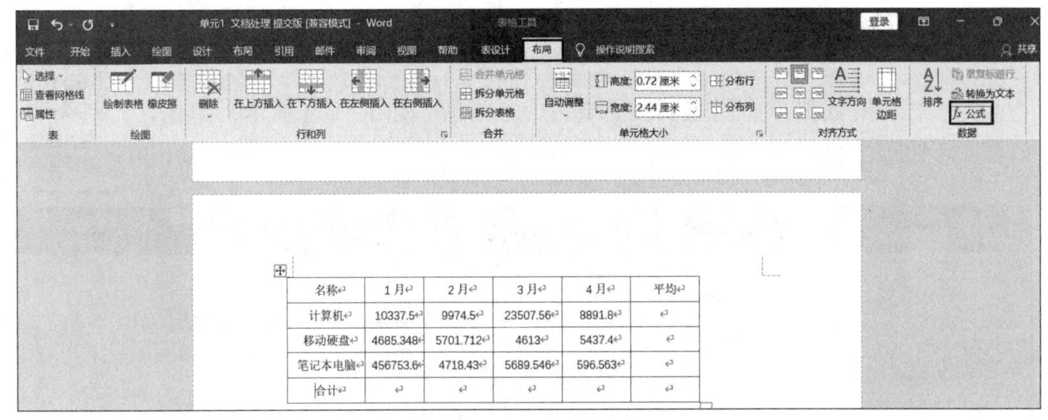

图 1-52 单击“*fx* 公式”按钮

② 在弹出的“公式”对话框的“粘贴函数”下拉列表中选择“SUM”选项，此时“公式”文本框中自动填写了“=SUM(ABOVE)”，表示对该单元格上方的内容求和，单击“确定”按钮，完成自动求和计算，如图 1-53 所示。

图 1-53 自动求和

用同样的方法完成其他单元格的自动求和。

1.3.7 表格数据自动求平均值

扫码观看微课视频

单击要求平均值的单元格，单击“表格工具－布局”选项卡，单击“*fx* 公式”按钮，在“公式”对话框的“粘贴函数”下拉列表中选择“AVERAGE”选项，此时“公式”文本框中自动填写了“=AVERAGE(LEFT)”，表示对左边的数据求平均值，单击“确定”按钮，完成自动求平均值计算。

小贴士

如果有大量的数据需要计算，不建议采用 Word 2016 来进行自动计算，用 Excel 2016 进行自动计算更快捷，只需将计算完毕的数据，复制到 Word 2016 中即可。

1.3.8　自动生成统计饼图

① 选中表格数据（连同表头一起选中），单击“插入”选项卡，单击“文本”组中的“对象”/“对象”命令，如图 1-54 所示。

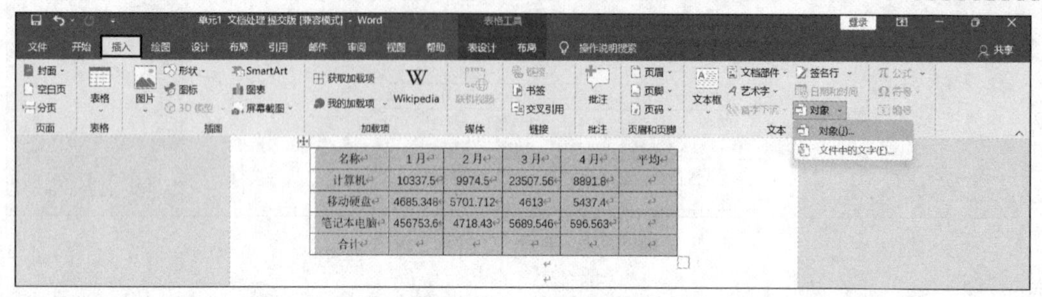

名称	1 月	2 月	3 月	4 月	平均
计算机	10337.5	9974.5	23507.56	8891.8	
移动硬盘	4685.348	5701.712	4613	5437.4	
笔记本电脑	456753.6	4718.43	5689.546	596.563	
合计					

图 1-54　插入对象

② 在弹出的“对象”对话框的“对象类型”列表框中，选择“Microsoft Graph 图表”选项，如图 1-55 所示，单击“确定”按钮。

③ 选择图表类型为三维饼图，调整图表大小，单击空白处，退出图表编辑状态，完成图表的插入，如图 1-56 所示。

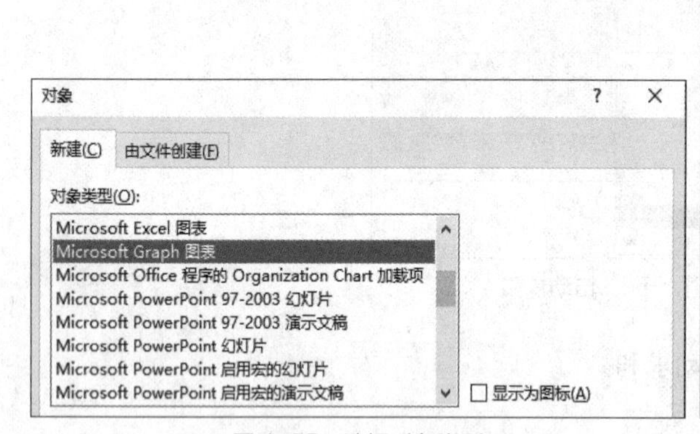

图 1-55　选择对象类型

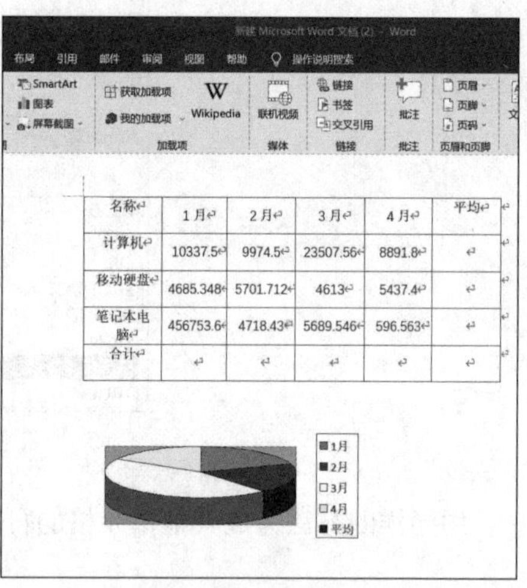

名称	1 月	2 月	3 月	4 月	平均
计算机	10337.5	9974.5	23507.56	8891.8	
移动硬盘	4685.348	5701.712	4613	5437.4	
笔记本电脑	456753.6	4718.43	5689.546	596.563	
合计					

图 1-56　插入图表

任务 1.4　编辑毕业论文

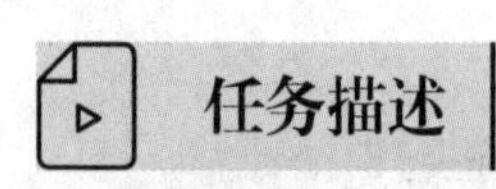

任务描述

进入了毕业季，陆欣同学完成了毕业论文的撰写。现在，她需要根据学校论文的格式要求，排版并编辑论文。

学校对论文的排版格式有比较明确的要求和规范，规定了页面设置和著录格式。页面设置包括版心大小、页边距和装订线位置。著录格式包括目录、页眉、页脚、段落、字体（包括一级标题、二级标题、三级标题、正文、西文和数字、计量单位等）等的设置；还包括插图的图题、图序，插表的表名、表序的位置，以及字体、公式、参考文献等各部分的设置。

技术分析

完成“编辑毕业论文”的任务，需要掌握以下 Word 技术。

- 公式软件应用。
- 创建各级标题样式。
- 图表自动编号及引用。
- 插入图表。
- 多级列表自动编号的设置。
- 设置复杂的页眉页脚结构。
- 生成自动目录。

1.4.1 毕业论文排版格式要求

（1）论文内容及顺序

中文：题目、作者姓名、作者课序号、专业班级、摘要、关键词。

英文：题目、作者姓名、作者课序号、专业班级、摘要、关键词。

中文：论文正文。

中文：参考文献。

（2）论文排版

① 采用 Word 2016 统一格式，纸型为 A4，单栏纵向排列。Word 文档中的页面设置为：上页边距 2.5cm，下页边距 2.5cm，左页边距 3cm，右页边距 2cm，装订线 0cm，页眉 1.5cm，页脚 1.5cm。

② 正文与摘要、关键词部分之间空一行，正文用五号宋体，每行 46 个字符，每页排 45 行（不含页码），全文单栏排版。

③ 表、图与上下正文之间空一行，表题文字用五号黑体，在表正上方居中，表头文字用小五号黑体且各栏居中，表中文字用小五号宋体，有中英文对照；表格一般采用三线表；表图的位置与正文中对应的文字描述接近。

④ 图题用小五号黑体，在图正下方居中，图中文字用小五号宋体。

⑤ 使用国际标准单位。英文全部用 Times New Roman 字体。

⑥ 标题、作者、单位、摘要、关键词要求中英文对照（标题字号为四号，作者字号为五号，单位字号为六号，摘要、关键词字号为五号）。

（3）页眉页码

页眉用小五号宋体且居中排列，注明“课序号专业班级姓名”字样。页码用小五号宋体且居中排列，两边加点。

（4）标题

标题体例说明如表 1-2 所示。

表1-2　标题体例说明

标题级别	字号字体	格式	说明与举例
论文标题	三号黑体	居中，上面空一行	
一级标题	四号黑体	顶格排，单独占一行	阿拉伯数字后空 1 格，如“1 概述”
二级标题	小四号黑体	顶格排，单独占一行	如“1.1 仿真实现方法”
三级标题	五号宋体加粗	顶格排，单独占一行	如“1.1.1 管网仿真实现方法”
四级标题	五号黑体	左边空两个字符，右边空一个字符，接排正文	阿拉伯数字加括号，如“(1)”，允许用于无标题段落

（5）图表

图表体例说明如表 1-3 所示。

表1-3　图表体例说明

内容	字号字体	格式	说明与举例
图题	小五号黑体	排图下，居中，单独占一行	图号按顺序编排，如“图 1”“图 2”
图注	小五号宋体	排图题下，居中，接排	序号按顺序编排，如“1.”“2.”
表题	五号黑体	排表上，居中，可在斜杠后接排计量单位，组合单位需加括号	如“表 5 几种车辆的速度 /（km/h）”，表号按顺序编排，如“表 1”“表 2”
表头	小五号黑体	各栏居中，计量单位格式同上	
图文、表文	小五号宋体	表文首行前空 1 个字符，段中可用标点符号，段后不用标点符号	

（6）论文作者

作者姓名用小四号楷体，居中，两字姓名间空一格。下一行为作者课序号和专业班级，用五号宋体，并加上括号，居中。

（7）中文摘要

中文摘要用五号宋体，“摘要”两个字用五号黑体。关键词 3 ~ 5 个，用分号隔开，用五号宋体，“关键词”3 个字用五号黑体。

（8）英文摘要

英文均使用 Times New Roman 字体。英文摘要部分参照中文标题、作者姓名、作者课序号和专业班级、摘要、关键词的格式。

（9）参考文献排版

参考文献字体均用小五号宋体。序号用阿拉伯数字，引用文献应在文章中的引用处右上角加注序号。参考文献的注录格式如下。

① 连续出版物：[序号] 主要责任者 . 题名：其他题名信息 [文献类型标识 / 文献载体标识]. 年，卷（期）- 年，卷（期）. 出版地：出版者，出版年 [引用日期]. 获取和访问路径 . 数字对象唯一标识符 .。

② 专著：[序号] 主要责任者 . 题名：其他题名信息 [文献类型标识 / 文献载体标识]. 其他责任者 . 版本项 . 出版地：出版者，出版年：引文页码 [引用日期]. 获取和访问路径 . 数字对象

唯一标识符 .。

③ 专利文献：[序号] 专利申请者或所有者 . 专利题名：专利号 [文献类型标识 / 文献载体标识]. 公告日期或公开日期 [引用日期]. 获取和访问路径 . 数字对象唯一标识符 .。

④ 电子资源：[序号] 主要责任者 . 题名：其他题名信息 [文献类型标识 / 文献载体标识]. 出版地：出版者 , 出版年：引文页码（更新或修改日期）[引用日期]. 获取和访问路径 . 数字对象唯一标识符 .。

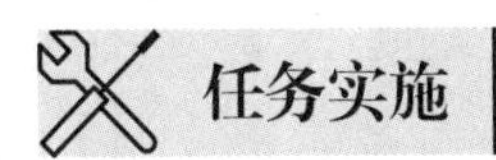

1.4.2 页面设置

根据论文格式要求，完成页面的基本设置。请参考本单元 1.2.2“设置页面布局”中的页边距与版心尺寸的设置方法。

1.4.3 创建标题样式

论文中的一级标题、二级标题、三级标题会在多处重复出现，为方便快速应用样式，可以采用创建标题样式的方法，创建各级标题样式。

为方便创建样式，可以基于“标题 1”创建一级标题样式，基于“标题 2”创建二级标题样式，基于“标题 3”创建三级标题样式。

下面以创建一级标题样式为例，介绍标题样式的创建方法，具体参数为四号、加粗、宋体、段前和段后间距均为 1 行。

① 单击“开始”选项卡，在“样式”组中，单击样式列表的下拉按钮，弹出更多样式列表，单击“创建样式”命令，如图 1-57 所示。

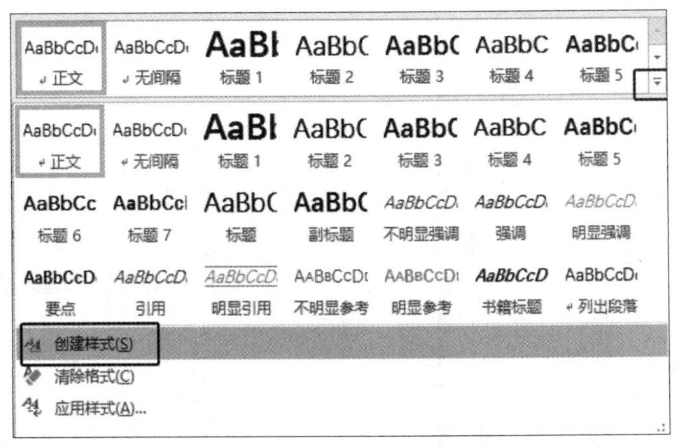

图 1-57 单击“创建样式”命令

② 在弹出的“根据格式设置创建新样式”对话框中，输入标题名称，修改标题样式。为区分标题级别，将样式命名为“一级标题”，单击“修改”按钮，如图 1-58 所示。

③ 在“样式基准”下拉列表中选择“标题 1”选项，设置字体为“宋体（中文正文）”、

字号为“四号”，单击左下角“格式”下拉按钮，如图 1-59 所示，在弹出的菜单中单击“编号”和“段落”命令，设置编号样式和段落格式。

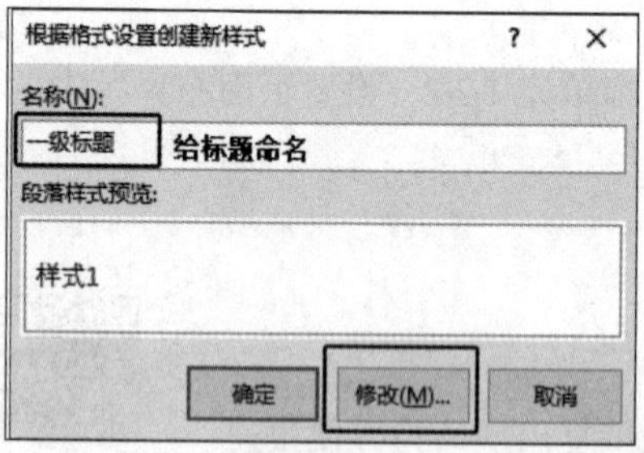

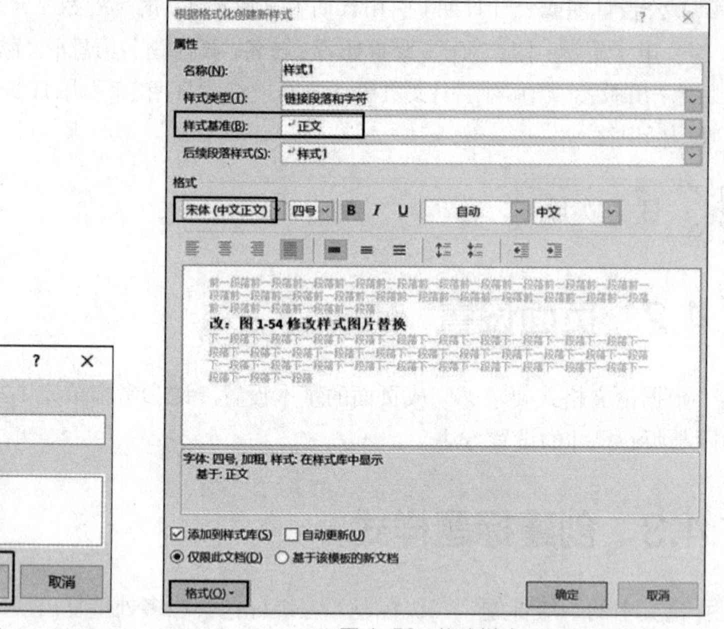

图 1-58　创建样式

图 1-59　修改样式

④ 单击“编号”命令，弹出“编号和项目符号”对话框，从列表框中选择合适的编号样式或项目符号。由于本例的编号样式不在该列表框内，因此需单击“定义新编号格式”按钮，如图 1-60 所示。

⑤ 在打开的对话框中选择适当的编号样式，如本例要求编号之后无符号，因此将“编号”文本框中示例编号后的点号删除，如图 1-61 所示，单击“确定”按钮，完成一级标题编号样式的设置。

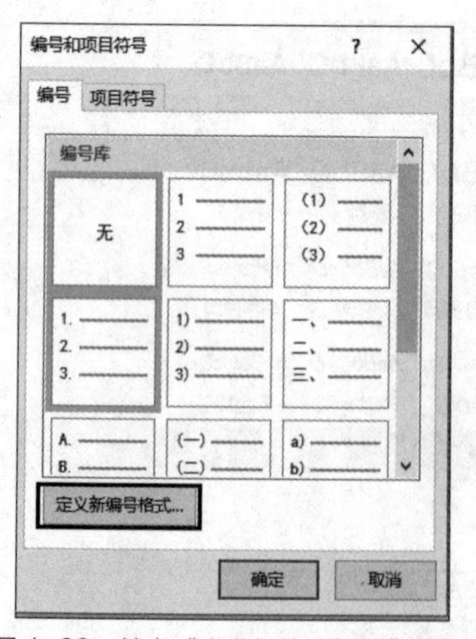

图 1-60　单击“定义新编号格式”按钮

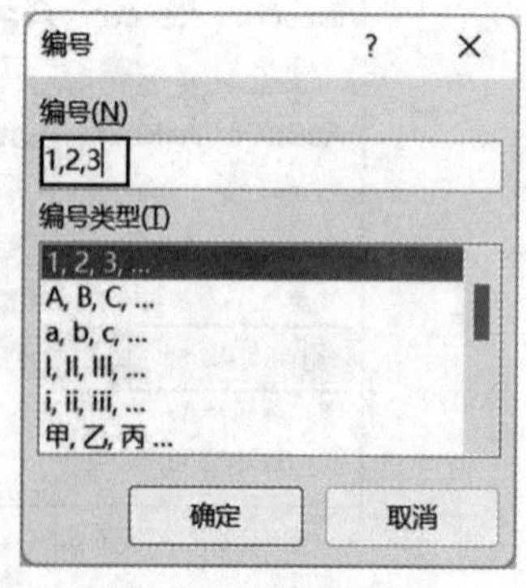

图 1-61　设置编号样式

⑥ 单击“段落”命令，在打开的对话框中单击“缩进和间距”选项卡，设置“特殊格式”为“悬挂缩进”，“缩进值”为“0 厘米”，“段前”和“段后”间距均为“1 行”，如图 1-62 所示。

设置完毕单击“确定”按钮，在“样式”组中将显示刚设置好的样式，选中它单击鼠标右键，可以再对其进行修改，如图 1-63 所示。

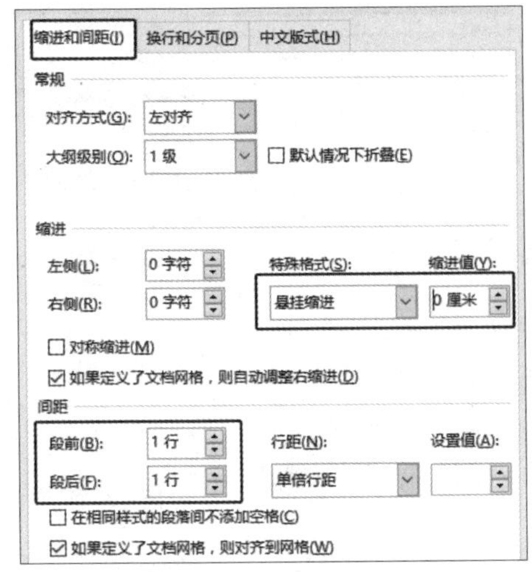

图 1-62 设置段落格式

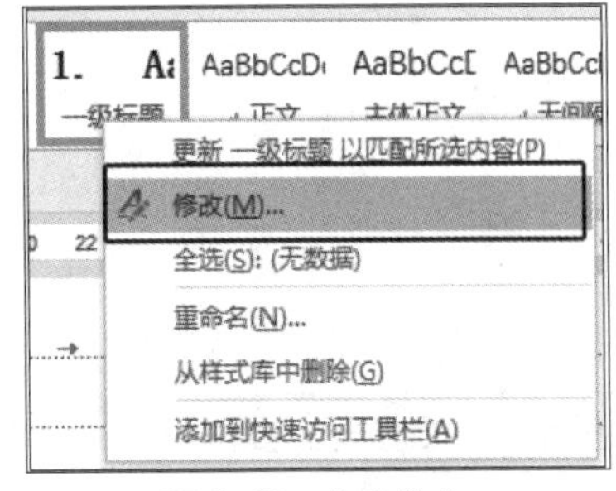

图 1-63 修改样式

现在可以在正文中选中需要设置为“一级标题”的段落，单击样式列表框中的“一级标题”样式，将设置的样式应用到相应段落，并自动创建项目编号。

⑦ 重复上述过程，分别设置二级标题、三级标题和主体正文的样式，设置完毕后，样式列表框中将增加设置的样式，可以将设置的样式直接应用到相应的内容上。

由于二级标题、三级标题涉及多级列表的自动编号，需要在多级列表中专门设置编号样式，因此，在定义二级标题和三级标题样式的时候，可以不设置编号样式。同样的，一级标题编号样式也可以在多级列表编号中设置。

1.4.4 多级列表自动编号设置

多级列表自动编号可以帮助用户在确定标题级别的同时进行编号，避免手工编号出错，具体步骤如下。

① 单击“开始”选项卡，单击“多级列表”下拉按钮，如图 1-64 所示。

图 1-64 单击“多级列表”下拉按钮

② 在下拉菜单中单击“定义新的多级列表”命令，如图 1-65 所示，弹出“定义新多级列表”对话框。

③ 在“定义新多级列表”对话框中，在“将级别链接到样式”下拉列表中选择“一级标题”选项，在“要在库中显示的级别”下拉列表中选择“级别 1”选项，在“起始编号”文本框中输入“1”。如果未出现对话框右边所示的内容，可以单击对话框左下角的“更多”按钮，如图 1-66 所示。

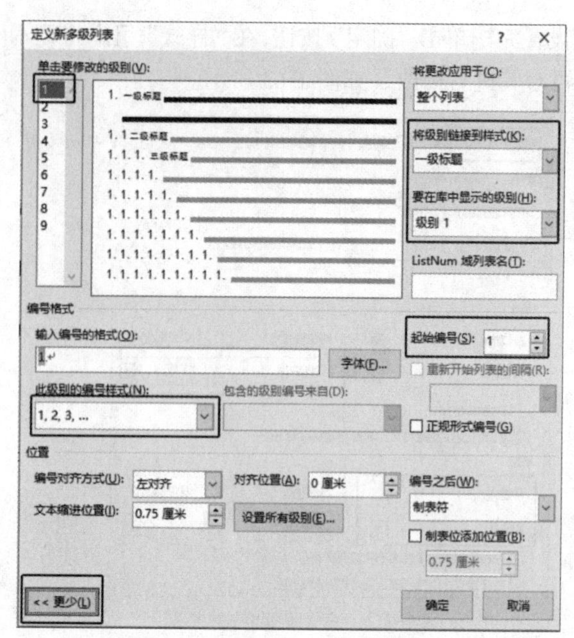

图 1-65　定义新的多级列表

图 1-66　设置一级标题编号样式

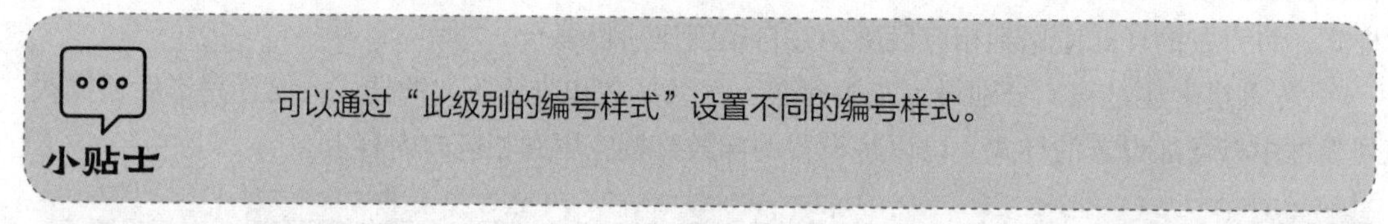

④ 在“将级别链接到样式”下拉列表中分别选择“二级标题”选项和“三级标题”选项，设置适当的编号样式，在“要在库中显示的级别”下拉列表中分别选择“级别 2”选项和“级别 3”选项，在“起始编号”文本框中输入“1”，如图 1-67 和图 1-68 所示。

各级标题和编号样式确定之后，可以在正文中选择相应内容，单击标题样式，即可自动应用样式和自动编号，这大大提高了设置样式和编号的效率。

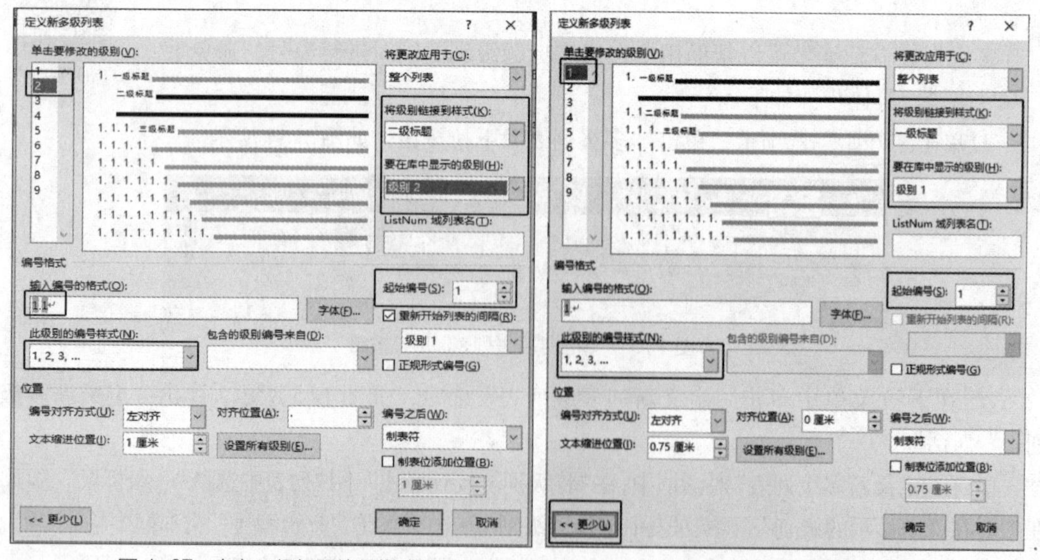

图 1-67　定义二级标题编号样式

图 1-68　三级标题编号样式

1.4.5 插入页眉和页脚

通常毕业论文的封面不需要设置页眉和页脚，版权声明、开题报告（任务书）、摘要不需要设置页脚，目录的页脚一般为罗马数字页码。论文主体及以后部分的奇数页页眉设置为章节标题，偶数页页眉需要设置为“××××毕业论文题目”，页脚添加阿拉伯数字页码。为满足这些要求，需要将文档分节，在每一节分别设置页眉和页脚。

1. 设置分节

文档的一个节表示一个连续的内容块，每节的格式都相同，包括页边距、页面的方向、页眉和页脚，以及页码的顺序等。Word 2016 默认只有一个节，所以通常情况下设置页眉和页脚，每页都是相同的。在本例中，由于不同部分需要设置不同的页眉和页脚，因此必须使用分节符将论文分为多个节，分别设置页眉和页脚。论文结构、分节设置及页眉页脚要求，如图 1-69 所示。

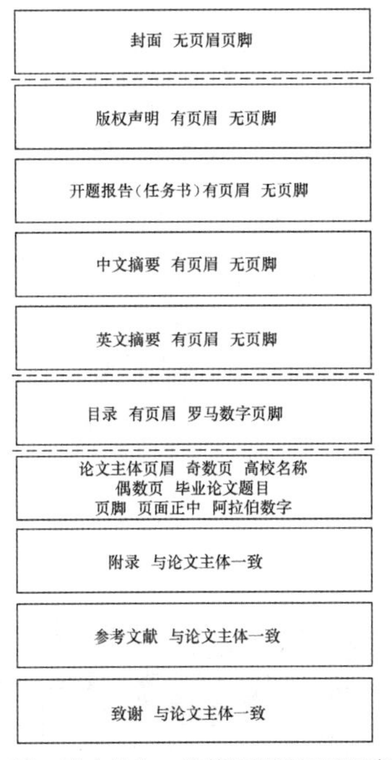

图 1-69 论文结构、分节设置及页眉页脚要求

① 单击“开始”选项卡，在“段落”组中，单击“显示 / 隐藏编辑标记”按钮，查看论文的分节情况。

② 进入封面页的末尾处，单击“布局”选项卡下的“分隔符”下拉按钮，单击“分节符”下的“下一页”命令，如图 1-70 所示，插入所选分节符后，插入点处将显示图样 ::::::::分节符(下一页):::::::: 表示此处插入了“下一页”分节符。

在插入分节符之后，分节符后会自动增加一行，将该行删除即可。删除分节符，只需将鼠标指针置于分节符所在行的最前面，当鼠标指针变为向右的箭头时，按【Delete】键即可。

③ 在英文摘要页最后，用同样的方法插入“下一页”分节符。

④ 在目录页最后，用同样的方法插入“奇数页”分节符。

2. 设置页眉

① 进入版权声明页，单击“插入”选项卡下的“页眉”按钮，选择合适的页眉样式，此处选择“内置”下的“空白”页眉格式，如图1-71所示。

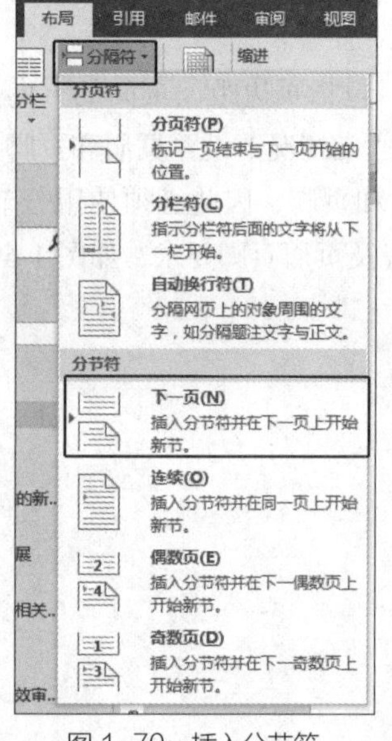

图1-70 插入分节符

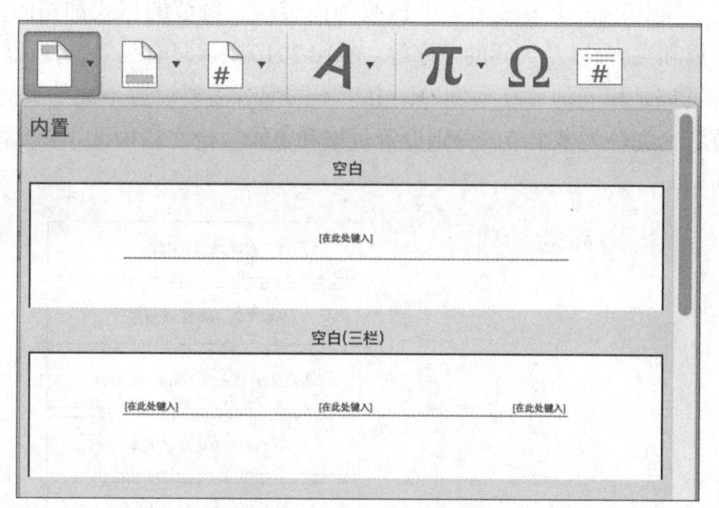

图1-71 插入空白页眉

② 单击页眉页脚“页眉和页脚工具－设计”选项卡，勾选“首页不同”复选框，表示首页与本节的页眉不同，单击“链接到第一节”按钮，表示本节页眉与前一节页眉不同，如图1-72所示。在本节页眉处输入内容“××××学院毕业论文”，设置完毕后，单击“关闭页眉和页脚”按钮。

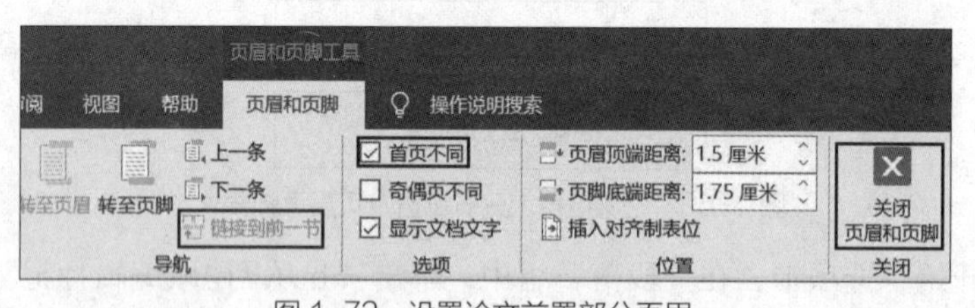

图1-72 设置论文前置部分页眉

> **小贴士** 添加页眉后，Word 2016会自动在首页页眉处添加一条横线，删除方法为：进入首页页眉处，单击“开始”选项卡，单击“字体”组中的“清除所有格式”按钮。

③ 当完成步骤②后，从版权声明页开始，后面所有的页眉完全一致，但论文要求正文奇数页页眉与偶数页页眉不同，因此需要对正文部分页眉进行单独设置。

进入正文第一页页眉，单击“链接到前一条页眉”按钮，同时将“奇偶页不同”复选框勾选。在正文第一页页眉处输入“××××学院毕业论文”，在正文第二页页眉处输入论文标题。

此时发现，当勾选“奇偶页不同”复选框后，封面页、开题报告（任务书）页等奇数页的页眉也发生了变化，最简单的解决办法是勾选“首页不同”复选框，重新输入奇数页的页眉。

为解决在勾选“奇偶页不同”复选框之后还要返回去修改页眉的问题，可以在开始设置页眉时，就勾选该复选框，然后在添加前面部分的页眉时分别添加内容。

3. 设置页脚，添加页码

① 进入目录页页脚，单击“页眉和页脚工具 - 设计”选项卡，单击“页码”/“设置页码格式”命令，如图1-73所示，弹出“页码格式”对话框。

② 在“编号格式”下拉列表中选择罗马数字编号格式，将起始页码设置为“Ⅰ”，单击“确定”按钮，如图1-74所示，完成目录页页码的设置。

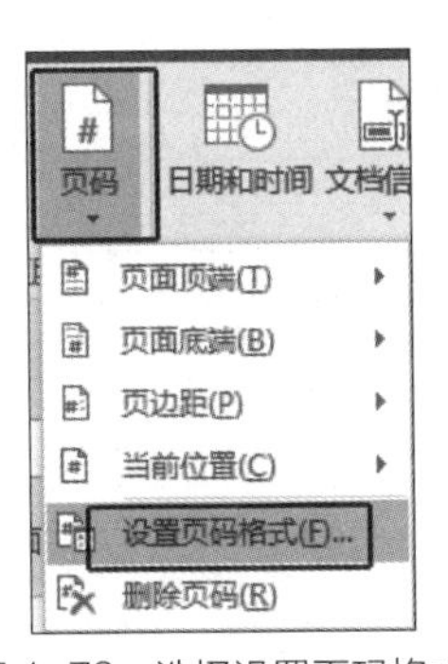

图1-73 选择设置页码格式

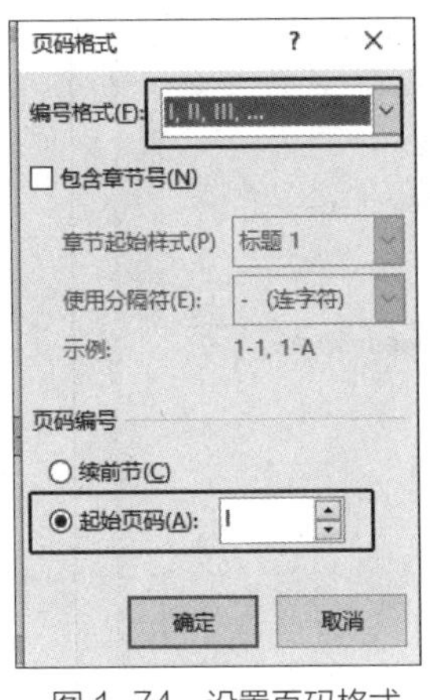

图1-74 设置页码格式

③ 进入目录页页脚，单击“页眉和页脚工具 - 设计”选项卡，单击“页码”/“页面底端”/“普通数字2”命令，在页面底部中间插入罗马数字格式的页码。

④ 进入正文第一页页脚。单击“页眉和页脚工具 - 设计”选项卡，单击“页码”/“设置页码格式”命令，在弹出的“页码格式”对话框中选择“编号格式”为阿拉伯数字格式，“起始页码”设为“1”，即可在奇数页页脚插入阿拉伯数字页码。

⑤ 进入正文第二页页脚，按步骤④的方式插入页码，即在偶数页页脚插入阿拉伯数字页码。

由于勾选了“奇偶页不同”复选框，在设置页码后，论文的前面部分（如版权声明、开题报告等）的页脚处也出现了页码，此时仅需直接将这些页码删除即可。

至此，论文的全部页眉和页脚设置完毕。

1.4.6 创建目录

在完成格式、章节符号、标题格式、页面等的设置后，就可以创建目录了。目录完全由 Word 2016 自动创建，不需要手工输入。具体操作步骤如下。

① 将插入点定位到需要插入目录的位置，单击“引用”选项卡，单击“目录”/“自定义目录”命令，弹出“目录”对话框。

② 在“目录”对话框中，设置显示级别为“3”，单击“确定”按钮，如图 1-75 所示。

自动生成的目录样例如图 1-76 所示。

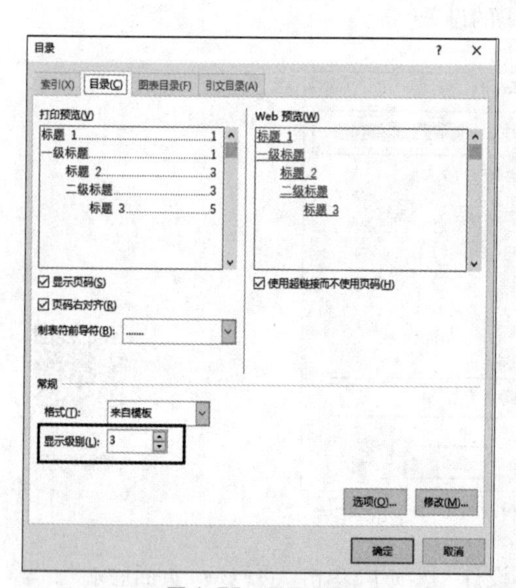

图 1-75 目录设置

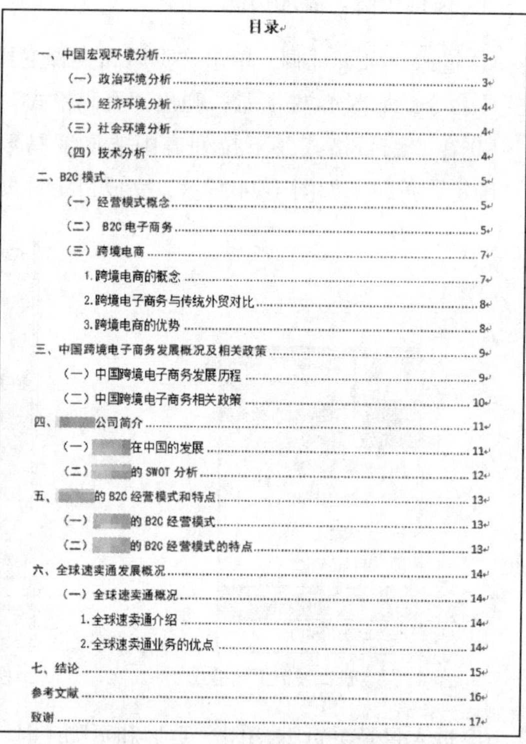

目录

图 1-76 自动生成的目录样例

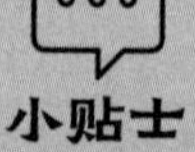

由于在创建标题样式的时候，“一级标题”对应“标题 1”，“二级标题”对应“标题 2”，“三级标题”对应“标题 3”，在本任务要求中，只需生成三级标题目录，因此显示级别设置为“3”，如果要显示更多级别的标题，需要将显示级别设置为相应的数字，如要显示“标题 5”级别，则需要将显示级别设置为“5”。

若自动生成的目录的行距太小，可以适当设置目录的行距。

当目录标题或者页码发生了变化，可在目录上单击鼠标右键，在快捷菜单中单击“更新域”命令，更新相应内容，如图 1-77 所示。

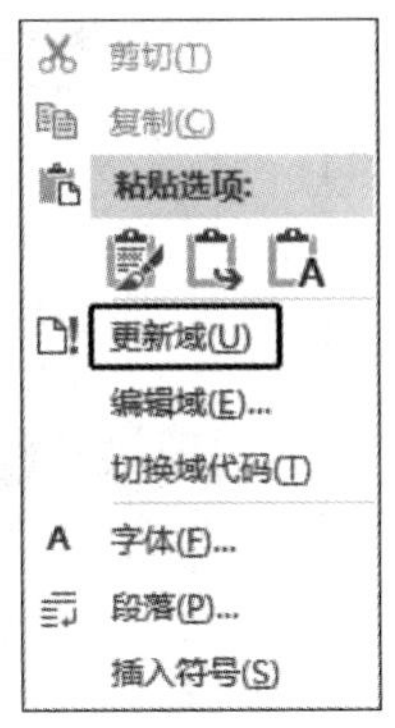

图 1-77 更新目录

任务 1.5 协同编辑文档

任务描述

陆欣除了要完成处理日常公文的任务之外，还要协助人力资源经理处理人事管理文档的相关事项。今天，陆欣接到人力资源经理分配的任务，要求制作一份公司劳动合同的初稿，然后将制作好的初稿交给人力资源经理审核，并根据审核的结果，完成相应部分内容的修订。

在制作劳动合同初稿的过程中，由于人力资源经理经常不在办公室，因此如果能够与人力资源经理通过网络实时协同修订文档，将极大地提高修订效率。陆欣查阅资料，找到了利用给文档添加批注和回复批注进行文档修订的方式，同时，利用 Word 2016 提供的云共享文档功能可以实现在线实时协同编辑文档，通过这种协同方式，陆欣完美地完成了人力资源经理交办的任务。

技术分析

完成“协同编辑文档”的任务，需要掌握以下 Word 技术。

- 创建文档批注。
- 回复或解决批注。
- 通过云共享实现在线实时协同编辑文档。

任务实施

1.5.1 通过批注方式协同编辑

扫码观看微课视频

用户可以对文档中的内容添加批注，其他用户可以对批注进行回复，从而完成对文档内容的协同修改，并达成一致意见。

1. 进入修订模式

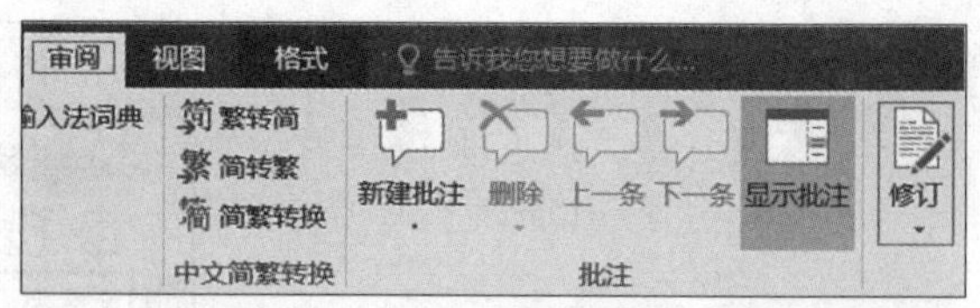

图1-78 设置修订

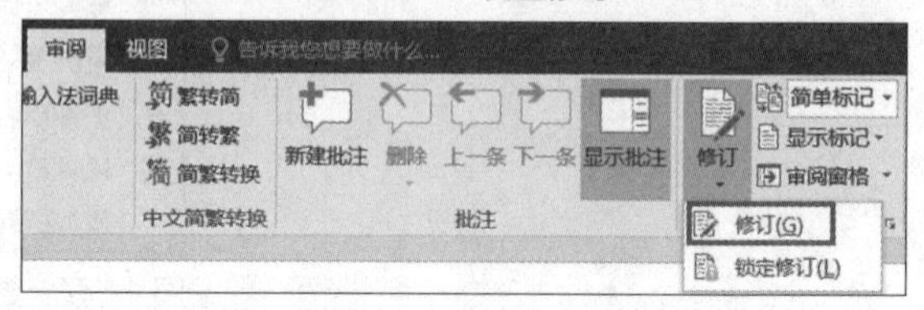

图1-79 进入修订状态

① 单击“审阅”选项卡下的“修订”按钮，如图1-78所示。

② 在弹出的下拉菜单中单击“修订”命令，如图1-79所示，进入修订状态，修订后系统将自动显示修改的用户名及增删内容或者格式修改。

③ 单击“修订”组右下角按钮，在弹出的“修订选项”对话框中，单击“高级选项”按钮，在弹出的“高级修订选项”对话框中可以根据需要进行标记、移动、表单元格突出显示、格式、批注框等修订设置，如图1-80所示。

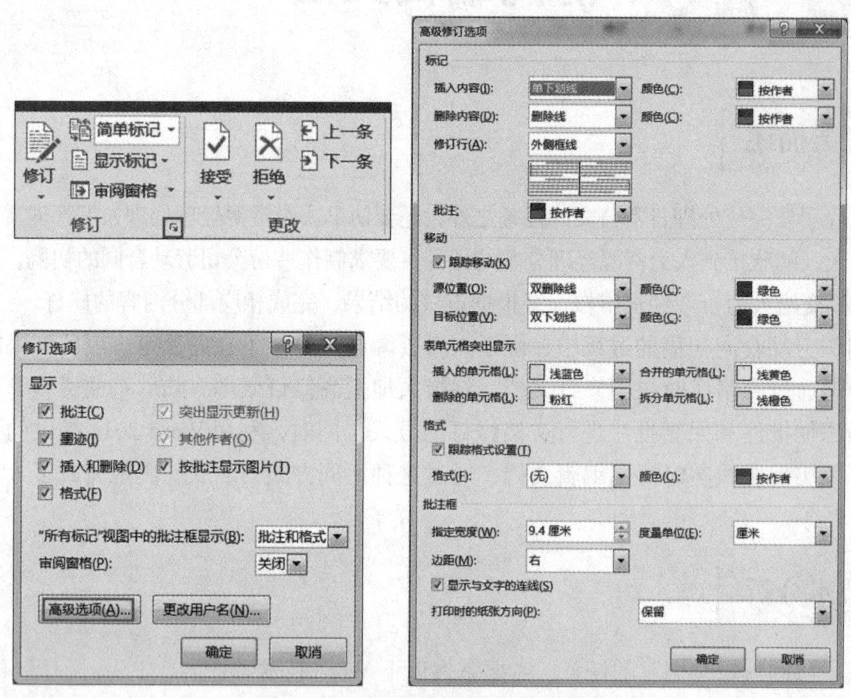

图1-80 “高级修订选项”对话框

④ 对于一个修订的部分，用户可以根据需要接受或拒绝。接受了 Word 2016 即按照修订内容进行修改，拒绝了文本就恢复原样，如图1-81所示。

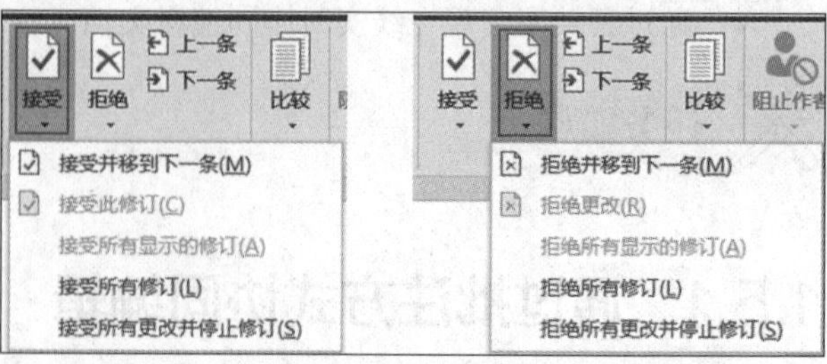

图1-81 接受或拒绝修订

2. 创建批注

扫码观看
微课视频

① 选择要添加批注的内容，单击“审阅”选项卡，单击“新建批注”按钮，如图1-82所示。

② 输入批注内容，批注的第一行会自动显示当前添加批注的用户名，如图 1-83 所示，完成后单击文档中的其他位置，即可完成批注的创建。

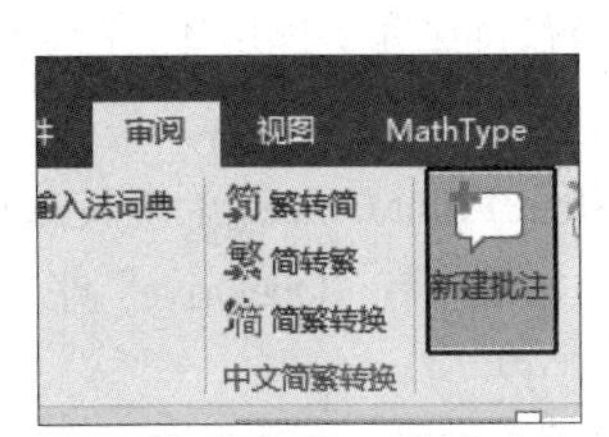

图 1-82　单击“新建批注”按钮

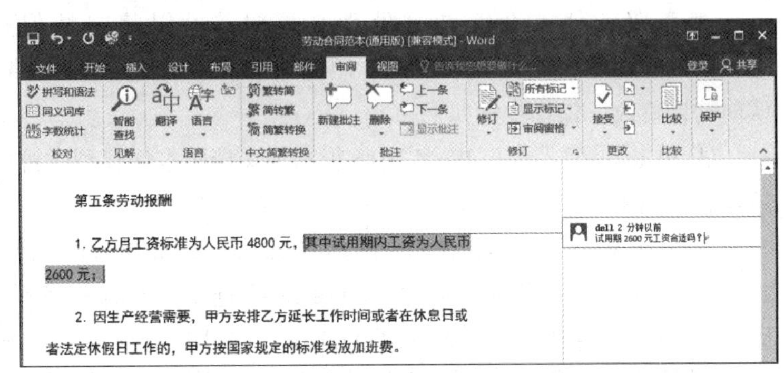

图 1-83　输入批注内容

3. 回复或解决批注

① 选中批注，单击鼠标右键，在快捷菜单中单击“答复批注”命令，输入内容，Word 2016 会自动将当前修订用户的用户名和答复内容添加在批注之下，如图 1-84 所示。

② 单击文档其他位置，或者单击“删除批注”按钮表明批注已完成。

③ 单击“下一条”或“上一条”按钮可在批注间切换。

④ 单击“审阅”选项卡下的“比较”按钮，打开原文档和修改后的文档，比较两个文档的内容，如图 1-85 所示。

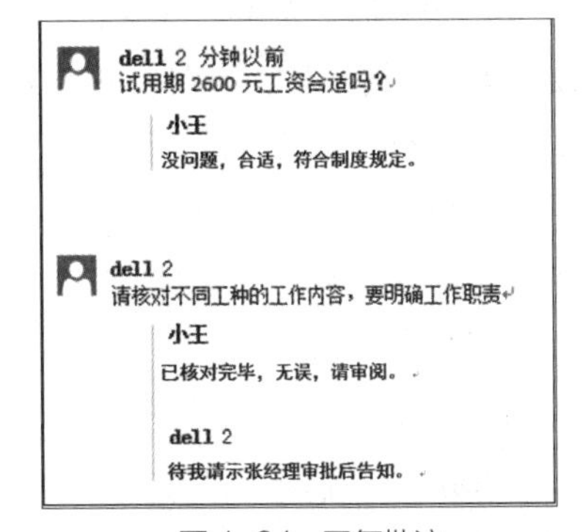

图 1-84　回复批注

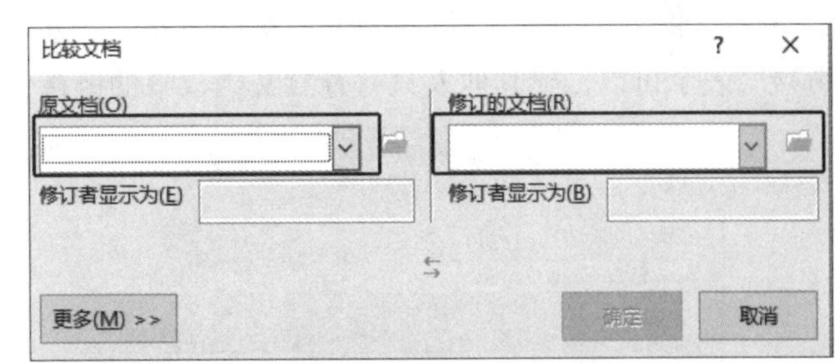

图 1-85　比较文档

可以在文档中显示用户在协同过程中的所有操作，步骤如下。

在“审阅”选项卡下的“修订”组中，选择“所有标记”选项，并单击“审阅窗格”按钮，即可在文档的左边显示每个用户进行的各种操作。如果要将其关闭，则选择“简单标记”选项，并单击“审阅窗格”按钮，如图 1-86 所示。

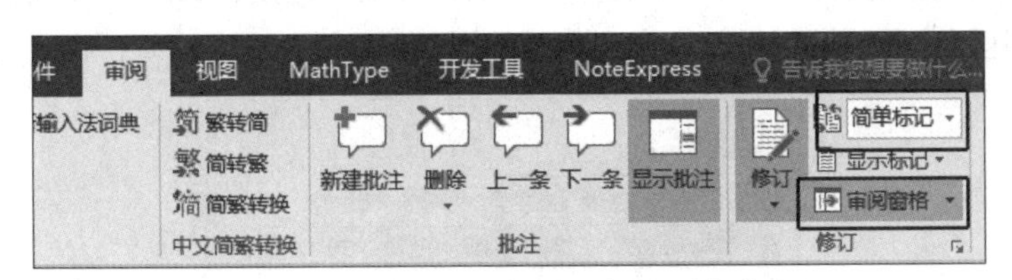

图 1-86　关闭用户在协同过程中的所有操作显示

1.5.2 通过云共享实现在线实时协同编辑

当需要和他人在线同时处理文档时，可以将文档保存到云，利用 Word 2016 的“共享”功能，快速、便捷地邀请他人共同审阅或编辑文档，实现实时协同修改，操作步骤如下。

① 单击“共享”按钮，Word 2016 提示将文档副本保存到联机位置，即云上，单击“保存到云”按钮，如图 1-87 所示，弹出“另存为”界面。

② 使用 Web 浏览器，在 OneDrive、OneDrive for Business 或 SharePoint Online 上上传或创建新文档。选择“另存为”界面的“OneDrive”选项，如图 1-88 所示。如果已有“OneDrive”账户，则单击“登录”按钮；如果没有“OneDrive”账户，则需要先注册账户。

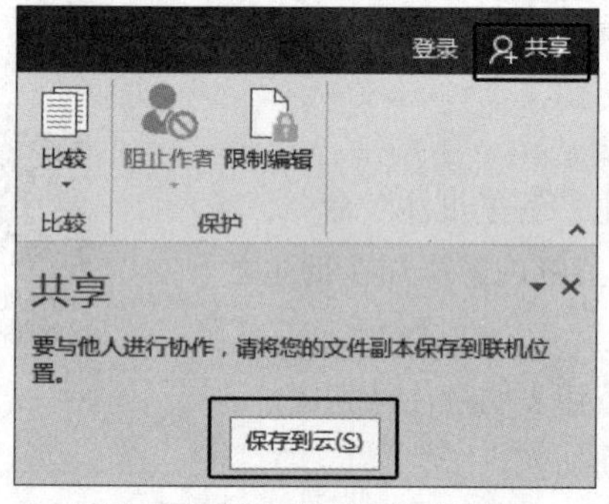

图 1-87 单击“保存到云”按钮

图 1-88 选择存入 OneDrive 云

③ 双击已登录的账户名称，选择要上传的文档，Word 2016 会自动将文档上传到云。

④ 选择需要协同编辑的文档，邀请人员进行协同办公，并设置权限。单击“共享”按钮，将向邀请人员的邮箱发送编辑链接，也可以将共享链接直接发送给邀请人员，如图 1-89 所示。

⑤ 单击“获取共享链接”按钮。“编辑链接”表示创建可以编辑文档的链接，“仅供查看的链接”表示可以创建其他人只有查看文档权限的链接，如图 1-90 所示。

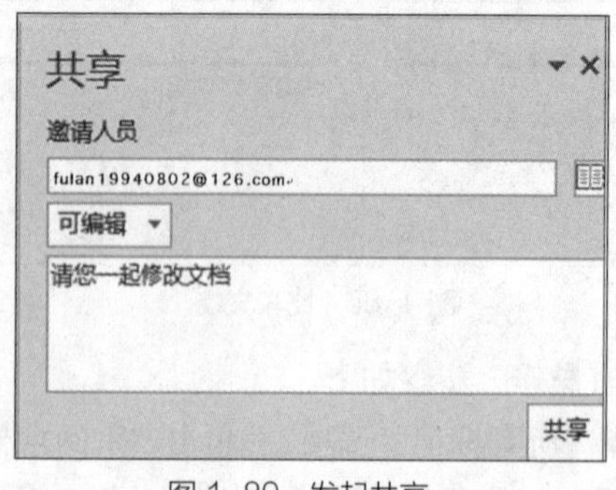

图 1-89 发起共享

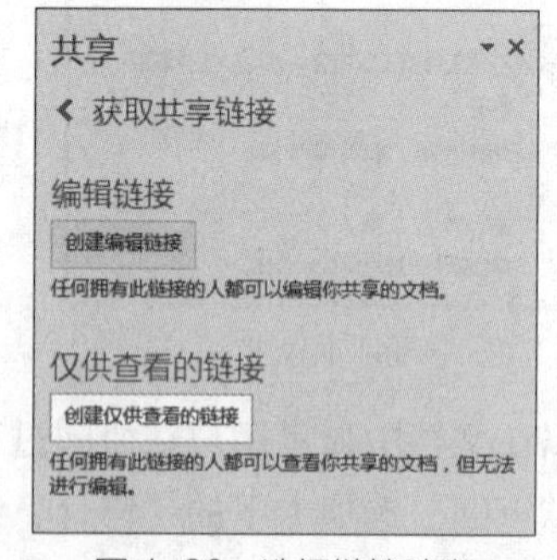

图 1-90 选择链接种类

⑥ 单击“创建编辑链接”按钮，获得提供编辑权限的链接，如图 1-91 所示，其他人可以将该链接复制到浏览器地址栏打开，实现在线编辑。

图 1-91 复制链接地址

【学习笔记】

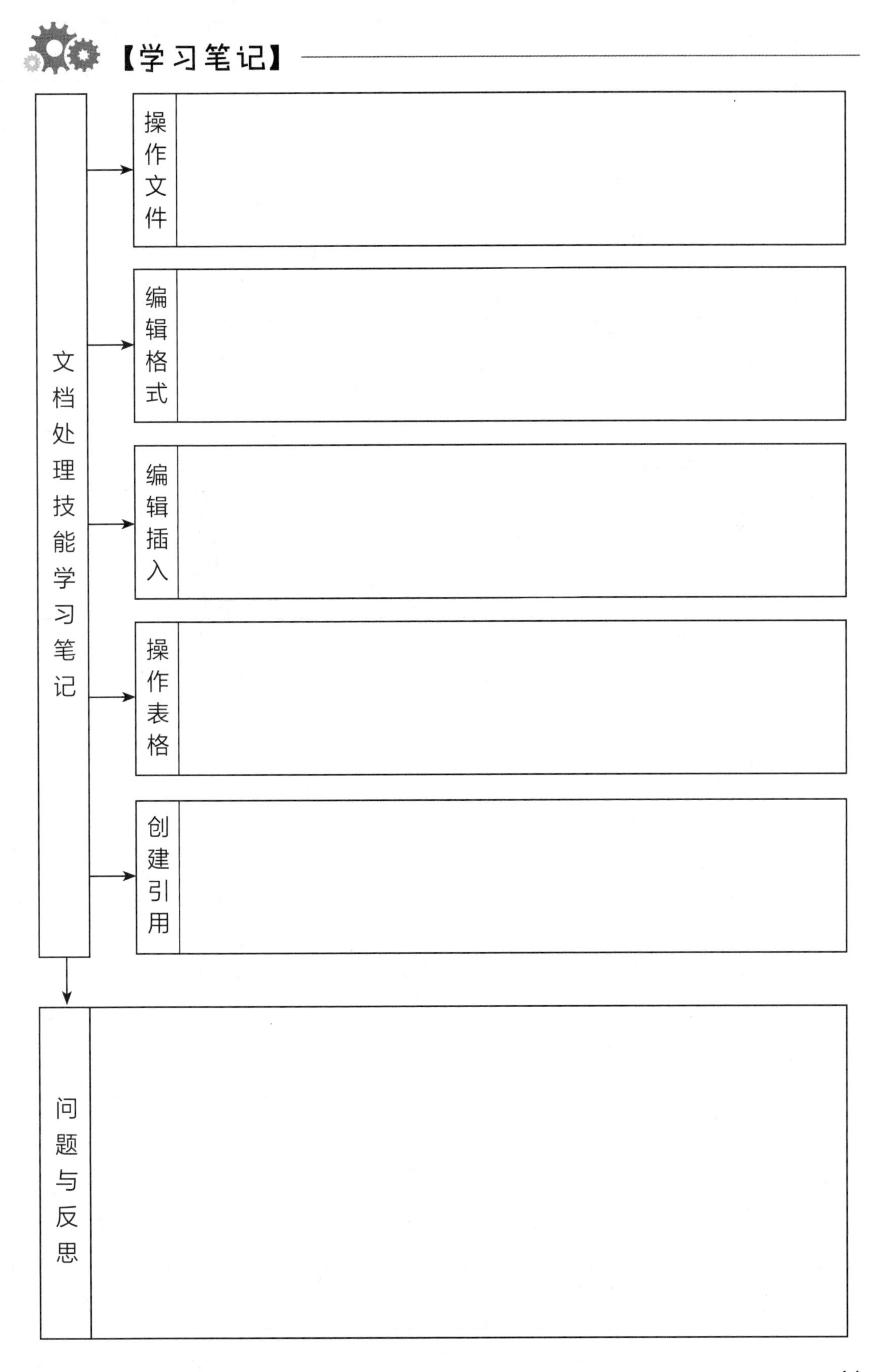

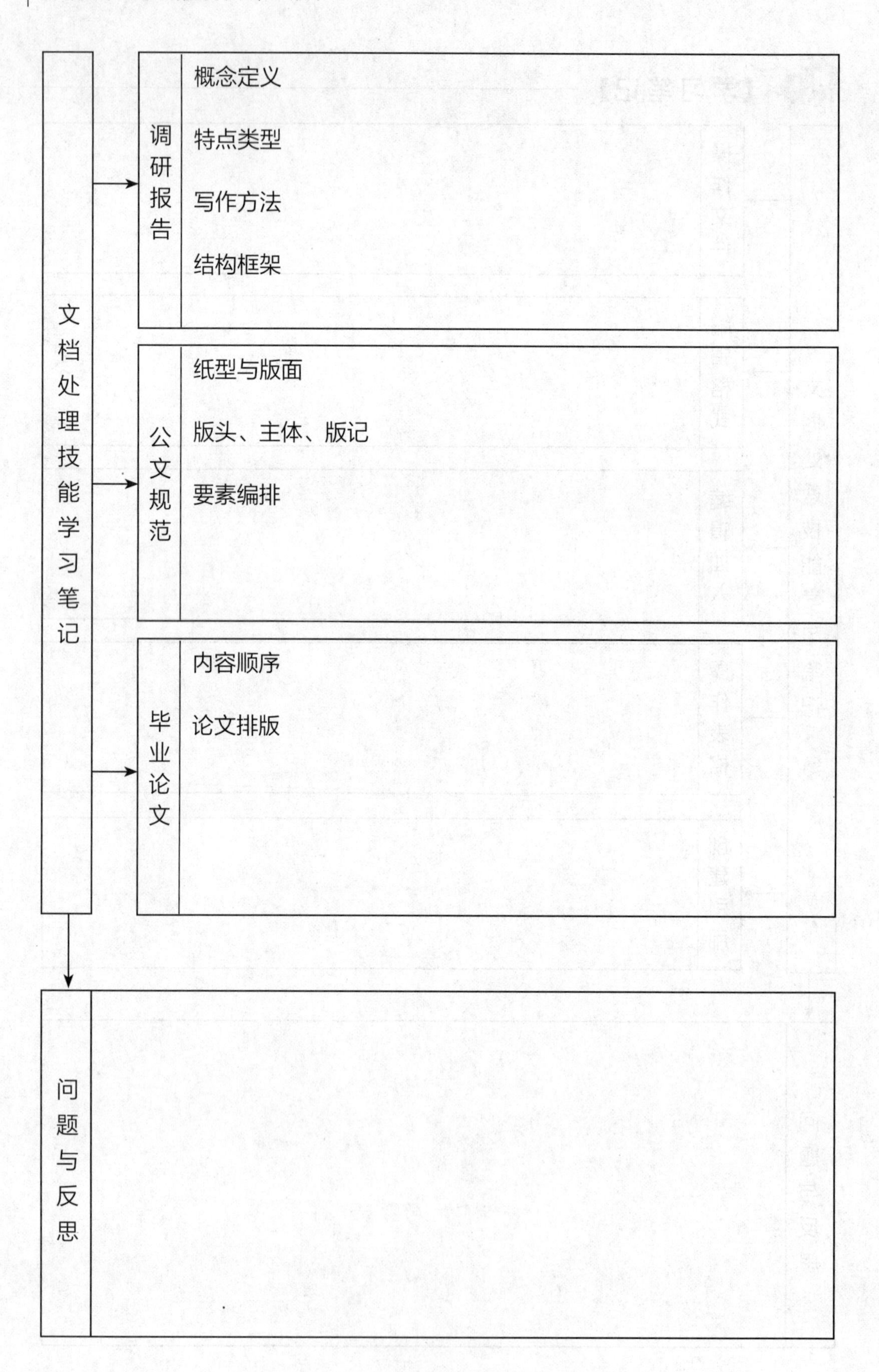
文档处理技能学习笔记
调研报告
概念定义
特点类型
写作方法
结构框架
公文规范
纸型与版面
版头、主体、版记
要素编排
毕业论文
内容顺序
论文排版
问题与反思

考核评价

姓名：________ 专业：________ 班级：________ 学号：________ 成绩：________

一、填空题（每题 5 分，共 25 分）

1. 在 Word 2016 的文字编辑中，想将某文件 A 的一部分内容插入正在编辑的文件 B 的当前位置，可采用如下方法：打开文件 A，找到要插入的内容，从起始位置按住鼠标左键并进行拖动，选中要插入的内容，然后按【Ctrl+ ________】组合键将其复制到剪贴板，再打开文件 B，在插入点按【Ctrl+ ________】组合键粘贴。

2. 在 Word 2016 环境下，文件中用于切换“插入”和“改写”状态的键为【________】。

3. 在 Word 2016 环境下，移动选定文本的操作是：将鼠标指针移到文本块内，这时鼠标指针变为 ________ 形状，按住 ________ 移动鼠标指针到目标位置后松手。

4. Word 2016 文档的默认扩展名是 ________。

5. Word 2016 中，如果要选定文档中的某个段落，可将鼠标指针移到该段落的左侧，待鼠标指针形状改变后，再 ________。

二、选择题（每题 6 分，共 30 分）

1. 以下哪个不是调研报告的特点（　　）。
   A. 写实性　　B. 独特性　　C. 逻辑性　　D. 时效性

2. 下面关于分栏叙述正确的是（　　）。
   A. 可分三栏　　B. 栏间距是固定不变的
   C. 各栏的宽度必须相同　　D. 各栏的宽度必须不同

3. 下面叙述中正确的是（　　）。
   A. 只能对文字进行查找与替换
   B. 可以对指定格式的文本进行查找与替换
   C. 不能对制表符进行查找与替换
   D. 不能对段落格式进行查找与替换

4. 在 Word 文档中要选定一块矩形区域，应按住（　　）键并移动鼠标指针。
   A. Shift　　B. Ctrl　　C. Alt　　D. Tab

5. 若已建立了页眉页脚，要打开它可以双击（　　）。
   A. 文本区　　B. 页眉页脚区　　C. 菜单区　　D. 工具栏区

三、实训练习（2 题，共 45 分）

1. 编辑制作招聘简章（20 分）。

小张在人力资源部门工作，近期公司成立销售部，需要向社会招聘，领导安排小张制作招聘简章。下面为简章内容及排版具体要求。

- 标题：黑体、二号，居中。

- 正文：字号为四号，1.5倍行距。
- 一级标题：宋体、小四号、加粗，左对齐。
- 二级标题：宋体、小四号，左对齐。
- 页眉：宋体、五号。
- 页脚：插入页码，居中。

2. 假定你是应届毕业生，在招聘网站看到某企业的招聘启事，请制作一份个人简历，用于参加企业招聘会，具体要求如图1-92所示（25分）。

中天嘉华集团-渤海银行分期项目

招聘简章

一、公司介绍

中天嘉华金融服务集团成立于2000年，致力于发展成为中国最优秀的金融产品营销与服务平台。集团旗下企业在财富管理、资产管理、消费金融、金融行业软件解决方案等业务领域都名列前茅，年度业务规模超过300亿元，主营业务覆盖科技金融、消费金融和财富管理三大领域。

中天嘉华信息技术有限公司致力于通过大型联络中心（呼叫中心）、软件系统、数据挖掘技术等优势为银行等大型金融企业，提供全面深入的金融产品营销服务解决方案。嘉华信息能为金融企业提供国际品牌的硬件平台、量身打造的软件系统以及高端精准的数据服务，凭借十余年来丰富的金融产品营销经验，嘉华信息现已为多家股份制银行提供了4000余席以联络中心为核心载体的金融产品营销服务，年客户电话联络能力突破4000万人次。

二、工作内容

通过行方电销系统，针对行方存量客户进行外呼营销账单分期、专项分期、消费分期等工作。

三、岗位职责

1.通过培训了解并掌握信用卡分期业务知识，运用专业知识通过外呼方式为客户办理信用卡账单分期、专项分期、消费分期等工作。

2.每日根据通话标准要求高效、准确的完成通话指标；

3.根据项目组安排，积极参加业务培训及考核，不断提升业务能力；

4.准确无误的解答处理客户对业务问题的相关咨询，保证话务过程合乎规范要求；

5.详细记录、统计拨打指标结果，分析、发现、改善所发现的问题，持续进步；

6.严格执行公司制定的各项业务流程，提升客户满意度。

四、岗位需求

1.20周岁-35周岁，男女不限；

2.大专以上学历，必须有分期相关经验

3.具有一定的办公软件应用知识及营销能力；

4.普通话标准、口齿清晰、身体健康，为人诚信，工作积极主动、细致、热情，具有强烈的责任感、客户服务意识、高度的敬业精神和团体协作精神

5.公司业务繁忙时须服从加班、调休；

6.遵守国家法律法规和金融工作纪律，具有良好的职业操守，诚实守信，无不良记录

五、薪酬福利

1.薪资待遇：试用期2个月

2.工资构成：岗位工资+绩效+其他（工服、体检费、工龄奖）+津贴（竞赛奖金、半年奖、奖惩、过节礼品、取暖费、防暑费）

3.实习期/试用期：底薪2900+二次绩效（0-1000）

转正薪资：底薪（3000元-4200元）+一次绩效（0-1500）+二次绩效（0-1000）

综合薪资6000元-8000元。

4.福利待遇：入职五险一金、高绩效提成、有婚假、产假/陪产假、丧假、工伤假等各类假期，晋升快、技术培训、每月激励方案、端午节、中秋节、元宵节可享受过节礼品。

【工作地点】:天津市弘顺道华明集团3号楼中天嘉华

【工作时间】:8:30-6:30，中间休息12:00-14:00，上五休二（月休8天），根据银行排班决定

图1-92 招聘启事内容

个人简历

<table>
<tr><td>姓名</td><td></td><td>性别</td><td></td><td>出生
年月</td><td></td><td>政治
面貌</td><td></td><td rowspan="3">照片</td></tr>
<tr><td>毕业院校</td><td></td><td>毕业
时间</td><td></td><td>最高
学历</td><td></td><td>学位</td><td></td></tr>
<tr><td>技术职称</td><td colspan="3"></td><td>从业资格
证名称</td><td colspan="3"></td></tr>
<tr><td>身份证号码</td><td colspan="3"></td><td>专业</td><td colspan="4"></td></tr>
<tr><td>家庭住址</td><td colspan="3"></td><td>邮政
编码</td><td></td><td>联系
电话</td><td colspan="2"></td></tr>
<tr><td>户籍所在地</td><td colspan="2"></td><td>籍贯</td><td colspan="2"></td><td>身体
状况</td><td colspan="2"></td></tr>
<tr><td>现工作单位</td><td colspan="2"></td><td>单位性质</td><td colspan="5"></td></tr>
<tr><td rowspan="5">学习经历</td><td colspan="2">起止日期</td><td colspan="6">学校及获得的证书名称</td></tr>
<tr><td colspan="2"></td><td colspan="6"></td></tr>
<tr><td colspan="2"></td><td colspan="6"></td></tr>
<tr><td colspan="2"></td><td colspan="6"></td></tr>
<tr><td colspan="2"></td><td colspan="6"></td></tr>
</table>

续表

<table>
<tr><td rowspan="5">工作经历</td><td>起止日期</td><td>单位名称及所从事工作、职务职称</td></tr>
<tr><td></td><td></td></tr>
<tr><td></td><td></td></tr>
<tr><td></td><td></td></tr>
<tr><td></td><td></td></tr>
<tr><td>主要业绩及获奖情况</td><td colspan="2"></td></tr>
<tr><td>应聘岗位、理由及其他需要说明</td><td colspan="2"></td></tr>
<tr><td>备注</td><td colspan="2"></td></tr>
</table>

要求：个人简历上须贴照片，相关证书、证件扫描为图片附在简历后面。

单元2 电子表格处理

02

电子表格又称电子数据表，是一类模拟纸上计算表格的计算机程序。它会显示由许多行与列构成的网格，每个网格内可以存放数值、公式或文本。电子表格处理是信息化办公的重要组成部分，在数据分析和处理中发挥着重要的作用，广泛应用于财务、管理、统计、金融和工程等领域。

目前，主流的电子表格应用软件有金山办公 WPS Office 软件的电子表格与微软 Office 软件的 Excel，这两者在工具栏和某些功能按钮的设置上几乎一致，因此两款软件在操作上非常类似。本单元主要介绍微软 Office 软件中 Excel 的操作过程。

学习目标

知识目标

◎ 了解电子表格的应用场景，熟悉相关工具的功能和操作界面。

◎ 掌握Excel工作表和工作簿的基本操作。

◎ 掌握输入数据的技巧和常用格式设置。

◎ 理解相对引用、绝对引用及混合引用的概念，并掌握其使用方法。

◎ 掌握常用函数的运用，如SUM函数、AVERAGE函数、RANK函数等。

能力目标

◎ 掌握页面布局、打印预览和打印操作的相关设置。

◎ 掌握工作表的排序、筛选、分类汇总、数据验证等操作。

◎ 了解常见图表类型，掌握利用表格数据制作常用图表的方法。

◎ 掌握数据透视表和数据透视图的创建。

素养目标

◎ 培养规则意识，学会在日常生活和工作中遵守各种规则和规范。

知识导图

电子表格处理知识导图如图2-1所示。

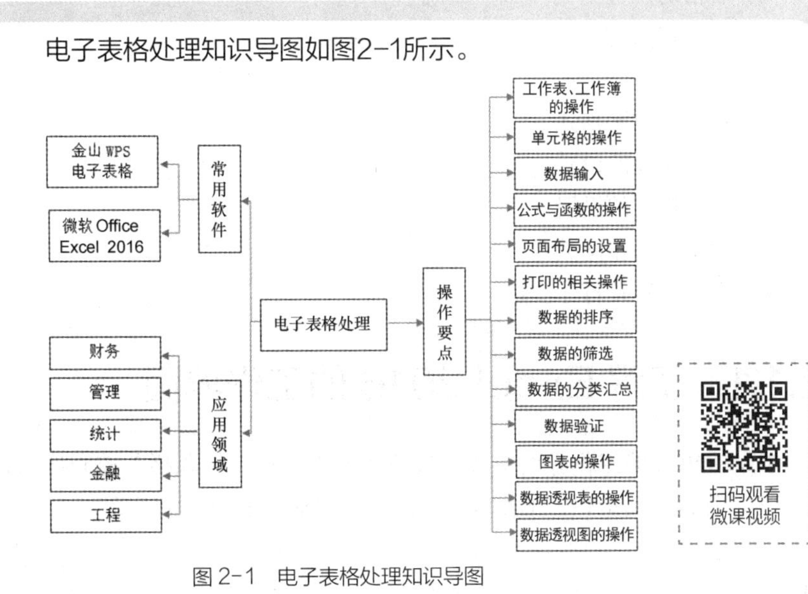

图 2-1 电子表格处理知识导图

任务 2.1　制作员工信息登记表

任务描述

公司销售部扩大销售队伍，引进和培养了新的销售人员。小白进入公司后接到的第一个任务就是制作销售部的员工信息登记表。通过员工信息登记表，公司可以掌握员工的信息。员工信息登记表一般包括以下内容：员工编号、姓名、性别、学历、生日、入职时间、联系电话、隶属部门、现任职务等。员工信息登记表最终展示效果如图 2-2 所示。

员工信息登记表

序号	员工编号	姓名	性别	学历	生日	入职时间	联系电话	隶属部门	现任职务
1	1285123	单方方	女	本科	1977/7/8	2002/3/12	138********	销售部	销售主管
2	1285160	胡光明	男	硕士	1981/6/24	2009/7/13	135********	销售部	销售主管
3	1285162	李晓	女	硕士	1983/7/19	2012/7/21	130********	销售部	销售主管
4	1285178	张晓男	男	本科	1998/6/5	2020/5/8	135********	销售部	销售员
5	1285155	杨红	女	专科	1977/5/30	2006/4/12	138********	销售部	销售员
6	1285161	张欢	女	专科	1986/6/7	2009/2/20	138********	销售部	销售员
7	1285183	徐坤	男	本科	1998/10/7	2021/2/10	150********	销售部	销售员
8	1285172	赵亮	男	本科	1985/9/9	2017/1/18	155********	销售部	销售员
9	1285176	白超	男	本科	1985/1/12	2017/7/9	156********	销售部	销售员
10	1285134	王倩	女	专科	1977/8/9	2005/8/16	130********	销售部	销售员
11	1285111	林默默	男	本科	1978/3/12	2001/4/17	131********	销售部	销售员
12	1285158	李子明	男	本科	1981/6/14	2007/12/10	138********	销售部	销售员
13	1285184	刘家豪	男	本科	2001/5/6	2021/6/16	138********	销售部	销售员
14	1285164	王明	男	本科	1992/12/12	2016/9/12	150********	销售部	销售员
15	1285181	童彤	女	本科	1995/9/18	2020/11/21	156********	销售部	销售员

图 2-2　员工信息登记表

技术分析

完成员工信息登记表的制作，需要掌握以下 Excel 技术。

- 新建及保存工作簿。
- 表格的设置。
- 单元格内文本的对齐方式，合并单元格。
- 填充序号。
- 自定义数字格式。
- 数据验证的设置。
- 日期格式的设置。
- 批量输入相同数据。
- 页面设置及打印。

2.1.1　了解 Excel 2016 的工作界面

Excel 2016 的工作界面主要由快速访问工具栏、标题栏、控制按钮栏、功能区、名称框、编辑栏、工作区和状态栏等组成，如图 2-3 所示 。

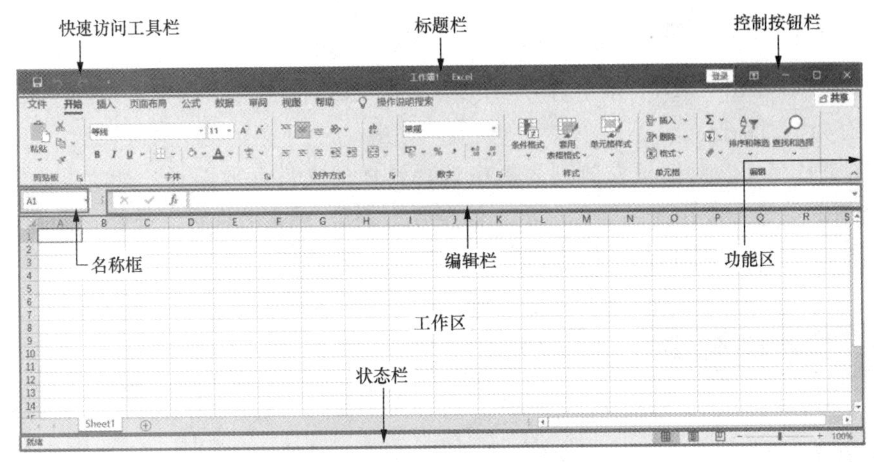

图 2-3 Excel 2016 工作界面

工作簿、工作表与单元格是 Excel 的主要操作对象，它们构成了 Excel 的框架。工作簿中可以包含一张或多张工作表，工作表由多个按行和列排列的单元格组成，单元格是组成 Excel 工作簿的最小单位。

2.1.2 Excel 2016 的部分基本操作

本任务主要涉及 Excel 2016 的一些基本操作，下面将介绍新建工作簿、保存并命名工作簿和重命名工作表等操作。

1. 新建工作簿

① 单击桌面左下角的“开始”菜单，找到“Excel 2016”，单击启动 Excel 2016。

② 默认打开一个开始界面，其上侧显示“空白工作簿”和一些常用的模板，单击“空白工作簿”。此时，系统会自动创建一个新的工作簿“工作簿 1”，如图 2-4 所示。

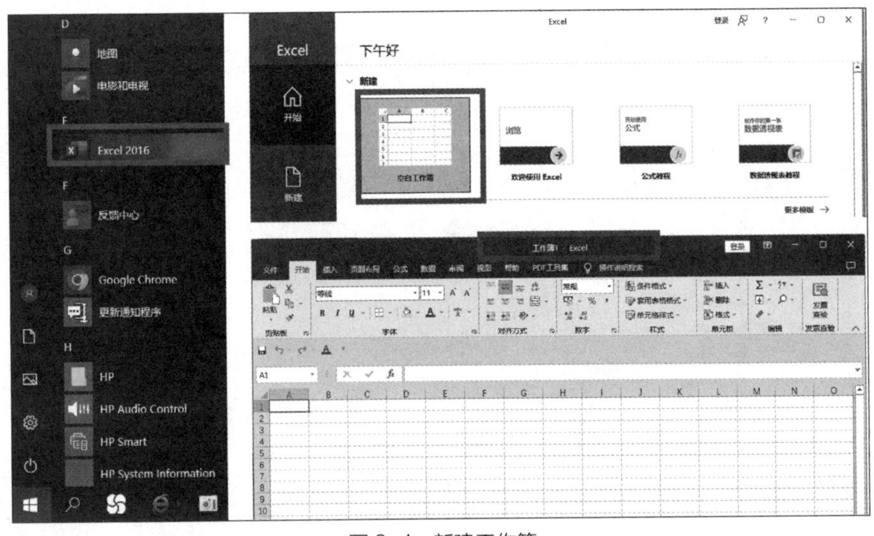

图 2-4 新建工作簿

2. 保存并命名工作簿

① 在功能区单击“文件”菜单，在弹出的界面中单击“另存为”选项卡，双击“这台电脑”，弹出“另存为”对话框。

② 在“另存为”对话框左侧列表框中选择具体的文件存放路径，如“桌面”。在“文件名”文本框中输入工作簿的名称“员工信息登记表”，单击“保存”按钮，如图 2-5 所示。此时标题栏中会出现保存后的工作簿名称。

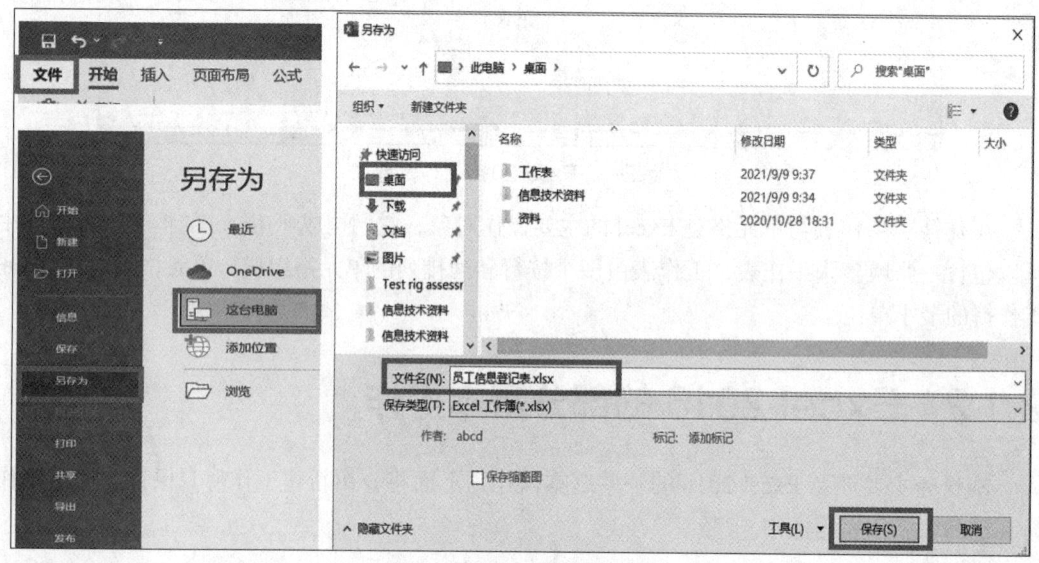

图 2-5　保存并命名工作簿

3. 重命名工作表

双击“Sheet1”工作表标签进入标签重命名状态，输入“员工信息登记表”，按【Enter】键确认。也可以在工作表标签上单击鼠标右键，在弹出的快捷菜单中单击“重命名”命令，进入重命名状态，如图 2-6 所示。

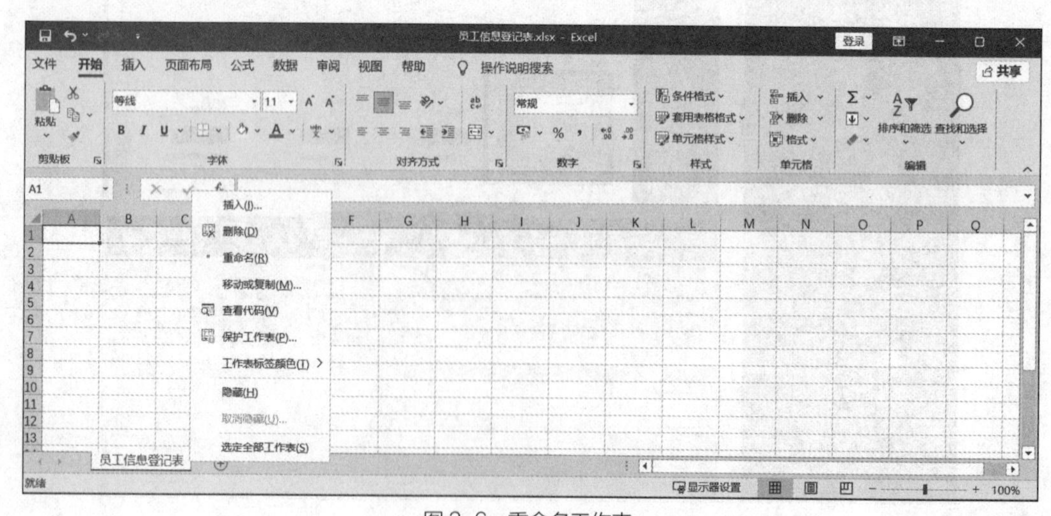

图 2-6　重命名工作表

任务实施

2.1.3 制作工作表

本任务涉及工作表的制作，下面将介绍如何制作“员工信息登记表”。

1. 输入工作表标题

在“员工信息登记表”中单击 A1 单元格，输入工作表标题“员工信息登记表”，如图 2-7 所示。

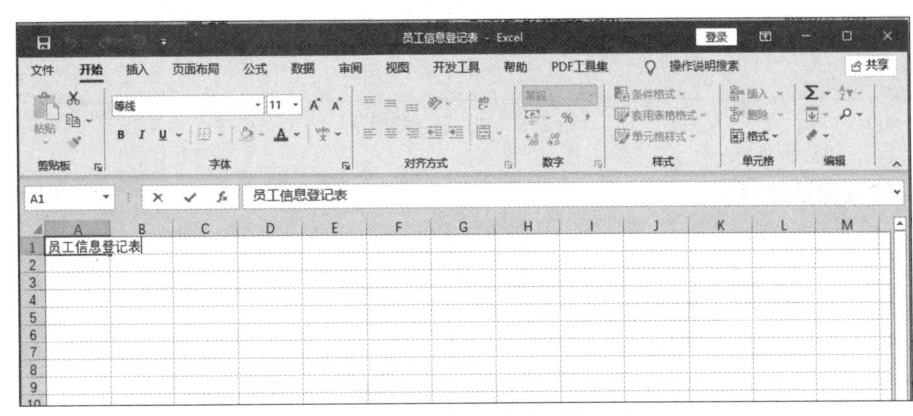

图 2-7 输入工作表标题

2. 设置合并后居中

选中 A1:J1 单元格区域，在“开始”选项卡的“对齐方式”组中单击“合并后居中”下拉按钮，并在打开的下拉菜单中单击“合并后居中”命令，如图 2-8 所示。

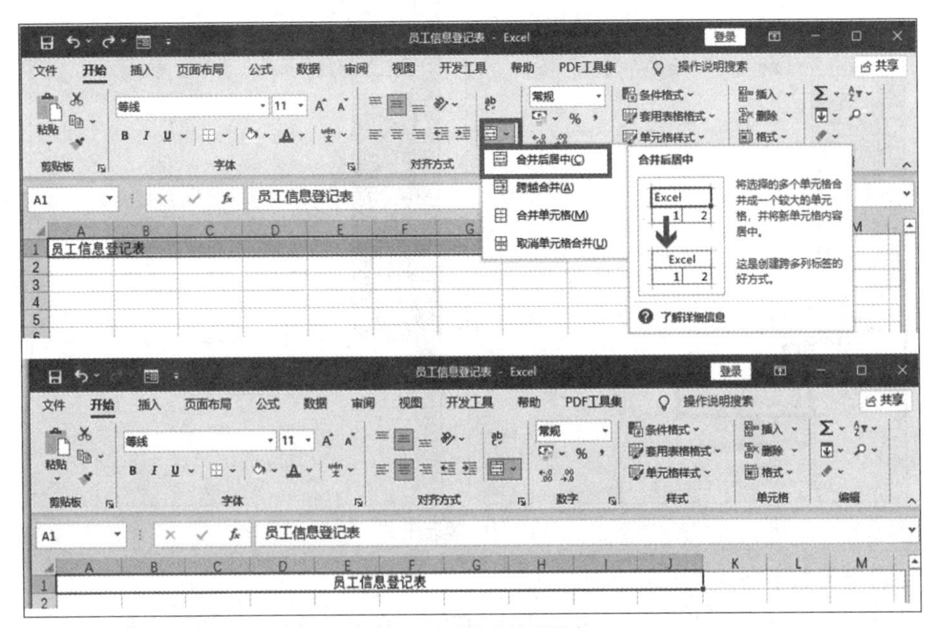

图 2-8 设置合并后居中

3. 输入各字段标题

在 A2:J2 单元格区域的各个单元格中分别输入各字段标题，如图 2-9 所示。

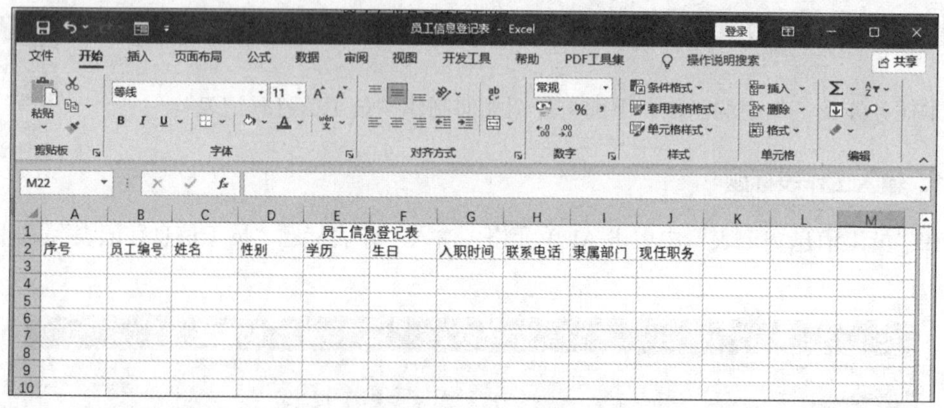

图 2-9　输入各字段标题

4. 输入原始数据

（1）填充序号

① 选中 A3 单元格，输入数字“1”。

② 拖曳 A3 单元格右下角的填充柄至 A17 单元格。单击 A17 单元格右下角的“自动填充选项”按钮，在弹出的菜单中单击“填充序列”单选按钮，如图 2-10 所示。

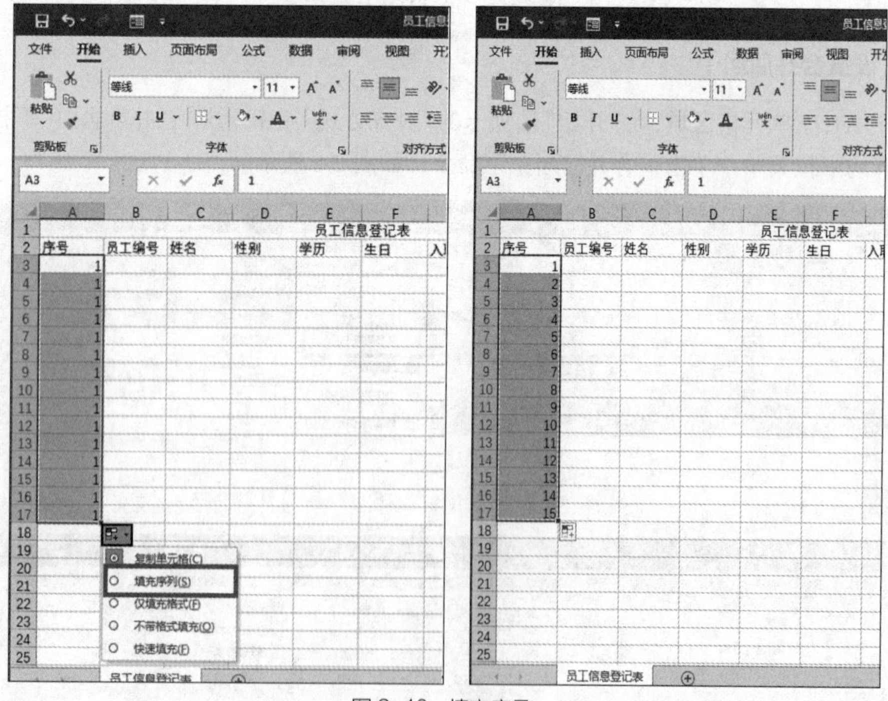

图 2-10　填充序号

（2）自定义数字格式

① 选中 B3:B17 单元格区域，单击鼠标右键，在弹出的快捷菜单中单击“设置单元

格格式”命令，弹出“设置单元格格式”对话框。在“分类”列表框中选择“自定义”选项，在“类型”文本框中输入“1285000”，单击“确定”按钮。

② 在 B3 单元格中输入“123”，按【Tab】键切换至 C3 单元格，同时，B3 单元格中自动生成编号“1285123”。

以上操作及效果如图 2-11 所示。

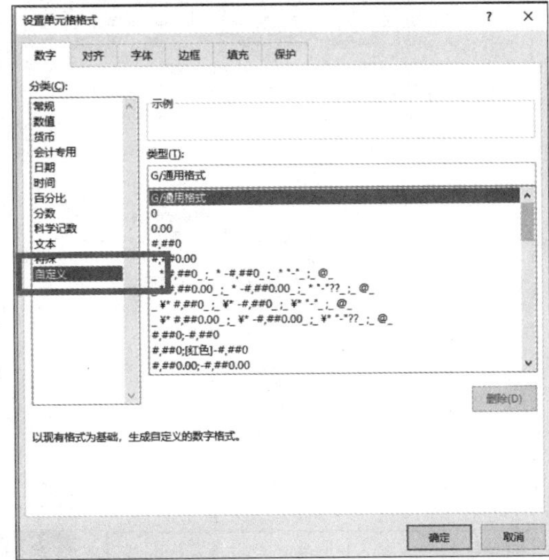

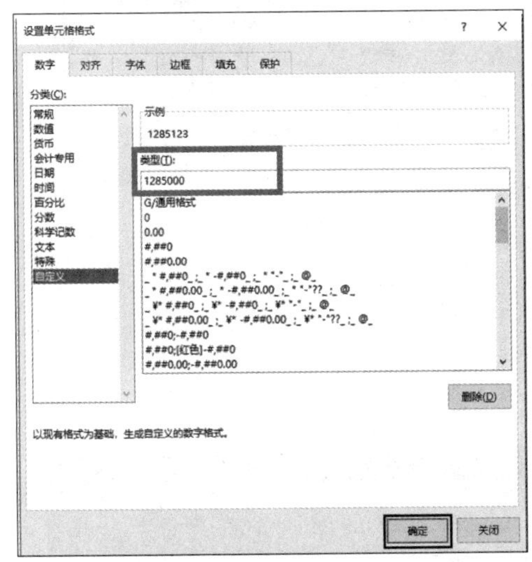

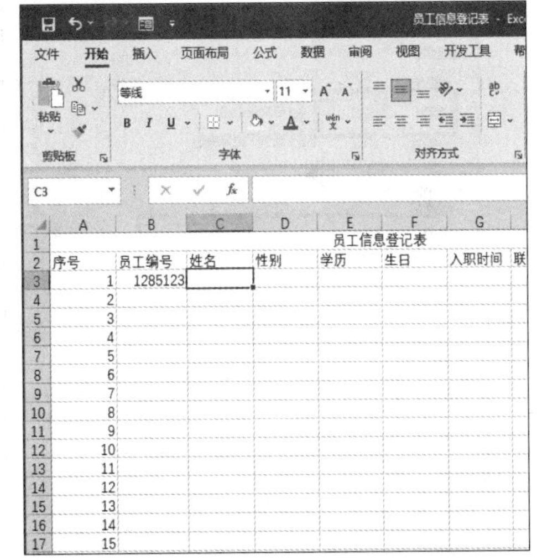

图 2-11　自定义数字格式

（3）设置数据验证

① 选中 D3:D17 单元格区域，在“数据”选项卡的“数据工具”组中单击“数据验证”按钮，弹出“数据验证”对话框。

② 单击 C3 单元格，输入员工姓名“单方方”。

③ 在对话框的“允许”下拉列表中选择“序列”选项，在“来源”文本框中输入序列数据“男，女”。特别注意，序列数据项之间必须用英文逗号隔开。

④ 单击“确定”按钮，关闭“数据验证”对话框。

⑤ 单击 D3 单元格右侧出现的下拉按钮，在下拉列表中选择性别。

⑥ E3:E17 单元格区域的“数据验证”设置操作与上述操作类似，在“数据验证”对话框的“来源”文本框中输入序列数据“专科，本科，硕士，博士”，其他操作相同。

⑦ J3:J17 单元格区域的“数据验证”设置操作与上述操作类似，在“数据验证”对话框的“来源”文本框中输入序列数据“销售主管，销售员”，其他操作相同。

以上操作及效果如图 2-12 所示。

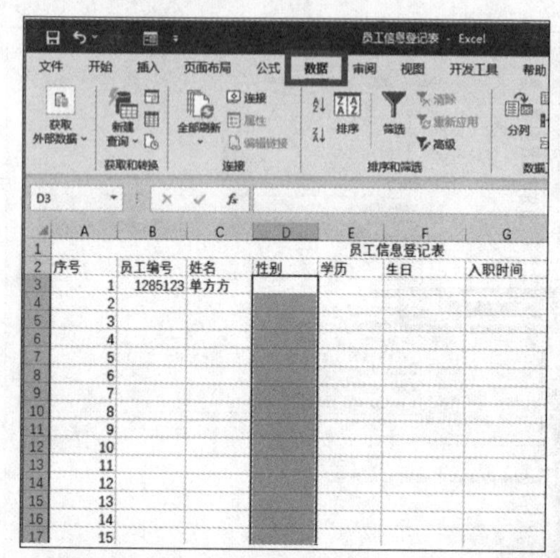

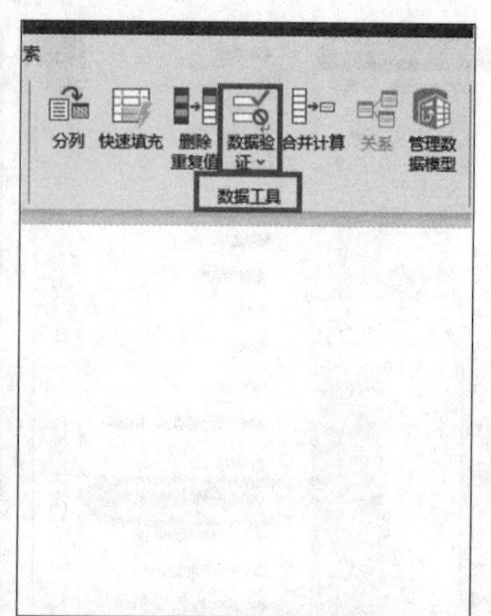

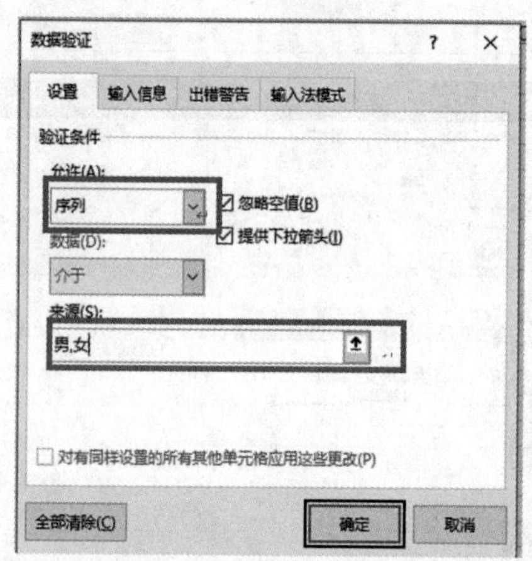

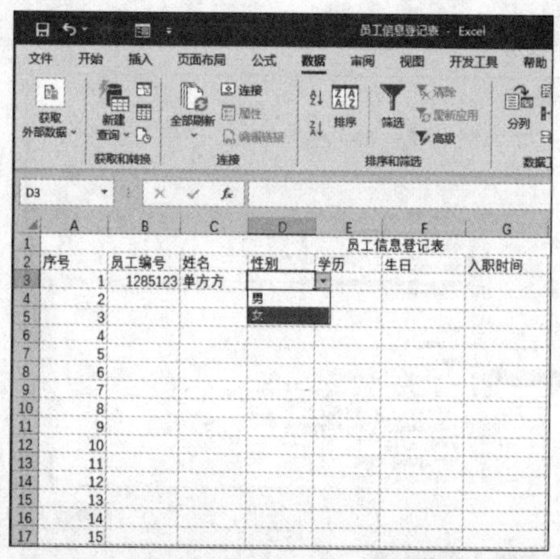

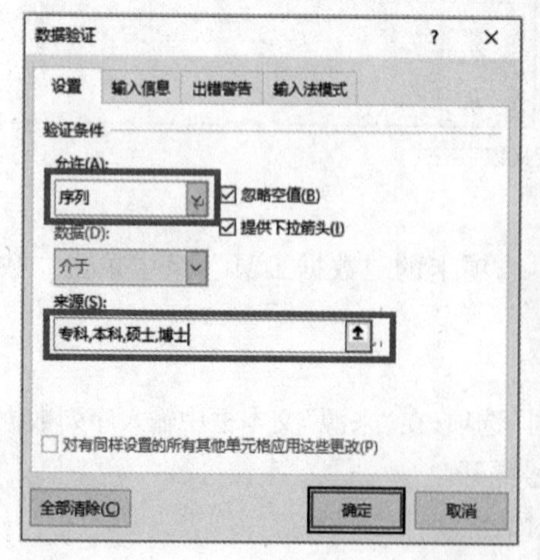

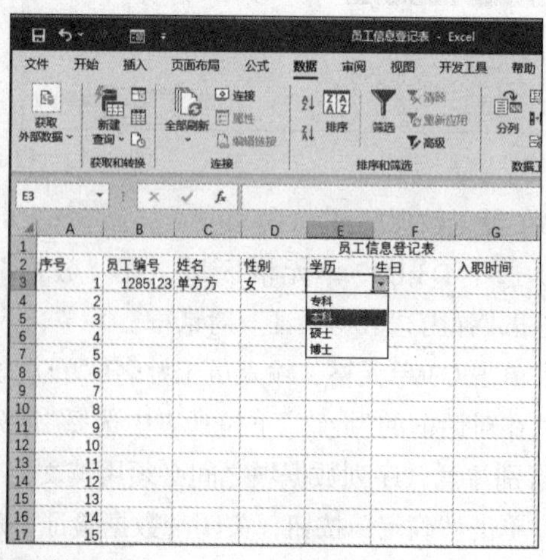

图 2-12　设置数据验证

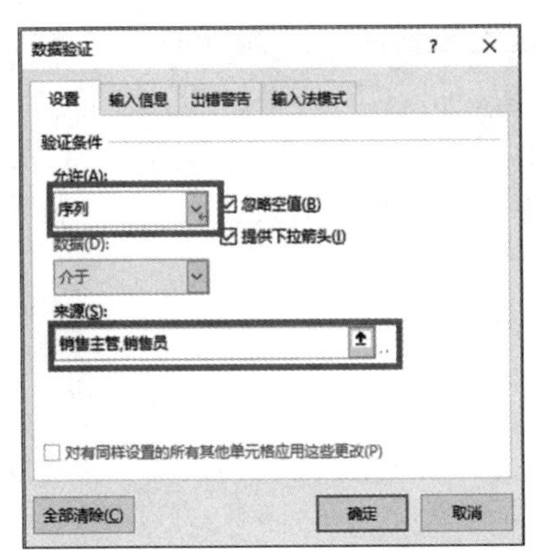

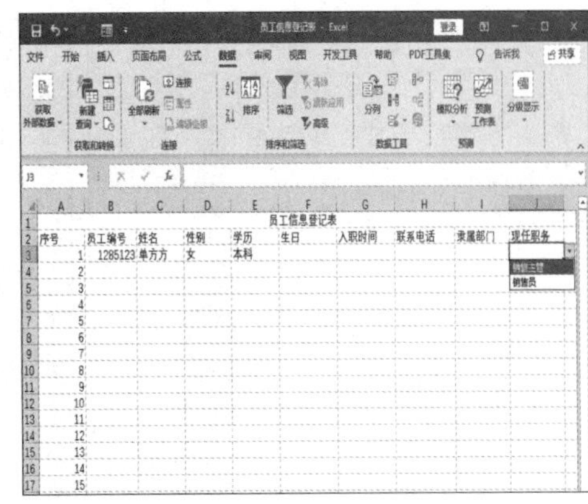

图 2-12　设置数据验证（续）

（4）设置日期格式

① 选中 F3:G17 单元格区域，单击鼠标右键，在弹出的快捷菜单中单击“设置单元格格式”命令，弹出“设置单元格格式”对话框。在“分类”列表框中选择“日期”选项，在“类型”列表框中选择“*2012/3/14”选项，单击“确定”按钮。

② 在 F3 单元格中输入“1977-7-8”，格式自动转换为“1977/7/8”。

③ 在 G3 单元格中输入“2002 年 3 月 12 日”，格式自动转换为“2002/3/12”。

以上操作及效果如图 2-13 所示。

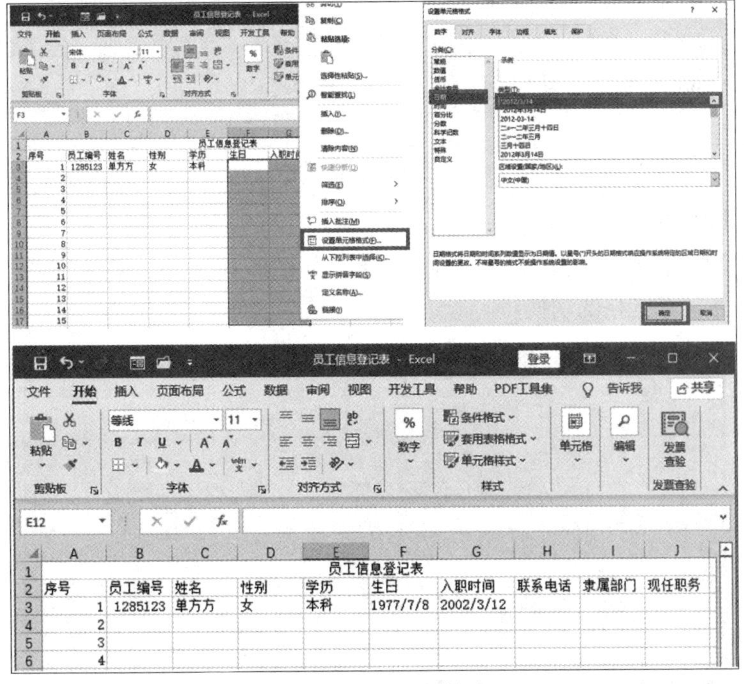

图 2-13　设置日期格式

④ 单击 H3 单元格，输入联系电话“138********”。

（5）批量输入相同数据

选中 I3:I17 单元格区域，输入“销售部”，按【Ctrl+Enter】组合键，批量输入相同数据，如图 2-14 所示。

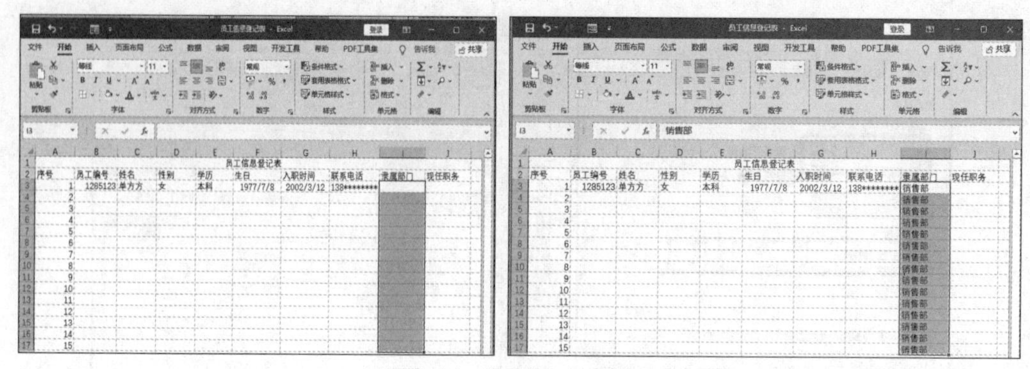

图 2-14　批量输入相同数据

（6）冻结窗格

选择 K3 单元格，在“视图”选项卡的“窗口”组中单击“冻结窗格”下拉按钮，在弹出的菜单中单击“冻结窗格”命令，如图 2-15 所示。滚动工作表时，K3 单元格上面的行和左边的列被冻结，其余部分可以正常移动。

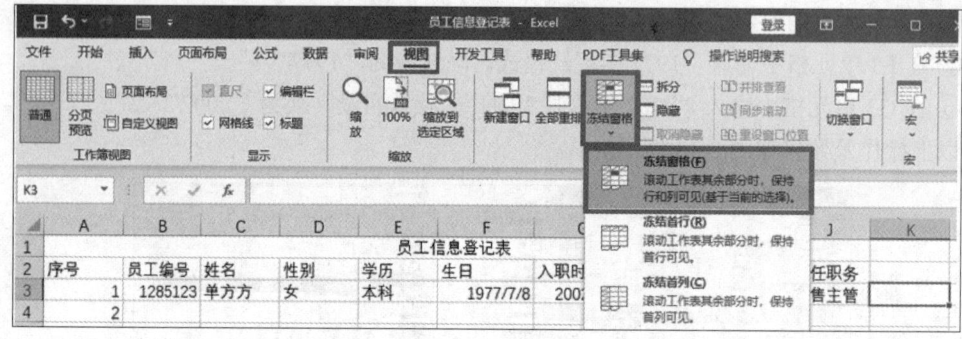

图 2-15　冻结窗格

（7）输入其他数据

在 B3:J17 单元格区域中逐行输入相关数据，如图 2-16 所示，输入时可按【Tab】键和【Enter】键进行不同单元格的切换。

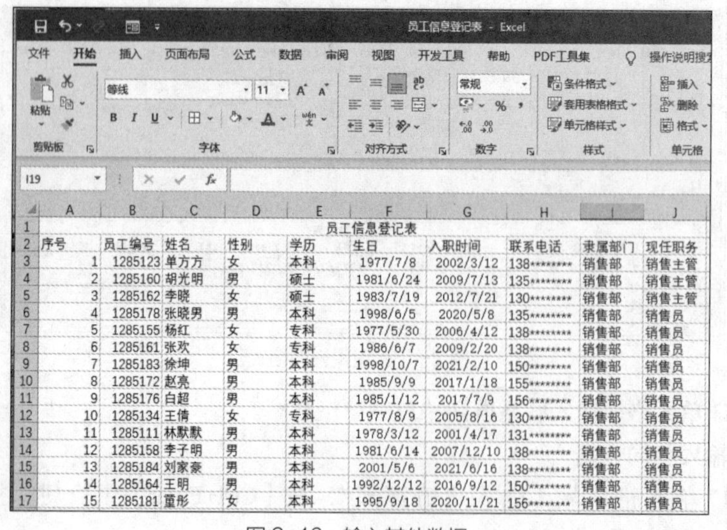

员工信息登记表

序号	员工编号	姓名	性别	学历	生日	入职时间	联系电话	隶属部门	现任职务
1	1285123	单方方	女	本科	1977/7/8	2002/3/12	138********	销售部	销售主管
2	1285160	胡光明	男	硕士	1981/6/24	2009/7/13	135********	销售部	销售主管
3	1285162	李晓	女	硕士	1983/7/19	2012/7/21	130********	销售部	销售主管
4	1285178	张晓男	男	本科	1998/6/5	2020/5/8	135********	销售部	销售员
5	1285155	杨红	女	专科	1977/5/30	2006/4/12	138********	销售部	销售员
6	1285161	张玖	女	专科	1986/6/7	2009/2/20	138********	销售部	销售员
7	1285183	徐坤	男	本科	1998/10/7	2021/2/10	150********	销售部	销售员
8	1285172	赵亮	男	本科	1985/9/9	2017/1/18	155********	销售部	销售员
9	1285176	白超	男	本科	1985/1/12	2017/7/9	156********	销售部	销售员
10	1285134	王倩	女	专科	1977/8/9	2005/8/16	130********	销售部	销售员
11	1285111	林默默	男	本科	1978/3/12	2001/4/17	131********	销售部	销售员
12	1285158	李子明	男	本科	1981/6/14	2007/12/10	138********	销售部	销售员
13	1285184	刘家泰	男	本科	2001/5/6	2021/6/16	138********	销售部	销售员
14	1285164	王明	男	本科	1992/12/12	2016/9/12	150********	销售部	销售员
15	1285181	董彤	女	本科	1995/9/18	2020/11/21	156********	销售部	销售员

图 2-16　输入其他数据

2.1.4 美化工作表

本任务涉及工作表的美化操作，下面将介绍如何美化“员工信息登记表”。

1. 设置单元格边框

① 选中 A2:J17 单元格区域，单击鼠标右键，在弹出的快捷菜单中单击“设置单元格格式”命令，弹出“设置单元格格式”对话框。

② 单击“边框”选项卡，在“直线”的“样式”列表框中选择第一列的最后一项，在“颜色”下拉列表中选择“自动”选项。

③ 单击“预置”栏中的“外边框”和“内部”按钮。

④ 单击“确定”按钮。

以上操作及效果如图 2-17 所示。

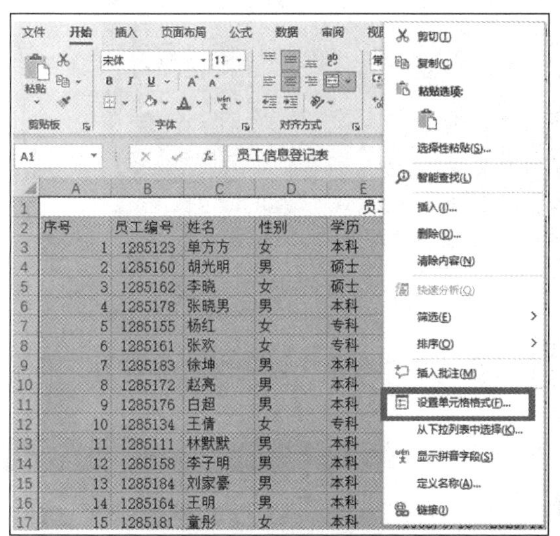

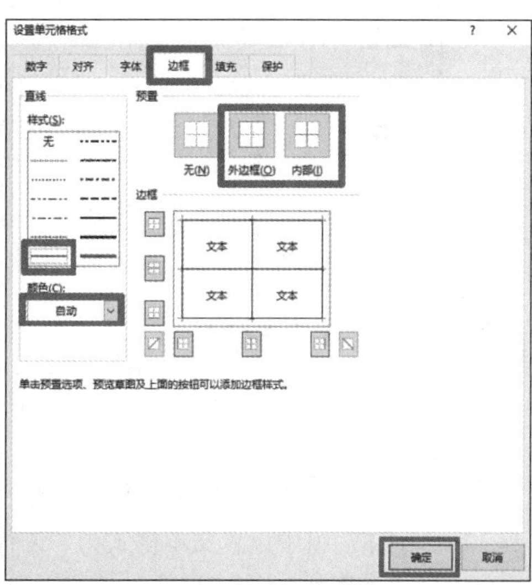

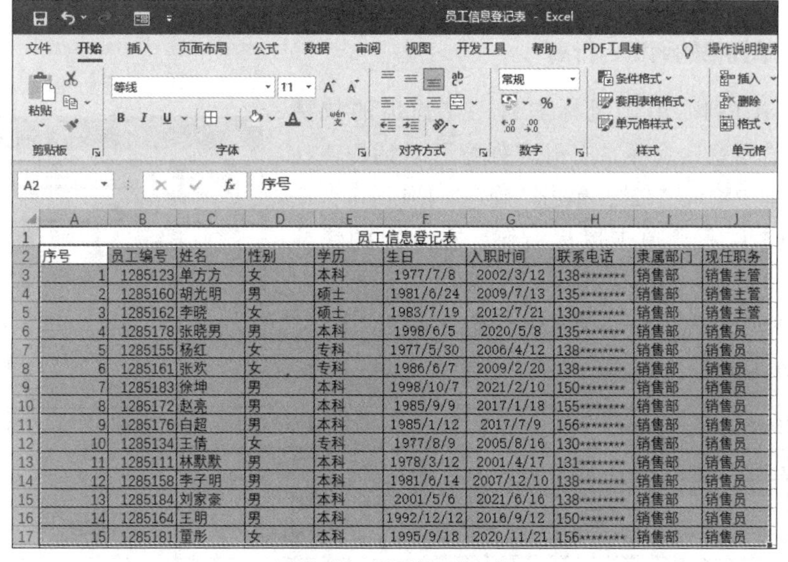

图 2-17 设置单元格边框

2．设置单元格文本的对齐方式

① 选中 A1:J17 单元格区域，单击鼠标右键，在弹出的快捷菜单中单击“设置单元格格式”命令，弹出“设置单元格格式”对话框。

② 单击“对齐”选项卡，在“文本对齐方式”栏的“水平对齐”下拉列表中选择“居中”选项。

③ 在“文本对齐方式”栏的“垂直对齐”下拉列表中选择“居中”选项。

④ 单击“确定”按钮。

以上操作及效果如图 2-18 所示。

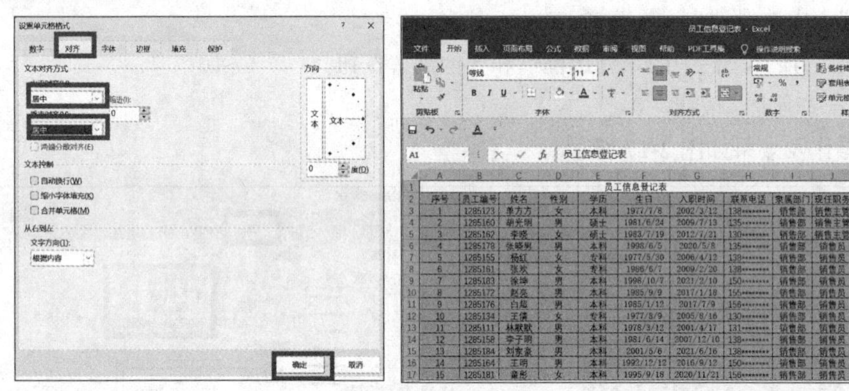

图 2-18　设置单元格文本对齐方式

3．设置单元格文本格式

① 选中 A1 单元格，单击“开始”选项卡，在“字体”组中设置文本格式为“宋体”“14”“加粗”。

② 选中 A2:J17 单元格区域，单击“开始”选项卡，在“字体”组中设置文本格式为“宋体”“12”。

以上操作如图 2-19 所示。

图 2-19　设置单元格文本格式

4．设置单元格的列宽、行高

① 选中 A:J 列，单击鼠标右键，在弹出的快捷菜单中单击“列宽”命令，打开“列宽”对话框，在“列宽”文本框中输入“12”，单击“确定”按钮。

② 选中 1:17 行，单击鼠标右键，在弹出的快捷菜单中单击“行高”命令，打开“行高”对话框，在“行高”文本框中输入“30”，单击“确定”按钮。

以上操作如图 2-20 所示。

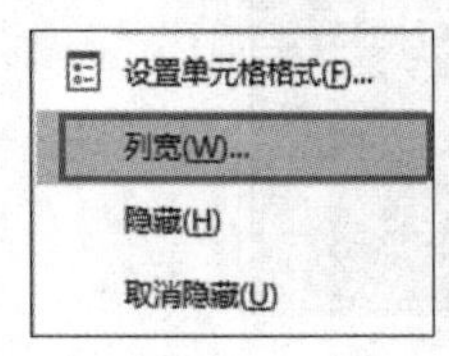

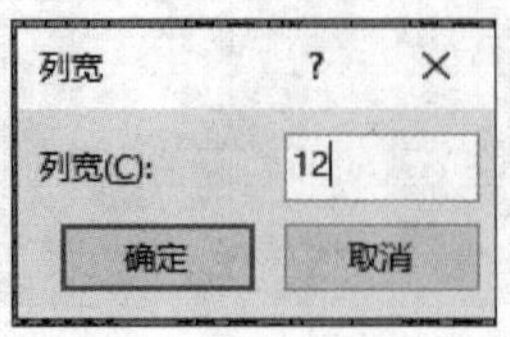

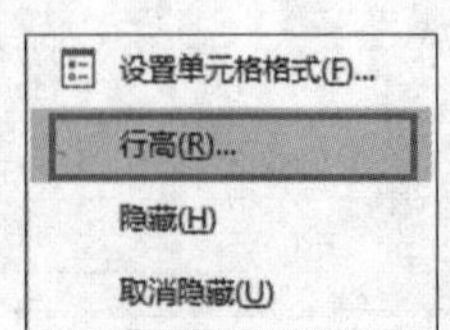

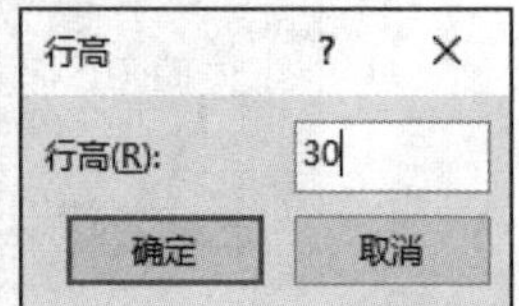

图 2-20　设置单元格列宽、行高

2.1.5　页面设置及打印

通过前面的操作，“员工信息登记表”已制作完毕。为了便于查阅，需要将其打印出来，这时需要进行页面设置，使打印出来的“员工信息登记表”美观、大方。

1. 设置打印区域

选中 A1:J17 单元格区域，在“页面布局”选项卡的“页面设置”组中单击“打印区域”下拉按钮，在弹出的菜单中单击“设置打印区域”命令，弹出“页面设置”对话框，如图 2-21 所示。

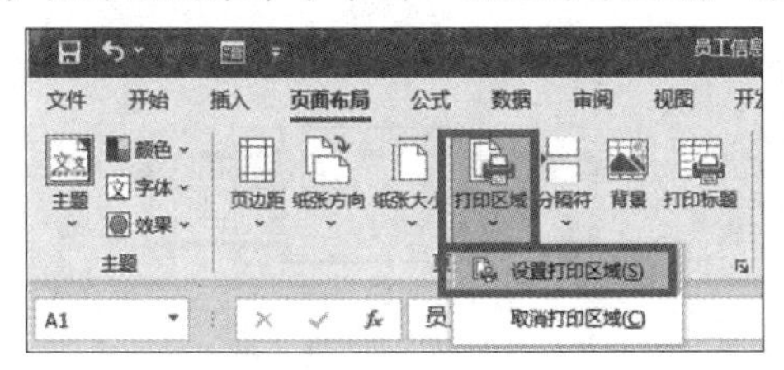

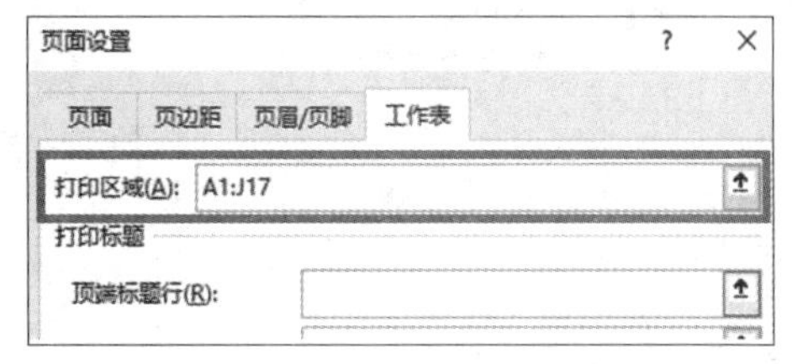

图 2-21　设置打印区域

2. 设置打印标题行

① 在“页面布局”选项卡的“页面设置”组中单击“打印标题”按钮，弹出“页面设置”对话框，单击“工作表”选项卡，单击“顶端标题行”文本框右侧的折叠按钮，弹出“页面设置 - 顶端标题行：”对话框。

② 单击“员工信息登记表”第 1 行和第 2 行的行号，第 1 行和第 2 行的四周会出现虚线框。这时，“页面设置 - 顶端标题行：”对话框的文本框中会出现“$1:$2”，意思是第 1 行和第 2 行作为每页打印输出时的标题行，如图 2-22 所示。

3. 设置打印页码

在“页面设置”对话框中，单击“页眉 / 页脚”选项卡，在“页脚”下拉列表中选择“第 1 页，共？页”选项，单击“确定”按钮，如图 2-23 所示。

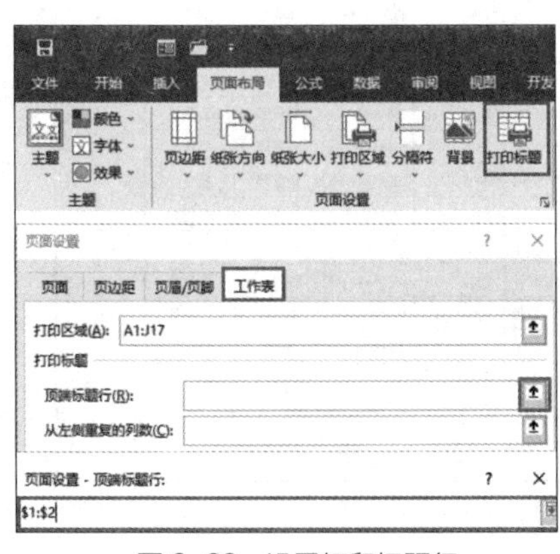

图 2-22　设置打印标题行

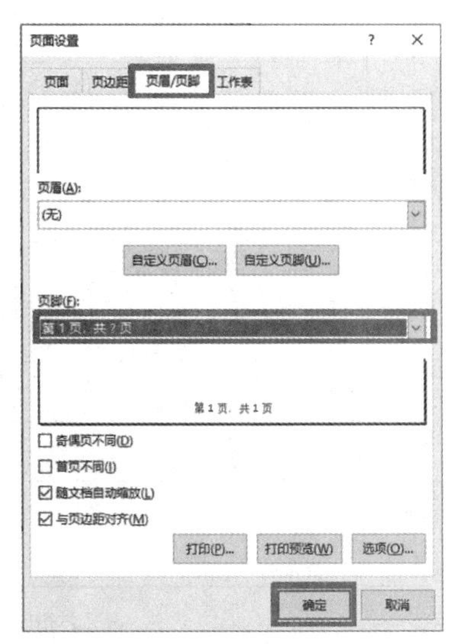

图 2-23　设置打印页码

4. 设置页面方向及页边距

① 在“页面设置”对话框中,单击“页面”选项卡,单击“方向”栏中的“横向”单选按钮。

② 在“页面设置”对话框中，单击“页边距”选项卡，将“上”“下”边距均设置为“2”，“左”“右”边距均设置为“1.5”。

以上操作如图 2-24 所示。

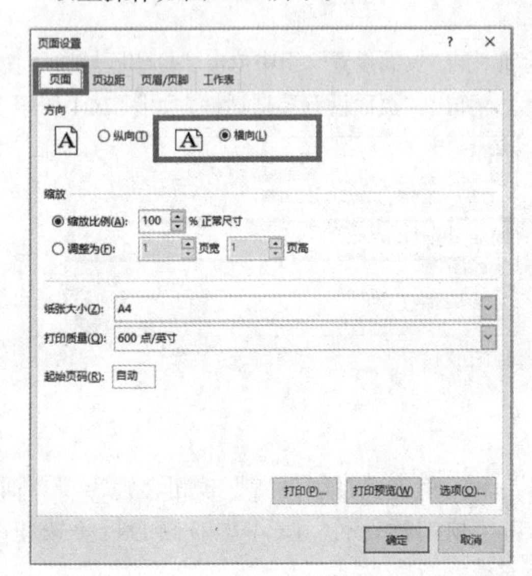

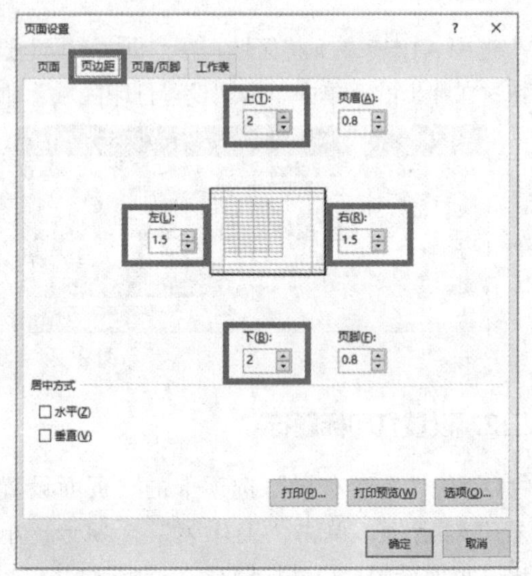

图 2-24　设置页面方向及页边距

5. 打印预览

在“页面设置”对话框中单击“打印预览”按钮，显示第 1 页的打印效果，如图 2-25 所示，设置好打印的份数，单击“打印”按钮即可完成“员工信息登记表”的打印。

员工信息登记表

序号	员工编号	姓名	性别	学历	生日	入职时间	联系电话	隶属部门	现任职务
1	1285123	单方方	女	本科	1977/7/8	2002/3/12	138********	销售部	销售主管
2	1285160	胡光明	男	硕士	1981/6/24	2009/7/13	135********	销售部	销售主管
3	1285162	李晓	女	硕士	1983/7/19	2012/7/21	130********	销售部	销售主管
4	1285178	张晓男	男	本科	1998/6/5	2020/5/8	135********	销售部	销售员
5	1285155	杨红	女	专科	1977/5/30	2006/4/12	138********	销售部	销售员
6	1285161	张欢	女	专科	1986/6/7	2009/2/20	138********	销售部	销售员
7	1285183	徐坤	男	本科	1998/10/7	2021/2/10	150********	销售部	销售员
8	1285172	赵亮	男	本科	1985/9/9	2017/1/18	155********	销售部	销售员
9	1285176	白超	男	本科	1985/1/12	2017/7/9	156********	销售部	销售员
10	1285134	王倩	女	专科	1977/8/9	2005/8/16	130********	销售部	销售员
11	1285111	林默默	男	本科	1978/3/12	2001/4/17	131********	销售部	销售员
12	1285158	李子明	男	本科	1981/6/14	2007/12/10	138********	销售部	销售员
13	1285184	刘家豪	男	本科	2001/5/6	2021/6/16	138********	销售部	销售员
14	1285164	王明	男	本科	1992/12/12	2016/9/12	150********	销售部	销售员
15	1285181	童彤	女	本科	1995/9/18	2020/11/21	156********	销售部	销售员

第 1 页，共 1 页

图 2-25　第 1 页的打印效果

2.1.6　保护工作表和工作簿

若要防止其他用户有意或无意地更改、移动或删除工作表中的数据，可以锁定工作表中的单元格，然后设置密码保护工作表。若要防止其他用户查看隐藏的工作表，添加、移动、隐藏或重命名工作表，可以设置密码保护工作簿。

1. 保护工作表

① 在“审阅”选项卡的“保护”组中单击“保护工作表”按钮。

② 在弹出的“保护工作表”对话框的“取消工作表保护时使用的密码”文本框中输入密码“123456”，单击“确定”按钮。

③ 弹出“确认密码”对话框，再次输入密码“123456”，单击“确定”按钮。

以上操作如图 2-26 所示。

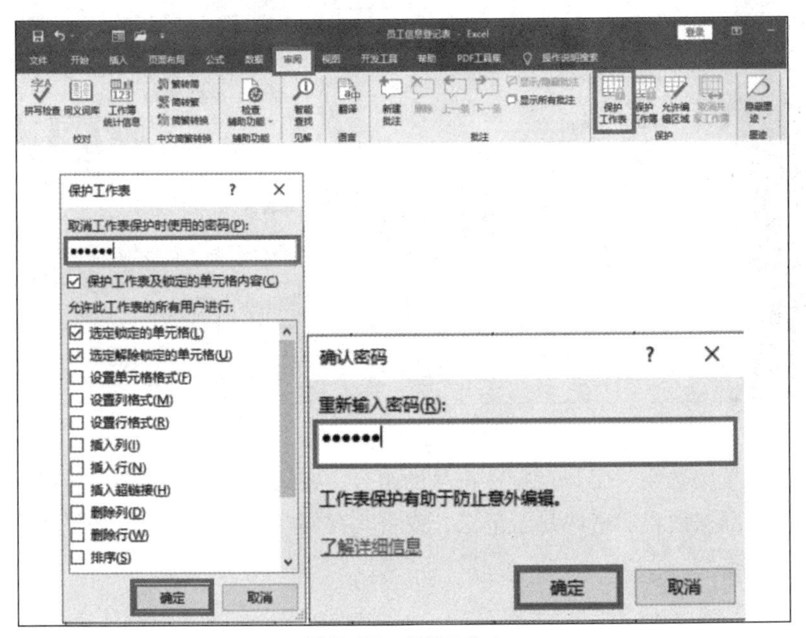

图 2-26　保护工作表

经过上述操作，在工作表的任意一个单元格中输入内容就会弹出“Microsoft Excel”对话框。如果需要撤销对工作表的保护，在“审阅”选项卡的“保护”组中单击“撤销工作表保护”按钮，在弹出的“撤销工作表保护”对话框的“密码”文本框中输入之前设置的密码“123456”，单击“确定”按钮即可。

2. 保护工作簿

① 单击“文件”菜单，在弹出的界面中单击“信息”/“保护工作簿”/“用密码进行加密”命令，弹出“加密文档”对话框。

② 在“密码”文本框中输入“123456”，单击“确定”按钮。

③ 在弹出的“确认密码”对话框的“重新输入密码”文本框中再次输入密码，单击

“确定”按钮。

④ 按【Ctrl+S】组合键保存工作簿，并将其关闭。再次打开该工作簿时，将弹出“密码”对话框，输入正确的密码“123456”，单击“确定”按钮后，才能打开工作簿。

以上操作如图 2-27 所示。

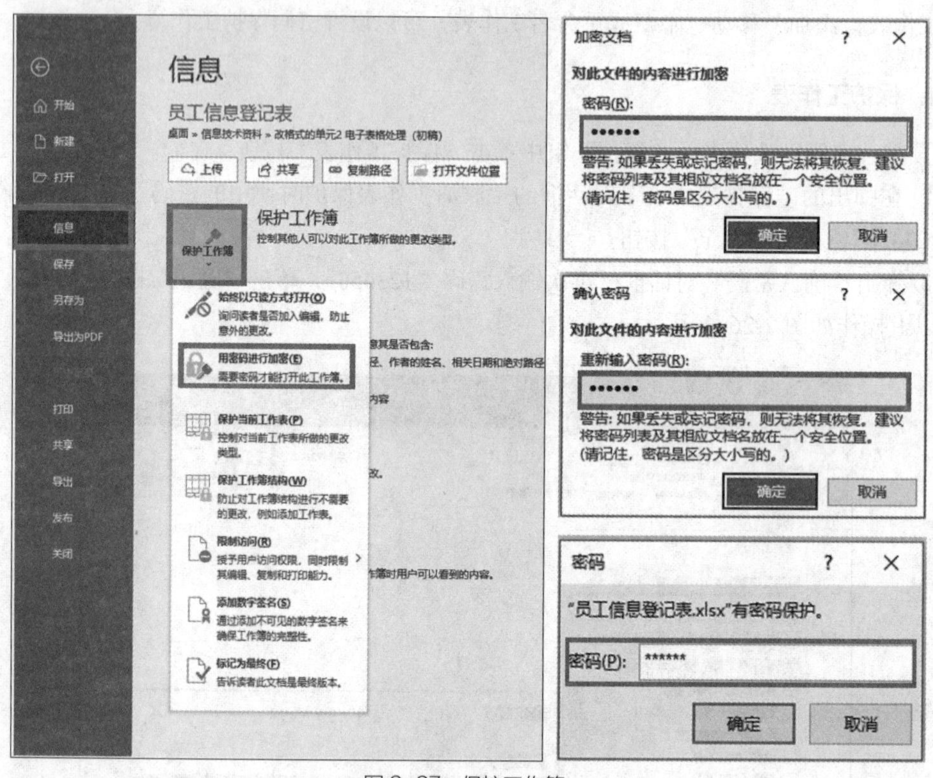

图 2-27　保护工作簿

密码可以设置为数字、字母及特殊符号的组合，密码设置得越复杂，越能对工作簿起到保护作用，但请确保设置的密码易于记忆，或将其存储在安全的位置，如果密码丢失，将无法打开对应工作簿。

任务 2.2　编辑培训成绩统计表

任务描述

为了提高员工信息化应用水平，公司在 7 月对各部门主管进行了 Office 软件培训，之后小白接到了完成此次培训成绩的汇总和统计分析工作的任务。小白需要先制作培训成绩统计表，然后对该表进行简单的数据分析。培训成绩统计表的最终展示效果如图 2-28 所示。

扫码观看
微课视频

培训成绩统计表

序号	姓名	隶属部门	现任职务	培训项目	培训课时	Word成绩	Excel成绩	PPT成绩	总评成绩	平均成绩	排名
1	单方方	销售部	销售主管	Office软件	18	96	95	89	280	93.3	2
2	胡光明	销售部	销售主管	Office软件	18	89	98	84	271	90.3	5
3	李晓	销售部	销售主管	Office软件	18	94	92	88	274	91.3	4
4	李萌萌	技术研发部	技术主管	Office软件	18	94	94	93	281	93.7	1
5	杨洋	技术研发部	研发主管	Office软件	18	82	86	75	243	81.0	8
6	李鑫	生产部	生产主管	Office软件	18	88	81	92	261	87.0	6
7	赵佳怡	生产部	生产主管	Office软件	18	72	70	68	210	70.0	10
8	杨立开	品控部	品质主管	Office软件	18	92	90	94	276	92.0	3
9	白岩	采购部	采购主管	Office软件	18	80	88	79	247	82.3	7
10	张家齐	行政部	行政主管	Office软件	18	77	74	69	220	73.3	9

图 2-28　培训成绩统计表的最终效果

完成培训成绩统计表的制作与数据分析，需要掌握以下 Excel 技术。

- 单元格地址及引用方法。
- 数学函数的应用。
- 统计函数的应用。
- 数据的排序。
- 数据的筛选。
- 数据的分类汇总。

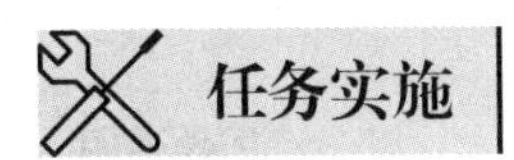

扫码观看
微课视频

2.2.1　制作工作表

启动 Excel 2016，新建一个工作簿，将其保存并命名为“培训成绩统计表”，输入原始数据，并设置 K 列单元格格式为“数值”，小数位数为“1”。此任务中制作工作表的具体操作与任务 2.1 中制作“员工信息登记表”的操作类似，不再赘述，效果如图 2-29 所示。

	A	B	C	D	E	F	G	H	I	J	K	L
1	培训成绩统计表											
2	序号	姓名	隶属部门	现任职务	培训项目	培训课时	Word成绩	Excel成绩	PPT成绩	总评成绩	平均成绩	排名
3	1	单方方	销售部	销售主管	Office软件	18	96	95	89			
4	2	胡光明	销售部	销售主管	Office软件	18	89	98	84			
5	3	李晓	销售部	销售主管	Office软件	18	94	92	88			
6	4	李萌萌	技术研发部	技术主管	Office软件	18	94	94	93			
7	5	杨洋	技术研发部	研发主管	Office软件	18	82	86	75			
8	6	李鑫	生产部	生产主管	Office软件	18	88	81	92			
9	7	赵佳怡	生产部	生产主管	Office软件	18	72	70	68			
10	8	杨立开	品控部	品质主管	Office软件	18	92	90	94			
11	9	白岩	采购部	采购主管	Office软件	18	80	88	79			
12	10	张家齐	行政部	行政主管	Office软件	18	77	74	69			

图 2-29　培训成绩统计表

2.2.2 计算工作表

本任务涉及单元格的引用和常用函数的应用，下面将介绍如何完成“培训成绩统计表”中的数据计算。

在进行数据计算时，用户既可以输入数值，也可以输入数值所在的单元格地址，还可以输入单元格的名称。在引用单元格进行计算时，如果想要复制公式，那么必须了解公式采用的引用方式是什么。常用的引用方式有相对引用、绝对引用和混合引用 3 种。合理使用引用方式，可以使用户在复制公式时事半功倍。

（1）相对引用

相对引用指用列标和行号直接表示单元格，如 A1、B2 等。当某个单元格中的公式被复制到另一个单元格中时，新单元格中该公式中的单元格地址就要发生变化，但其引用的单元格之间的相对位置保持不变。

（2）绝对引用

绝对引用指在表示单元格的列标和行号前加“$”符号，如 $A$1、$B$2 等。当某个单元格中的公式被复制到另一个单元格中时，新单元格中该公式中的单元格地址不发生变化。

（3）混合引用

在一个公式中，相对引用和绝对引用可以混合使用，在列标或行号前加“$”符号，该符号后面的位置就是绝对引用，如 $A1、B$2 等。

1. 计算总评成绩

① 选中 J3 单元格，按【=】键；选中 G3 单元格，按【+】键；选中 H3 单元格，按【+】键；选中 I3 单元格，按【Enter】键。

② 选中 J3 单元格，拖曳其右下角的填充柄至 J12 单元格。单击“自动填充选项”按钮，在弹出的菜单中单击“复制单元格”单选按钮。

以上操作如图 2-30 所示。

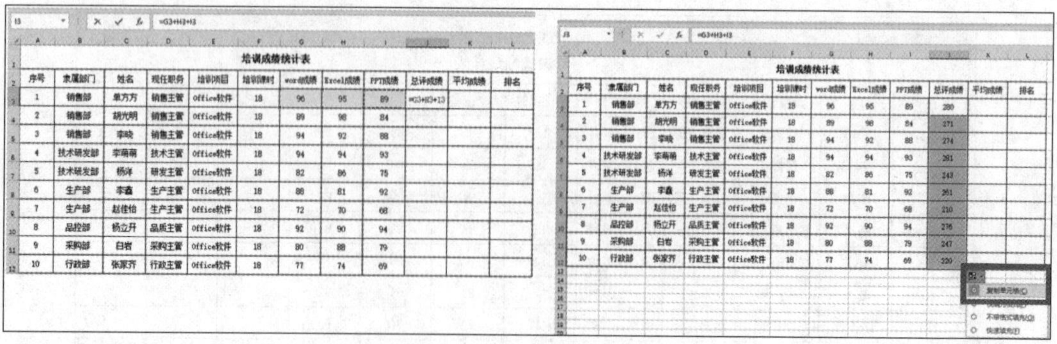

图 2-30　计算总评成绩

还可以调用 SUM 函数来计算总评成绩。

① 选中 J3 单元格，在“开始”选项卡的“编辑”组中单击“自动求和”下拉按钮，在弹出的菜单中单击“求和”命令。

② 修改 SUM 函数的参数，选中 G3:I3 单元格区域，按【Enter】键。

以上操作如图 2-31 所示。

培训成绩统计表											
序号	姓名	隶属部门	现任职务	培训项目	培训课时	Word成绩	Excel成绩	PPT成绩	总评成绩	平均成绩	排名
1	单方方	销售部	销售主管	Office软件	18	96	95	89	=SUM(G3:I3)		
2	胡光明	销售部	销售主管	Office软件	18	89	98	84			
3	李晓	销售部	销售主管	Office软件	18	94	92	88			

图 2-31　调用 SUM 函数计算总评成绩

③ 选中 J3 单元格，拖曳其右下角的填充柄至 J12 单元格。单击“自动填充选项”按钮，在弹出的菜单中单击“复制单元格”单选按钮。

上面两种计算总评成绩的方法在复制公式过程中用到了单元格的相对引用。

2. 计算平均成绩

扫码观看微课视频

① 选中 K3 单元格，在“开始”选项卡的“编辑”组中单击“自动求和”下拉按钮，在弹出的菜单中单击“平均值”命令。

② 修改 AVERAGE 函数的参数，选中 G3:I3 单元格区域，按【Enter】键。

③ 选中 K3 单元格，拖曳其右下角的填充柄至 K12 单元格。单击“自动填充选项”按钮，并在弹出的菜单中单击“复制单元格”单选按钮。

计算平均成绩的方法在复制公式的过程中用到了单元格的相对引用，以上操作如图 2-32 所示。

培训成绩统计表											
序号	姓名	隶属部门	现任职务	培训项目	培训课时	Word成绩	Excel成绩	PPT成绩	总评成绩	平均成绩	排名
1	单方方	销售部	销售主管	Office软件	18	96	95	89	280		
2	胡光明	销售部	销售主管	Office软件	18	89	98	84	271		
3	李晓	销售部	销售主管	Office软件	18	94	92	88	274		

图 2-32　计算平均成绩

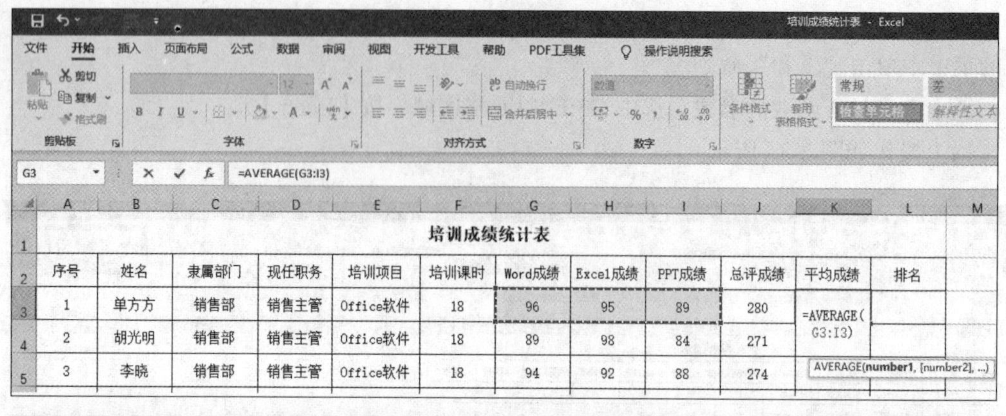

G3 =AVERAGE(G3:I3)

序号	姓名	隶属部门	现任职务	培训项目	培训课时	Word成绩	Excel成绩	PPT成绩	总评成绩	平均成绩	排名
1	单方方	销售部	销售主管	Office软件	18	96	95	89	280	=AVERAGE(G3:I3)	
2	胡光明	销售部	销售主管	Office软件	18	89	98	84	271		
3	李晓	销售部	销售主管	Office软件	18	94	92	88	274		

K3 =AVERAGE(G3:I3)

培训成绩统计表

序号	姓名	隶属部门	现任职务	培训项目	培训课时	Word成绩	Excel成绩	PPT成绩	总评成绩	平均成绩	排名
1	单方方	销售部	销售主管	Office软件	18	96	95	89	280	93.3	
2	胡光明	销售部	销售主管	Office软件	18	89	98	84	271	90.3	
3	李晓	销售部	销售主管	Office软件	18	94	92	88	274	91.3	
4	李萌萌	技术研发部	技术主管	Office软件	18	94	94	93	281	93.7	
5	杨洋	技术研发部	研发主管	Office软件	18	82	86	75	243	81.0	
6	李鑫	生产部	生产主管	Office软件	18	88	81	92	261	87.0	
7	赵佳怡	生产部	生产主管	Office软件	18	72	70	68	210	70.0	
8	杨立开	品控部	品质主管	Office软件	18	92	90	94	276	92.0	
9	白岩	采购部	采购主管	Office软件	18	80	88	79	247	82.3	
10	张家齐	行政部	行政主管	Office软件	18	77	74	69	220	73.3	

图 2-32　计算平均成绩（续）

3. 计算排名

① 选中 L3 单元格，单击编辑栏左边的“插入函数”按钮，弹出“插入函数”对话框。

② 在“或选择类别”下拉列表中选择“全部”选项。

③ 在“选择函数”列表框中选择“RANK”选项，单击“确定”按钮。

④ 在弹出的“函数参数”对话框中的各参数框中输入相应的参数。此时，在 L3 单元格中出现“=RANK(J3,$J$3:$J$12)”，单击“确定”按钮结束函数的输入。

⑤ 选中 L3 单元格，拖曳其右下角的填充柄至 L12 单元格。单击“自动填充选项”按钮，并在弹出的菜单中单击“复制单元格”单选按钮。

以上操作如图 2-33 所示。

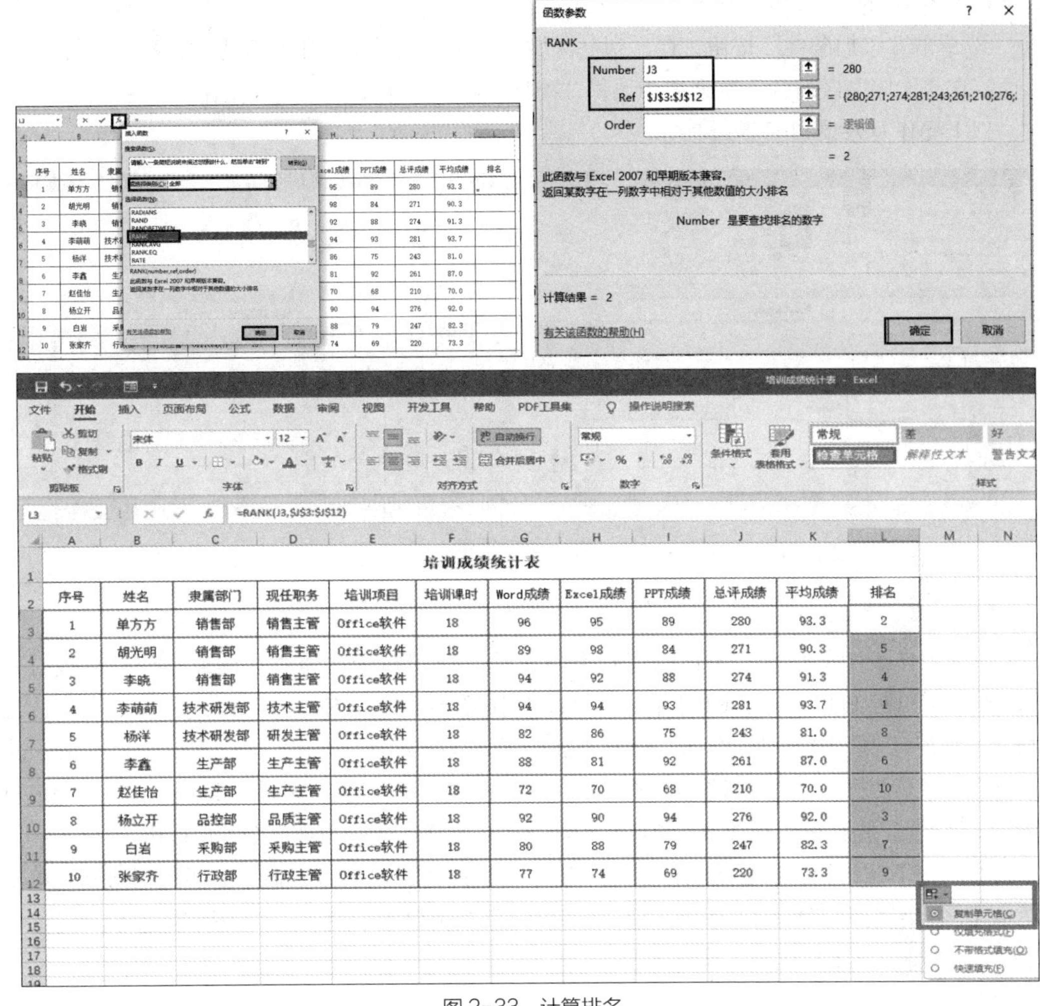

培训成绩统计表

序号	姓名	隶属部门	现任职务	培训项目	培训课时	Word成绩	Excel成绩	PPT成绩	总评成绩	平均成绩	排名
1	单方方	销售部	销售主管	Office软件	18	96	95	89	280	93.3	2
2	胡光明	销售部	销售主管	Office软件	18	89	98	84	271	90.3	5
3	李晓	销售部	销售主管	Office软件	18	94	92	88	274	91.3	4
4	李萌萌	技术研发部	技术主管	Office软件	18	94	94	93	281	93.7	1
5	杨洋	技术研发部	研发主管	Office软件	18	82	86	75	243	81.0	8
6	李鑫	生产部	生产主管	Office软件	18	88	81	92	261	87.0	6
7	赵佳怡	生产部	生产主管	Office软件	18	72	70	68	210	70.0	10
8	杨立开	品控部	品质主管	Office软件	18	92	90	94	276	92.0	3
9	白岩	采购部	采购主管	Office软件	18	80	88	79	247	82.3	7
10	张家齐	行政部	行政主管	Office软件	18	77	74	69	220	73.3	9

图 2-33 计算排名

上面计算排名的方法在复制公式的过程中用到了单元格的相对引用和绝对引用。

2.2.3 分析工作表

扫码观看
微课视频

本任务涉及工作表的排序、筛选、分类汇总操作，下面将介绍如何进行“培训成绩统计表”中数据的分析。

1. 排序

对工作表中的数据进行排序后，可以快速查找目标值。可以在一列或多列数据上对数据区域或工作表进行排序。例如，公司要求对“培训成绩统计表”先按“隶属部门”进行降序排列，如果“隶属部门”相同，再按“总体成绩”进行降序排列，操作如下。

① 选中 A2:L12 单元格区域，切换到“数据”选项卡，在“排序和筛选”组中单击“排序”按钮，弹出“排序”对话框。

② 在“列”区域的“主要关键字”下拉列表中选择“隶属部门”选项，在“次序”区域

的下拉列表中选择“降序”选项。

③ 单击“添加条件”按钮，在“列”区域的“次要关键字”下拉列表中选择“总评成绩”选项，在“次序”区域的下拉列表中选择“降序”选项，单击“确定”按钮。

以上操作及效果如图 2-34 所示。

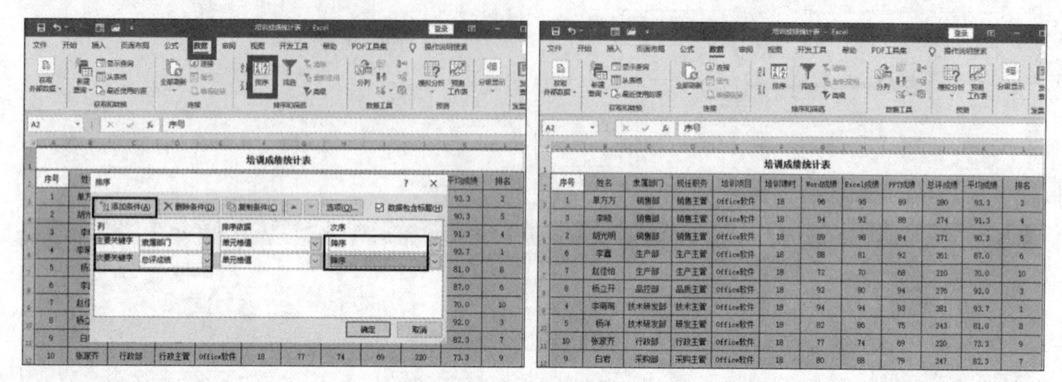

图 2-34　排序

2. 筛选

筛选工作表中的信息，可以快速找到目标值。使用筛选功能对一列或多列数据进行筛选，不仅可以控制想要查看的内容，还可以控制想要排除的内容。例如，公司要求筛选出“培训成绩统计表”中与“生产部”相关的信息，操作如下。

① 选中第 2 行，切换到“数据”选项卡，在“排序和筛选”组中单击“筛选”按钮，完成自动筛选的设置。此时在 A2:L2 单元格区域中的每个单元格右侧会出现一个下拉按钮。

② 单击下拉按钮，将显示对应列中所有不重复的值，用户可以根据需要进行选择。单击 C2 单元格“隶属部门”右侧的下拉按钮，在弹出的下拉菜单中取消勾选“全选”复选框，勾选“生产部”复选框，单击“确定”按钮。

以上操作及效果如图 2-35 所示。

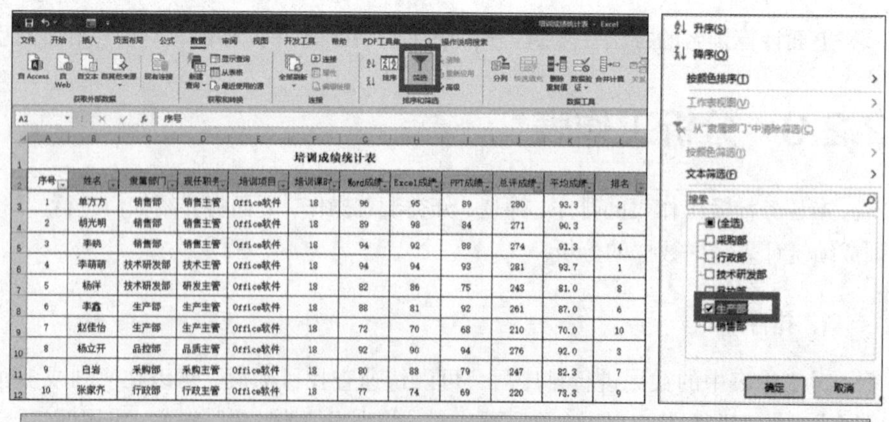

培训成绩统计表

序号	姓名	隶属部门	现任职务	培训项目	培训课时	Word成绩	Excel成绩	PPT成绩	总评成绩	平均成绩	排名
6	李鑫	生产部	生产主管	Office软件	18	88	81	92	261	87.0	6
7	赵佳怡	生产部	生产主管	Office软件	18	72	70	68	210	70.0	10

扫码观看微课视频

图 2-35　自动筛选

在“数据”选项卡的“排序和筛选”组中，单击“清除”按钮，如图 2-36 所示，可以将“培训成绩统计表”恢复原样。

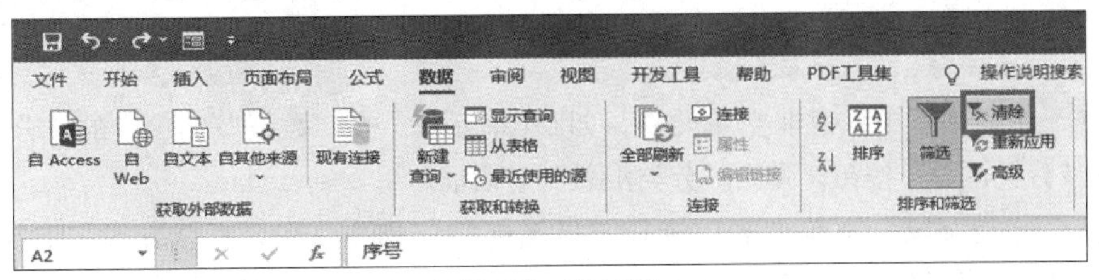

图 2-36　清除筛选

例如，公司要求筛选出“平均成绩”小于 85 分的所有员工信息，操作如下。

① 单击 K2 单元格“平均成绩”右侧的下拉按钮，在弹出的下拉菜单中单击“数字筛选”/“小于”命令，弹出“自定义自动筛选方式”对话框。

② 将“平均成绩”的筛选条件设置为“小于”“85”，单击“确定”按钮。

以上操作及效果如图 2-37 所示。

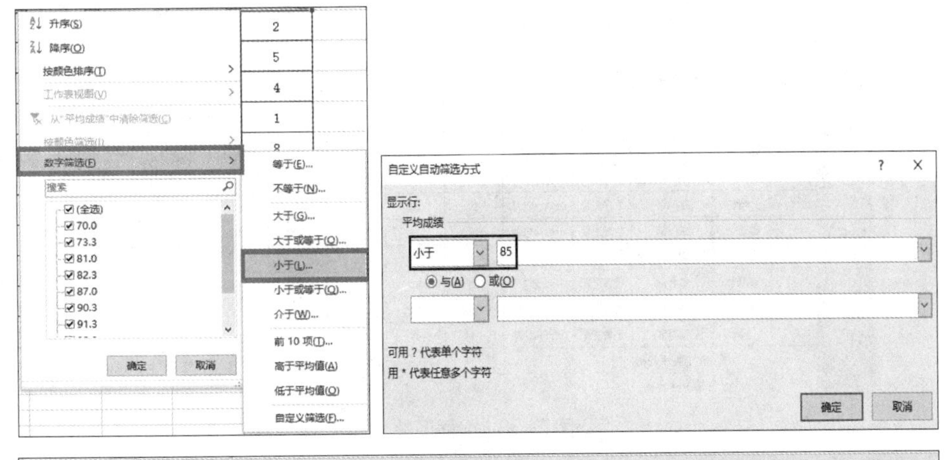

	A	B	C	D	E	F	G	H	I	J	K	L
1	培训成绩统计表											
2	序号	姓名	隶属部门	现任职务	培训项目	培训课时	Word成绩	Excel成绩	PPT成绩	总评成绩	平均成绩	排名
7	5	杨洋	技术研发部	研发主管	Office软件	18	82	86	75	243	81.0	8
9	7	赵佳怡	生产部	生产主管	Office软件	18	72	70	68	210	70.0	10
11	9	白岩	采购部	采购主管	Office软件	18	80	88	79	247	82.3	7
12	10	张家齐	行政部	行政主管	Office软件	18	77	74	69	220	73.3	9

图 2-37　指定条件的筛选

3. 分类汇总

分类汇总是在工作表中轻松、快速地汇总数据的方法。该方法能够让用户从原始数据表中快速获得有用的信息。例如，公司要汇总不同部门员工培训的平均成绩，操作如下。

① 选中 A2:L12 单元格区域，切换到“数据”选项卡，在“排序和筛选”组中单击“排序”按钮，弹出“排序”对话框。在“列”区域的“主要关键字”下拉列表中选择“隶属部门”选项，在“次序”区域的下拉列表中选择“升序”选项。

对工作表进行分类汇总之前一定要按照要求对分类汇总的字段进行排序。

② 在工作表中选中任意非空单元格，如 C4 单元格，在“数据”选项卡的“分级显示”组中单击“分类汇总”按钮，弹出“分类汇总”对话框。

③ 在“分类字段”下拉列表中选择“隶属部门”选项，在“汇总方式”下拉列表中选择“平均值”选项，在“选定汇总项”列表框中勾选“平均成绩”复选框，单击“确定”按钮。

分类汇总操作及效果如图 2-38 所示。

培训成绩统计表

序号	姓名	隶属部门	现任职务	培训项目	培训课时	word成绩	Excel成绩	PPT成绩	总评成绩	平均成绩	排名
9	白岩	采购部	采购主管	Office软件	18	80	88	79	247	82.3	7
		采购部 平均值								82.3	
10	张家齐	行政部	行政主管	Office软件	18	77	74	69	220	73.3	9
		行政部 平均值								73.3	
4	李萌萌	技术研发部	技术主管	Office软件	18	94	94	93	281	93.7	1
5	杨洋	技术研发部	研发主管	Office软件	18	82	86	75	243	81.0	8
		技术研发部 平均值								87.3	
8	杨立开	品控部	品质主管	Office软件	18	92	90	94	276	92.0	3
		品控部 平均值								92.0	
6	李鑫	生产部	生产主管	Office软件	18	88	81	92	261	87.0	6
7	赵佳怡	生产部	生产主管	Office软件	18	72	70	68	210	70.0	10
		生产部 平均值								78.5	
1	单方方	销售部	销售主管	Office软件	18	96	95	89	280	93.3	2
2	胡光明	销售部	销售主管	Office软件	18	89	98	84	271	90.3	5
3	李晓	销售部	销售主管	Office软件	18	94	92	88	274	91.3	4
		销售部 平均值								91.7	
		总计平均值								85.4	

图 2-38　分类汇总

如果要取消数据的分类汇总，只需打开“分类汇总”对话框，单击“全部删除”按钮。

上述操作可以按不同部门汇总员工培训成绩的平均成绩，公司可以根据此结果进行各部门培训情况的对比分析，以便后续对员工开展有针对性的培训工作。

任务 2.3　绘制培训成绩分析图

任务描述

为了更直观地分析员工培训情况，公司要求小白绘制培训成绩分析图。小白接到任务后需要先了解 Excel 2016 中各种图表的类型及用途，然后选择合适的图表类型进行绘制。培训成绩分析图的最终展示效果如图 2-39 所示。

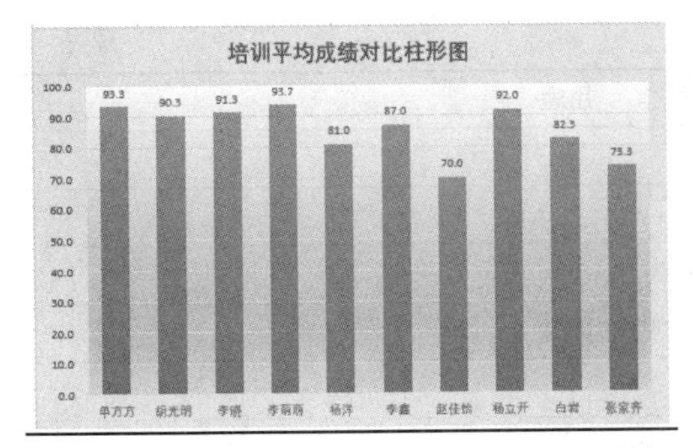

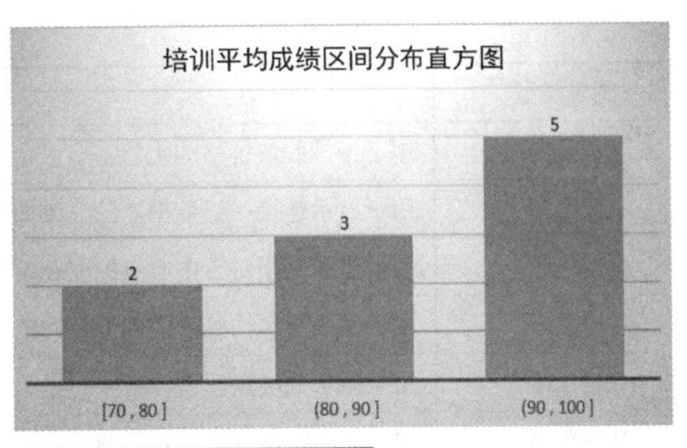

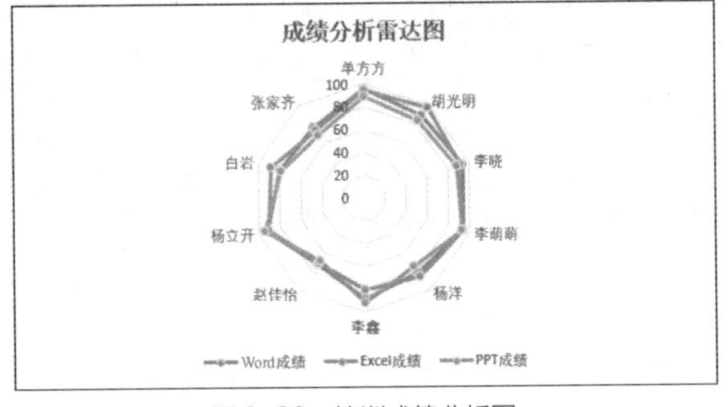

图 2-39 培训成绩分析图

技术分析

完成培训成绩分析图的绘制，需要掌握以下 Excel 技术。

- 图表类型的选择。
- 图表样式的选择。
- 图表格式的设置。

2.3.1 了解 Excel 2016 图表

图表表达信息的方式更加直接、简洁，其在各项工作中占有不可替代的地位。Excel 2016 提供了多种类型的图表，用于生动形象地展示不同类型的数据，分析人员可以通过图表找到数据的逻辑关系、数据的变化趋势，并据此做出合理的分析和预测。Excel 2016 提供了 16 种图表类型，表 2-1 列出了各种图表类型及其用途。

表2-1 Excel 2016提供的各种图表类型及其用途

图表类型	用途
柱形图	用于显示一段时间的数据或说明项目之间的比较关系
折线图	用于显示数据之间的变化趋势
饼图	用于显示一个数据系列中各项的大小与各项占整体的比例
条形图	用于显示各项之间的差异变化或显示各项与整体之间的关系
面积图	用于显示随时间或其他类别数据变化的趋势
XY 散点图	用于显示两个变量的关系，而这些变量的取值往往是与时间相关的

续表

图表类型	用途
股价图	用于分析股票价格的走势
曲面图	用于显示连接一组数据点的三维曲面
雷达图	用于显示值相对于中心点的变化情况
树状图	用于显示有结构关系的数据之间的比例分布情况
旭日图	用于显示分层数据
直方图	用于显示频率数据的柱形图
箱形图	用于显示数据到四分位点的分布，显示平均值和离群值
瀑布图	用于显示加上或减去值时的累计汇总
漏斗图	用于显示流程中多个阶段的值
组合图	用于显示两种或更多类型图表组合在一起的图形

2.3.2 绘制柱形图

柱形图是一种以长方形的长度为变量的统计图表，下面将介绍如何绘制基于“培训成绩统计表”的柱形图。

1. 插入柱形图

打开“培训成绩统计表”工作表，选中 B2:B12 单元格区域，在按住【Ctrl】键的同时选中 K2:K12 单元格区域。在“插入”选项卡的“图表”组中单击“插入柱形图或条形图”下拉按钮，在弹出的菜单中选择“二维柱形图”下的“簇状柱形图”命令，如图 2-40 所示。

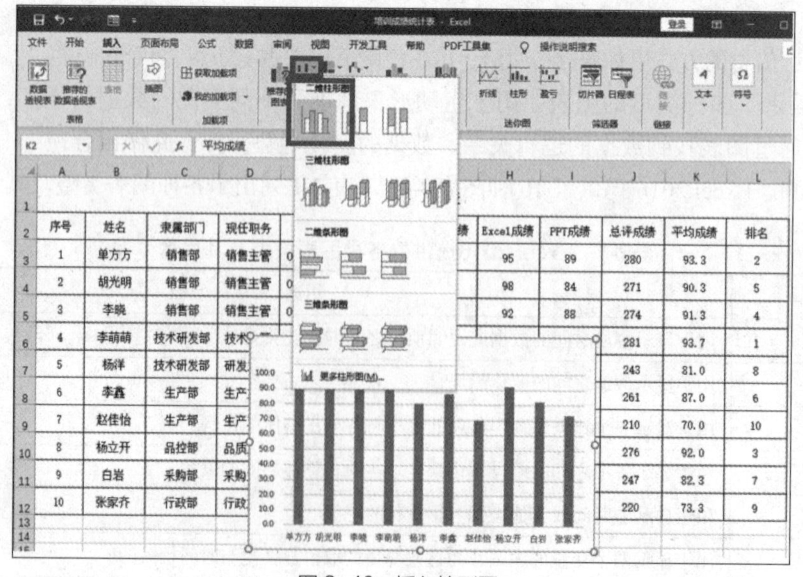

图 2-40　插入柱形图

2. 调整图表位置及大小

在图表空白位置按住鼠标左键，将图表拖曳至合适位置。将鼠标指针移至图表的右下角，待鼠标指针变成双向指针形状时按住鼠标左键向外移动鼠标指针，待图表调整至合适大小后释放鼠标，如图 2-41 所示。

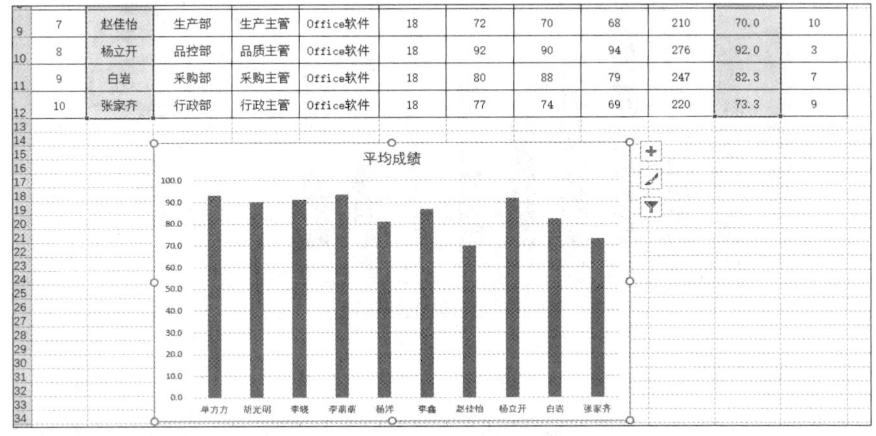

图 2-41 调整图表位置及大小

3. 设置图表样式

单击“图表设计”选项卡，选择“图表样式”组中的“样式 7”选项，如图 2-42 所示。

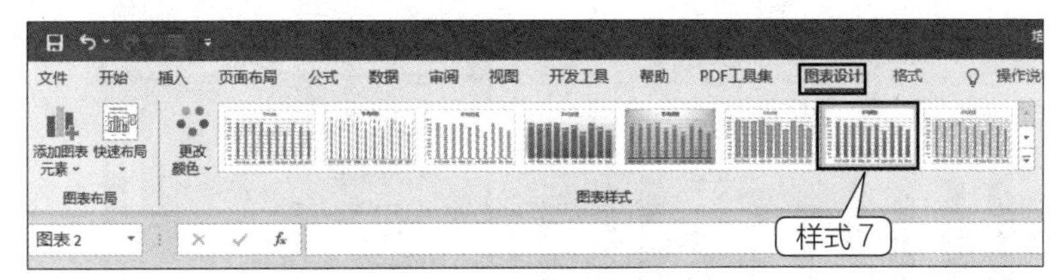

图 2-42 设置图表样式

4. 编辑图表标题

① 选中图表标题，修改其内容为“培训平均成绩对比柱形图”。

② 选中图表标题，单击“开始”选项卡，在“字体”组中设置图表标题文字的字体为“宋体”、字号为“14”，图表效果如图 2-43 所示。

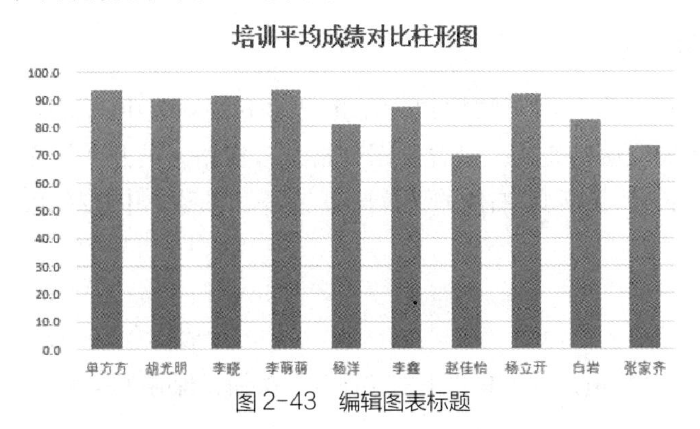

图 2-43 编辑图表标题

5. 添加数据标签

单击图表边框右侧的“图表元素”按钮，在弹出的“图表元素”菜单中勾选“数据标签”复选框，如图 2-44 所示。

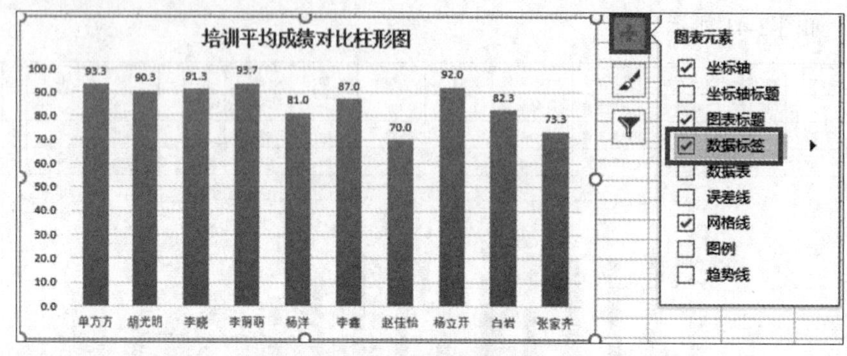

图 2-44　添加数据标签

6. 设置图表区格式

双击图表区，打开“设置图表区格式”窗格，单击“图表选项”/“填充线条”/“填充”/“纯色填充”单选按钮，单击“颜色”右侧的下拉按钮，在弹出的菜单中选择“蓝色，个性色 1，淡色 80%”，如图 2-45 所示。

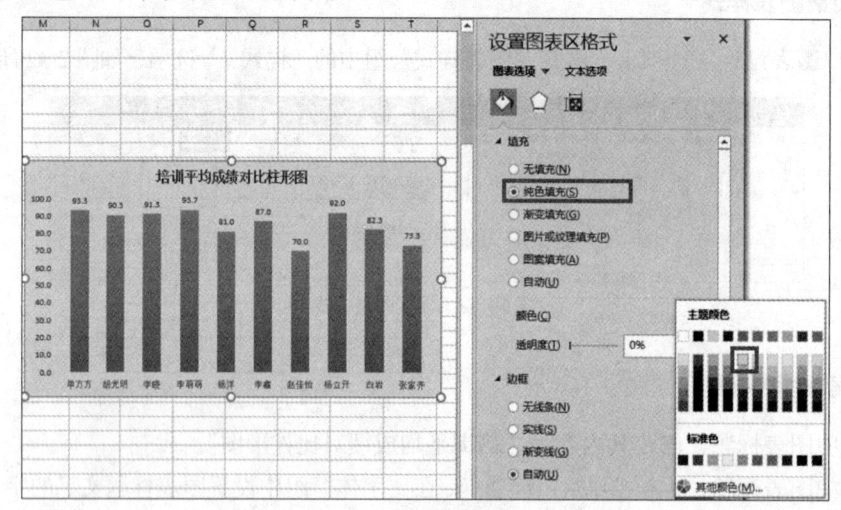

图 2-45　设置图表区格式

7. 设置绘图区格式

单击“图表选项”右侧的下拉按钮，在弹出的下拉列表中选择“绘图区”选项，此时“设置图表区格式”窗格变为“设置绘图区格式”窗格。展开“填充”栏，单击“渐变填充”单选按钮。单击“预设渐变”右侧的下拉按钮，在弹出的菜单中选择“浅色渐变，个性色 2”，如图 2-46 所示。

8. 保存设置

设置完毕后，单击快速访问工具栏中的“保存”按钮，保存工作表。

经过以上操作，就完成了“培训平均成绩对比柱形图”的绘制和基本设置。从绘制的柱形图中可以直观地看出员工培训平均成绩的比较情况。

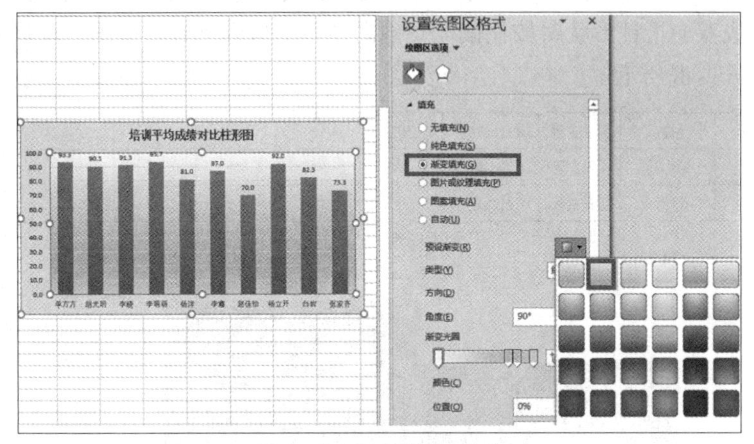

图 2-46 设置绘图区格式

2.3.3 绘制直方图

扫码观看微课视频

直方图是数据统计常用的一种图表，可以清晰地展示出一组数据的分布情况，让用户一目了然地看到数据的分类情况和各类别之间的差异，为分析和判断数据提供依据。下面将介绍如何绘制基于“培训成绩统计表”的直方图。

1. 插入直方图

打开“培训成绩统计表”工作表，选中 B2:B12 单元格区域，在按住【Ctrl】键的同时选中 K2:K12 单元格区域。在“插入”选项卡的“图表”组中单击“插入统计图表”下拉按钮，在弹出的菜单中选择“直方图”，如图 2-47 所示。

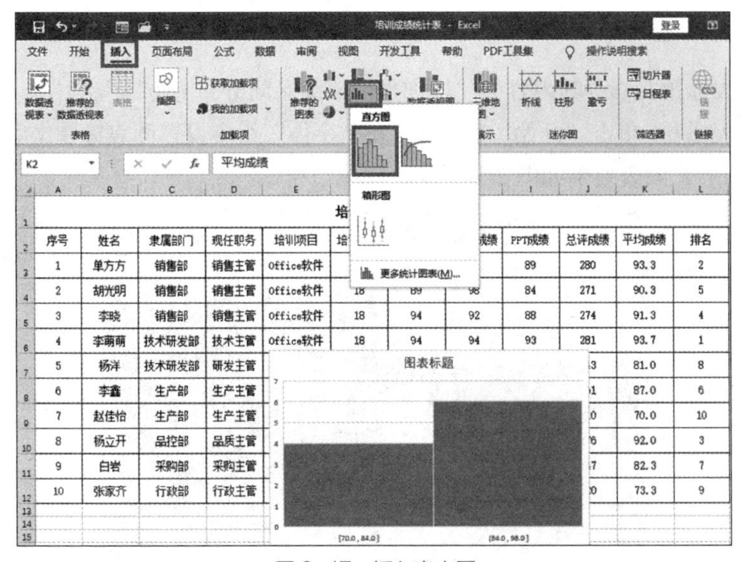

图 2-47 插入直方图

2. 调整图表位置及大小

在图表空白位置按住鼠标左键，将图表拖曳至合适位置。将鼠标指针移至图表的右下角，待鼠标指针变成双向指针形状时按住鼠标左键向外移动鼠标指针，待图表调整至合适大小后释放鼠标，如图 2-48 所示。

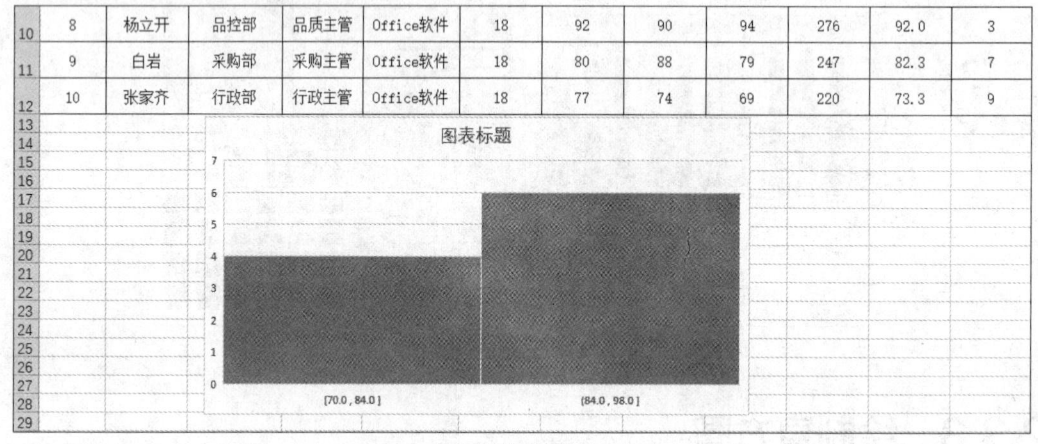

图 2-48　调整图表位置及大小

3. 设置图表样式

单击“图表设计”选项卡，选择“图表样式”组中的“样式 3”选项，如图 2-49 所示。

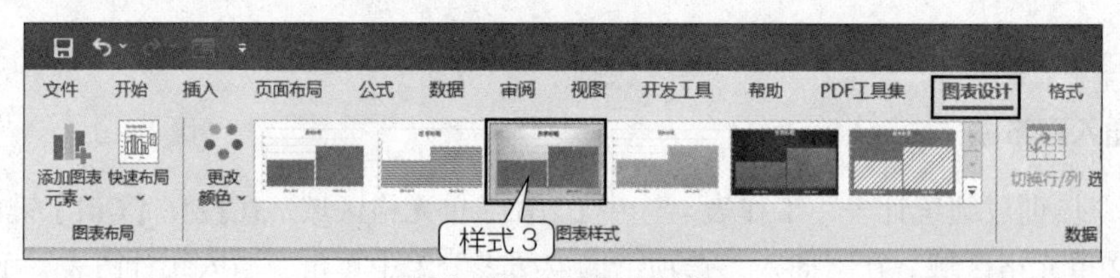

图 2-49　设置图表样式

4. 编辑图表标题

① 选中图表标题，修改其内容为“培训平均成绩区间分布直方图”。

② 选中图表标题，单击“开始”选项卡，在“字体”组中设置图表标题文字的字体为“宋体”、字号为“14”，图表效果如图 2-50 所示。

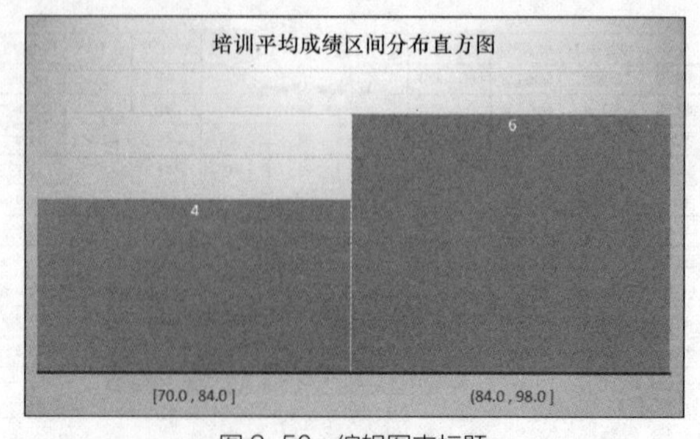

图 2-50　编辑图表标题

5. 设置坐标轴格式

在图表的水平坐标轴上单击鼠标右键，在弹出的快捷菜单中单击“设置坐标轴格式”命令，打开“设置坐标轴格式”窗格。单击“坐标轴选项”标签，展开“坐标轴选项”栏，将箱宽度设置为“10.0”，将小数位数设置为“0”，其他参数采用默认设置，如图 2-51 所示。

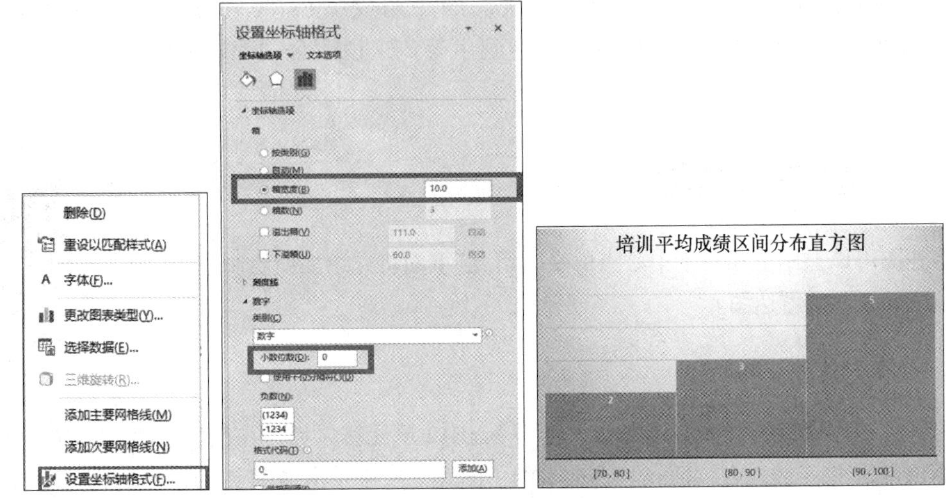

图 2-51 设置坐标轴格式

6. 设置数据系列格式

在数据标签上单击鼠标右键，在弹出的快捷菜单中单击“设置数据系列格式”命令，打开“设置数据系列格式”窗格，将“系列选项”栏中的间隙宽度设置为“50%”，如图 2-52 所示。

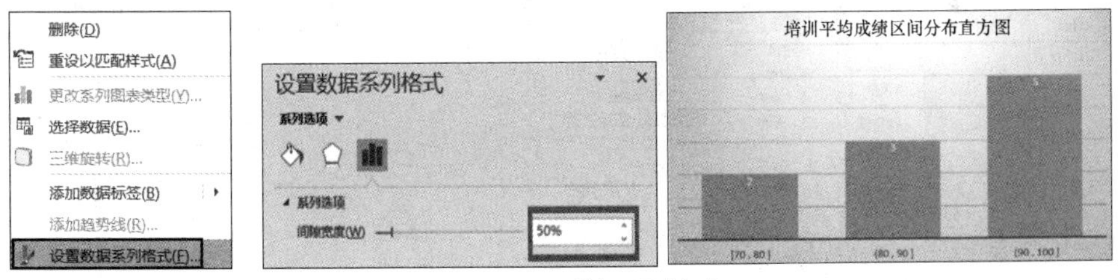

图 2-52 设置数据系列格式

7. 设置数据标签格式

单击数据标签，然后单击“图表元素”/“数据标签”/“数据标签外”命令，如图 2-53 所示。

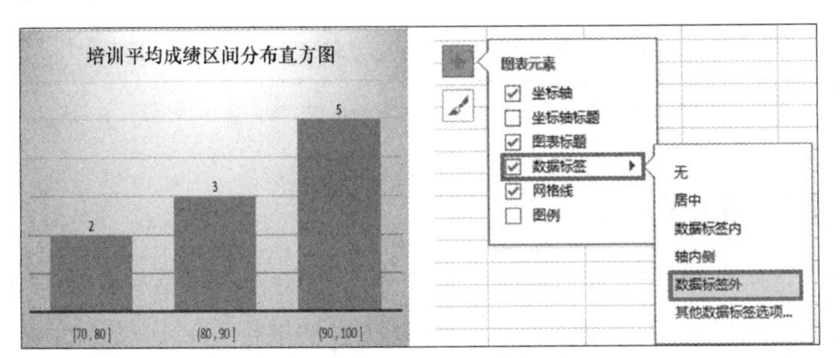

图 2-53 设置数据标签格式

8. 保存设置

设置完毕后，单击快速访问工具栏中的“保存”按钮，保存工作表。

经过以上操作，就完成了“培训平均成绩区间分布直方图”的绘制和基本设置。从绘制的直方图中可以看出，共计 10 位员工参加了本次培训。其中 5 位员工培训的平均成绩在 (90,100] 区间，达到优秀；3 位员工培训的平均成绩在 (80,90] 区间，达到良好；两位员工培训的平均成绩在 (70,80] 区间，达到中等。这说明公司本次 Office 软件培训效果较好。

2.3.4 绘制雷达图

雷达图可以显示值相对于中心点的变化情况，下面将介绍如何绘制基于“培训成绩统计表”的雷达图。

1. 插入雷达图

打开“培训成绩统计表”工作表，选中 B2:B12 单元格区域，在按住【Ctrl】键的同时选中 G2:I12 单元格区域，在“插入”选项卡的“图表”组中单击按钮，在弹出的对话框中选择“所有图表”“雷达图”/“带数据标记的雷达图”，如图 2-54 所示。

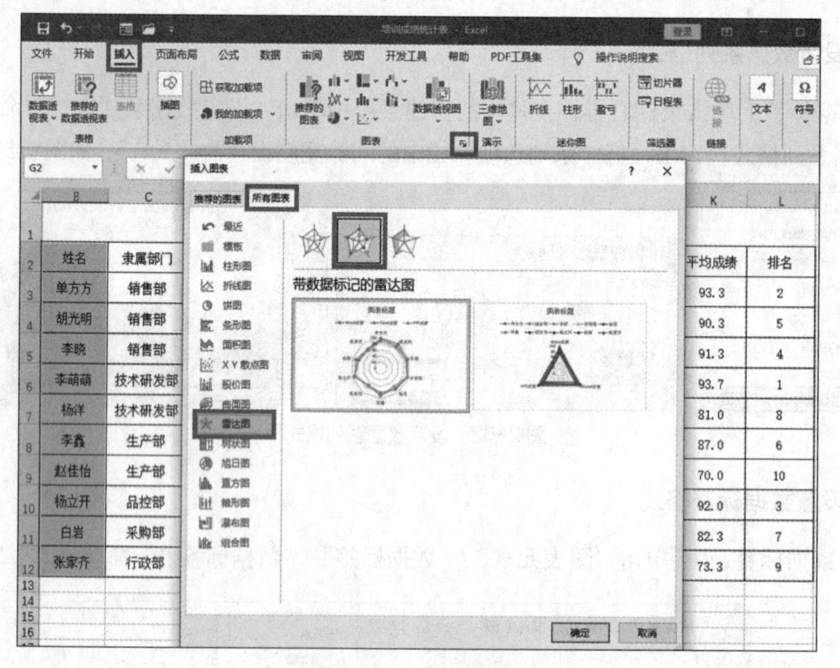

图 2-54　插入雷达图

2. 调整图表位置及大小

在图表空白位置按住鼠标左键，将图表拖曳至合适位置。将鼠标指针移至图表的右下角，待鼠标指针变成双向指针形状时按住鼠标左键向外移动鼠标指针，待图表调整至合适大小后释放鼠标，如图 2-55 所示。

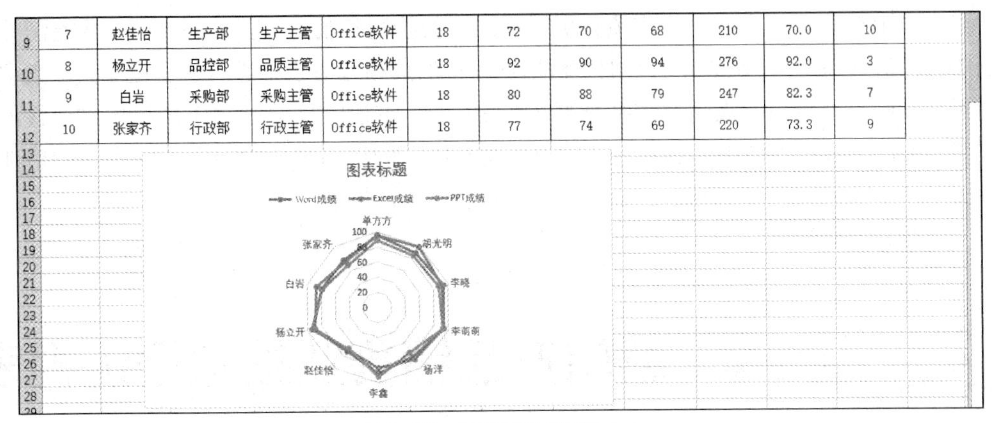

9	7	赵佳怡	生产部	生产主管	Office软件	18	72	70	68	210	70.0	10
10	8	杨立开	品控部	品质主管	Office软件	18	92	90	94	276	92.0	3
11	9	白岩	采购部	采购主管	Office软件	18	80	88	79	247	82.3	7
12	10	张家齐	行政部	行政主管	Office软件	18	77	74	69	220	73.3	9

图 2-55 调整图表位置及大小

3. 设置图表样式

单击“图表设计”选项卡，选择“图表样式”组中的“样式 6”选项，如图 2-56 所示。

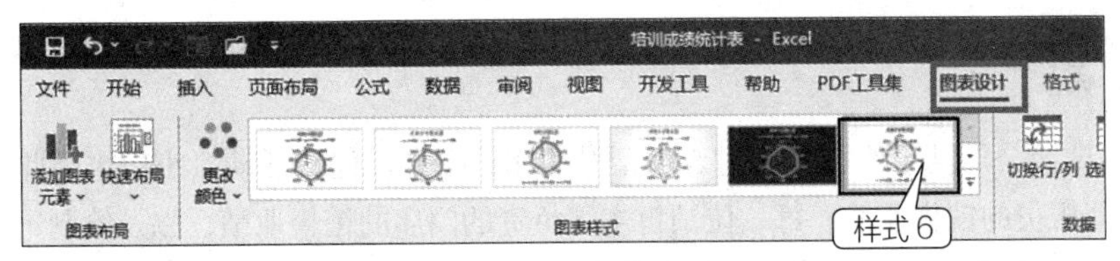

图 2-56 设置图表样式

4. 编辑图表标题

① 选中图表标题，修改其内容为“成绩分析雷达图”。

② 选中图表标题，单击“开始”选项卡，在“字体”组中设置图表标题文字的字体为“宋体”、字号为“14”，图表效果如图 2-57 所示。

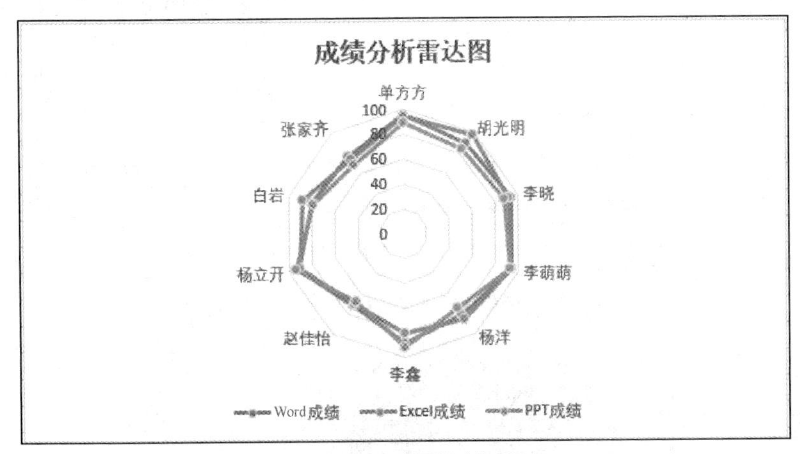

图 2-57 编辑图表标题

5. 保存设置

设置完毕后，单击快速访问工具栏中的“保存”按钮，保存工作表。

经过以上操作，就完成了“成绩分析雷达图”的绘制和基本设置。一方面，从绘制的雷达图中可以清晰地看出 10 位员工参加 3 科培训取得的成绩相对于中心点的变化情况，离中心点越近成绩越低，离中心点越远成绩越高；另一方面，雷达图显示出 PPT 成绩相比于其他两科成绩，大部分数据点离中心点较近，建议公司在以后的培训过程中加大 PPT 方面的培训和考核力度。

任务 2.4 编辑产品销售业绩数据透视表和数据透视图

任务描述

10 月 1 日，公司基于所有门店对 5 种型号的冰箱举办了促销活动，小白也因此接到了快速统计每一位销售员的销售业绩、每一位销售主管负责的门店的销售业绩，以及绘制销售主管业绩分析图的任务。为此，小白需要借助数据透视表功能对当日的销售情况进行快速汇总和筛选，并绘制数据透视图。该任务中的数据透视表和数据透视图的最终效果如图 2-58 所示。

	A	B	C	D	E	F	G
1	日期	2021/10/1					
2							
3	求和项:金额	产品					
4	销售员	单门冰箱	对开门冰箱	多门冰箱	三门冰箱	双门冰箱	总计
5	白超		27,552.00	4,699.00			32,251.00
6	李子明			9,398.00		2,998.00	12,396.00
7	林默默	699.00		28,194.00			28,893.00
8	刘家豪			18,796.00			18,796.00
9	董彤		34,440.00				34,440.00
10	王明		34,440.00		16,194.00		50,634.00
11	王倩	699.00					699.00
12	徐坤				8,097.00		8,097.00
13	杨红		41,328.00				41,328.00
14	张欢		55,104.00				55,104.00
15	张晓男				5,398.00		5,398.00
16	赵亮	1,398.00					1,398.00
17	总计	2,796.00	192,864.00	61,087.00	29,689.00	2,998.00	289,434.00

求和项:金额		
销售主管	门店地址	汇总
单方方	门店1	46,726.00
	门店2	63,201.00
单方方 汇总		109,927.00
胡光明	门店3	33,649.00
	门店4	29,592.00
胡光明 汇总		63,241.00
李晓	门店5	31,192.00
	门店6	85,074.00
李晓 汇总		116,266.00
总计		289,434.00

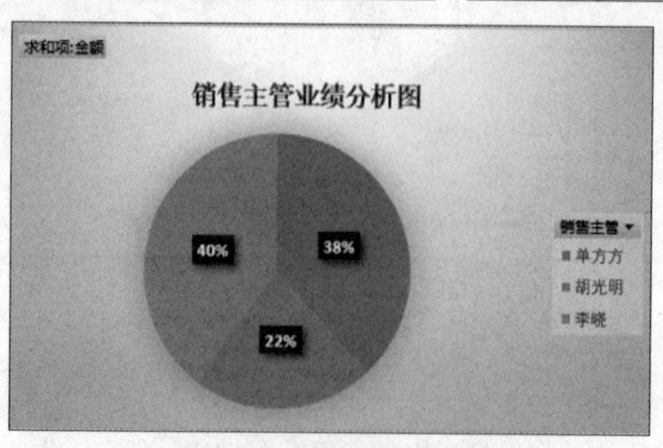

扫码观看
微课视频

图 2-58 数据透视表和数据透视图

技术分析

完成数据透视表和数据透视图的制作，需要掌握以下 Excel 技术。

- 数据透视表样式的选择。
- 数据透视表布局的设置。
- 数据透视表字段的设置。
- 数据透视图样式的选择。

任务实施

2.4.1 创建原始数据表

扫码观看微课视频

1. 新建工作表

启动 Excel 2016 新建一个工作簿，将其保存并命名为“销售统计表”，将“Sheet1”重命名为“原始数据表”。

2. 输入原始数据

在“原始数据表”中，输入原始数据，如图 2-59 所示。

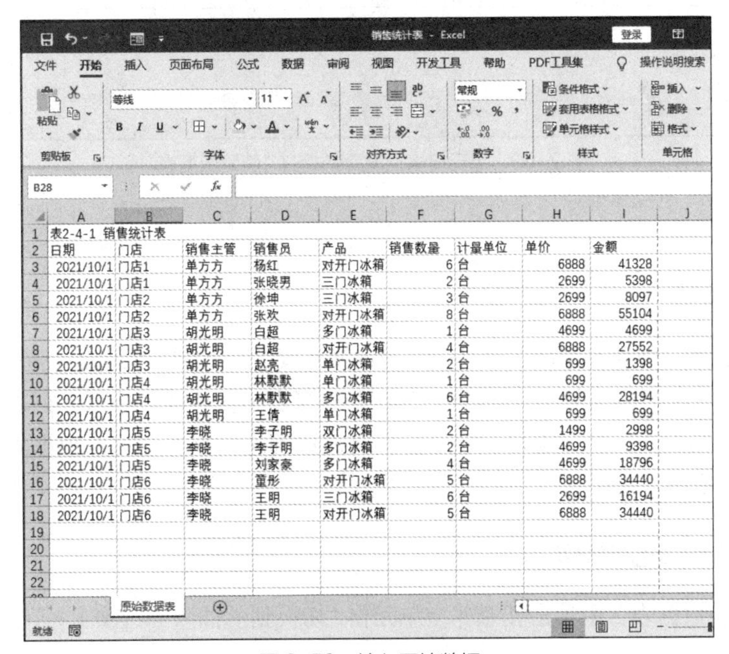

表2-4-1 销售统计表

日期	门店	销售主管	销售员	产品	销售数量	计量单位	单价	金额
2021/10/1	门店1	单方方	杨红	对开门冰箱	6	台	6888	41328
2021/10/1	门店1	单方方	张晓男	三门冰箱	2	台	2699	5398
2021/10/1	门店2	单方方	徐坤	三门冰箱	3	台	2699	8097
2021/10/1	门店2	单方方	张欢	对开门冰箱	8	台	6888	55104
2021/10/1	门店3	胡光明	白超	多门冰箱	1	台	4699	4699
2021/10/1	门店3	胡光明	白超	对开门冰箱	4	台	6888	27552
2021/10/1	门店3	胡光明	赵亮	单门冰箱	2	台	699	1398
2021/10/1	门店4	胡光明	林默默	单门冰箱	1	台	699	699
2021/10/1	门店4	胡光明	林默默	多门冰箱	6	台	4699	28194
2021/10/1	门店4	胡光明	王倩	单门冰箱	1	台	699	699
2021/10/1	门店5	李晓	李子明	双门冰箱	2	台	1499	2998
2021/10/1	门店5	李晓	李子明	多门冰箱	2	台	4699	9398
2021/10/1	门店5	李晓	刘家豪	多门冰箱	4	台	4699	18796
2021/10/1	门店6	李晓	董彤	对开门冰箱	5	台	6888	34440
2021/10/1	门店6	李晓	王明	三门冰箱	6	台	2699	16194
2021/10/1	门店6	李晓	王明	对开门冰箱	5	台	6888	34440

图 2-59 输入原始数据

3. 设置单元格格式

选中 H3:I18 单元格区域，单击鼠标右键，在弹出的快捷菜单中单击“设置单元格格式”命令，打开“设置单元格格式”对话框，在“数字”选项卡下的“分类”列表框中选择“会计专用”选项，在右侧设置小数位数为“2”，货币符号为“无”。其他格式设置完成后，“原始数据表”效果如图 2-60 所示。

表2-4-1 销售统计表

日期	门店	销售主管	销售员	产品	销售数量	计量单位	单价	金额
2021/10/1	门店1	单方方	杨红	对开门冰箱	6	台	6,888.00	41,328.00
2021/10/1	门店1	单方方	张晓男	三门冰箱	2	台	2,699.00	5,398.00
2021/10/1	门店2	单方方	徐坤	三门冰箱	3	台	2,699.00	8,097.00
2021/10/1	门店2	单方方	张欢	对开门冰箱	8	台	6,888.00	55,104.00
2021/10/1	门店3	胡光明	白超	多门冰箱	1	台	4,699.00	4,699.00
2021/10/1	门店3	胡光明	白超	对开门冰箱	4	台	6,888.00	27,552.00
2021/10/1	门店3	胡光明	赵亮	单门冰箱	2	台	699.00	1,398.00
2021/10/1	门店4	胡光明	林默默	单门冰箱	1	台	699.00	699.00
2021/10/1	门店4	胡光明	林默默	多门冰箱	6	台	4,699.00	28,194.00
2021/10/1	门店4	胡光明	王倩	单门冰箱	1	台	699.00	699.00
2021/10/1	门店5	李晓	李子明	双门冰箱	2	台	1,499.00	2,998.00
2021/10/1	门店5	李晓	李子明	多门冰箱	2	台	4,699.00	9,398.00
2021/10/1	门店5	李晓	刘家豪	多门冰箱	4	台	4,699.00	18,796.00
2021/10/1	门店6	李晓	童彤	对开门冰箱	5	台	6,888.00	34,440.00
2021/10/1	门店6	李晓	王明	三门冰箱	6	台	2,699.00	16,194.00
2021/10/1	门店6	李晓	王明	对开门冰箱	5	台	6,888.00	34,440.00

图 2-60　单元格格式设置完成的“原始数据表”

2.4.2　创建数据透视表

数据透视表是一种动态工作表，是一种表示交互式、交叉制表的电子表格，具有快速汇总和按条件筛选数据的功能。在数据透视表中，可以转换行和列以查看源数据的不同汇总结果，也可以显示不同页面以筛选数据，还可以根据需要显示区域中的明细数据。

1. 创建“销售员业绩分析表”

① 在“原始数据表”中单击任意非空单元格，切换到“插入”选项卡，单击“表格”组中的“数据透视表”按钮，如图 2-61 所示。

② 在弹出的“创建数据透视表”对话框的“表 / 区域”文本框中，默认的工作数据区域为“原始数据表 !$A$2:$I$18”，在“选择放置数据透视表的位置”栏中默认选中“新工作表”，单击“确定”按钮，如图 2-62 所示。

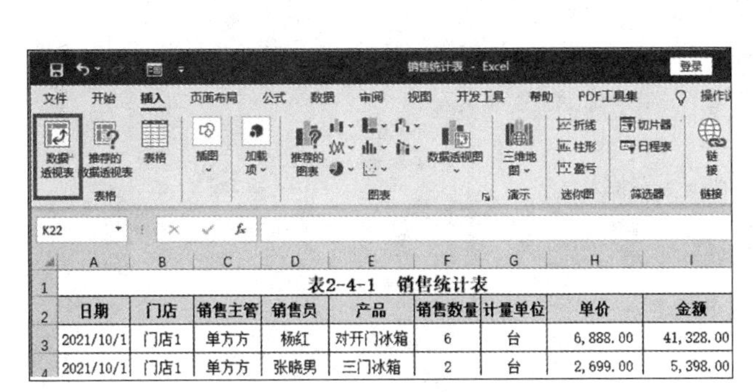

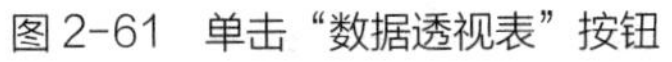
图 2-61 单击“数据透视表”按钮

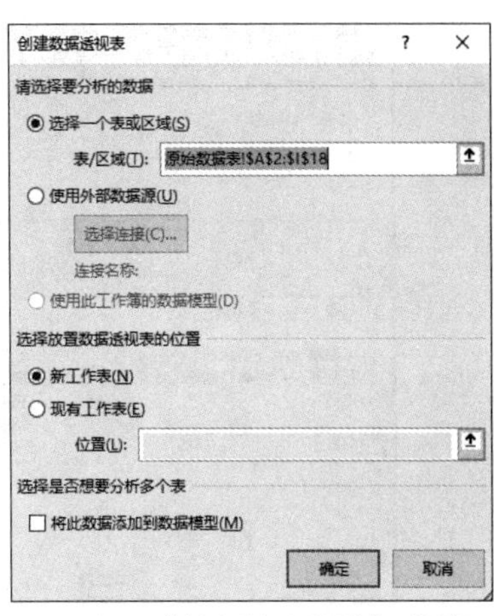

图 2-62 “创建数据透视表”对话框

③ Excel 2016 自动创建包含数据透视表的“Sheet2”后，将自动打开“数据透视表字段”窗格。将“Sheet2”重命名为“销售员业绩分析表”，如图 2-63 所示。

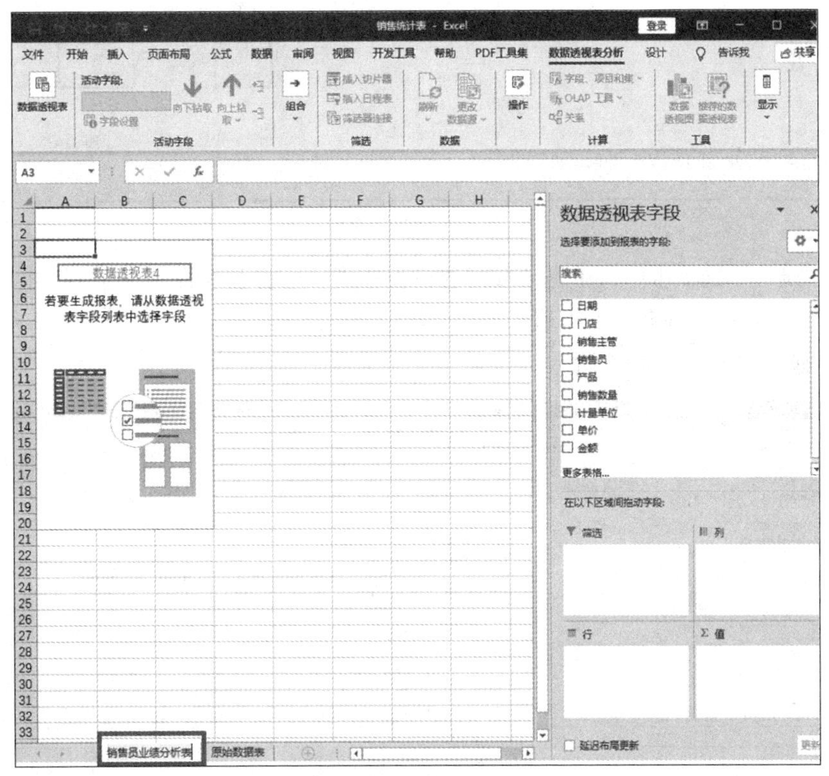

图 2-63 重命名工作表

④ 将“选择要添加到报表的字段”列表框中的“日期”字段拖曳至“筛选”列表框，将“销售员”字段拖曳至“行”列表框，将“产品”字段拖曳至“列”列表框，将“金额”字段拖曳至“∑值”列表框，如图 2-64 所示。

⑤ 在“设计”选项卡的“布局”组中单击“报表布局”下拉按钮，在弹出的菜单中单击“以表格形式显示”命令。

⑥ 在“设计”选项卡的“数据透视表样式选项”组中，勾选“镶边行”复选框。

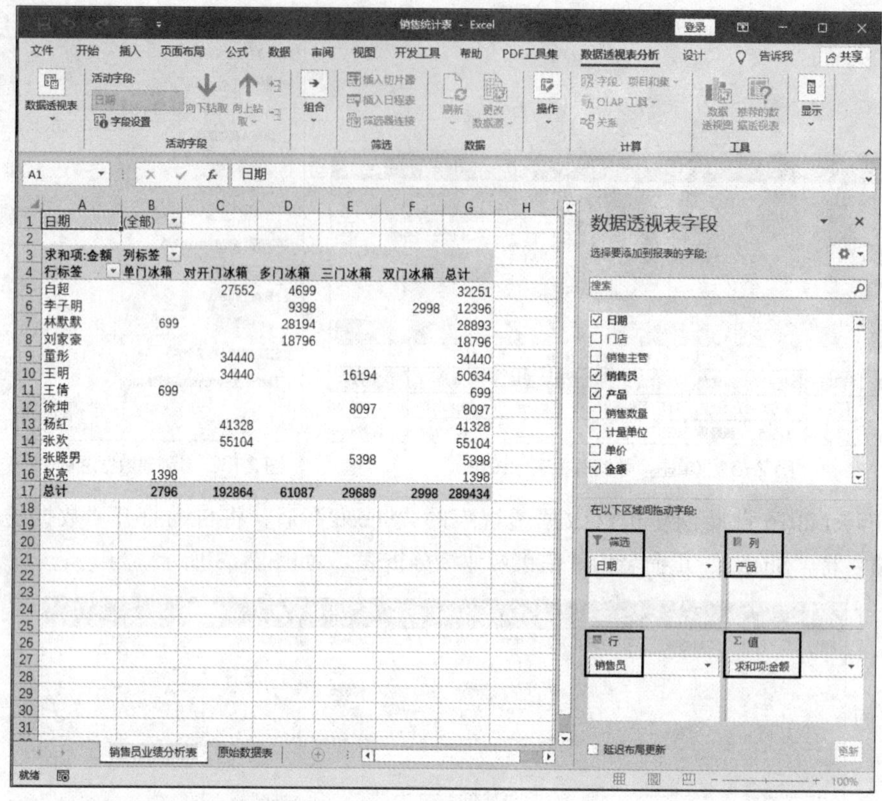

日期	(全部)					
求和项:金额	列标签					
行标签	单门冰箱	对开门冰箱	多门冰箱	三门冰箱	双门冰箱	总计
白超		27552	4699			32251
李子明			9398		2998	12396
林默默	699		28194			28893
刘家豪			18796			18796
董彤		34440				34440
王明		34440		16194		50634
王倩	699					699
徐坤				8097		8097
杨红		41328				41328
张欢		55104				55104
张晓男				5398		5398
赵亮	1398					1398
总计	2796	192864	61087	29689	2998	289434

图 2-64　拖曳字段

⑦ 在“设计”选项卡中，单击“数据透视表样式”组右下角的“其他”按钮，在弹出的样式下拉列表中选择“浅蓝，数据透视表样式浅色 20”。

以上操作及效果如图 2-65 所示。

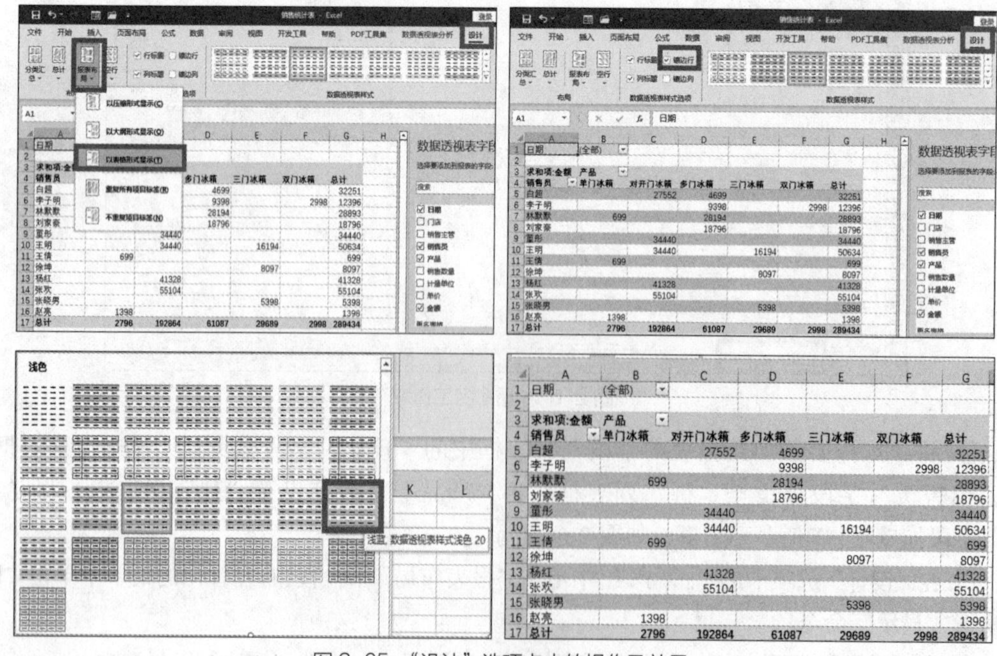

图 2-65　“设计”选项卡中的操作及效果

⑧ 选中 B5:G17 单元格区域，单击鼠标右键，在弹出的快捷菜单中单击“设置单元格格式”命令，弹出“设置单元格格式”对话框。在“数字”选项卡下的“分类”列表框中选择“会计专用”选项，在右侧设置小数位数为“2”，货币符号为“无”。

⑨ 单击 B1 单元格右侧的下拉按钮，选择“2021/10/1”选项。

⑩ 设置字体和对齐方式，调整行高、列宽，最终效果如图 2-66 所示。

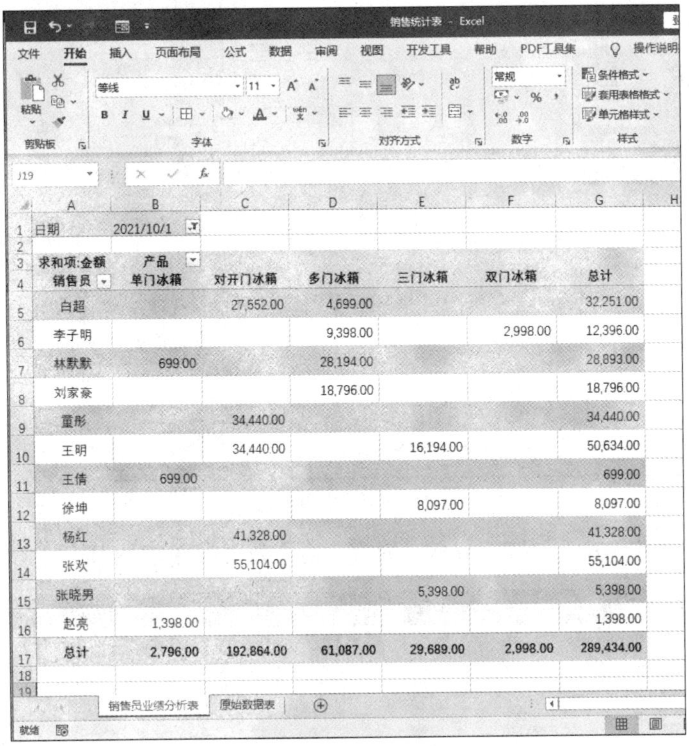

日期	2021/10/1					
求和项:金额	产品					
销售员	单门冰箱	对开门冰箱	多门冰箱	三门冰箱	双门冰箱	总计
白超		27,552.00	4,699.00			32,251.00
李子明			9,398.00		2,998.00	12,396.00
林默默	699.00		28,194.00			28,893.00
刘家豪			18,796.00			18,796.00
董彤		34,440.00				34,440.00
王明		34,440.00		16,194.00		50,634.00
王倩	699.00					699.00
徐坤				8,097.00		8,097.00
杨红		41,328.00				41,328.00
张欢		55,104.00				55,104.00
张晓男				5,398.00		5,398.00
赵亮	1,398.00					1,398.00
总计	2,796.00	192,864.00	61,087.00	29,689.00	2,998.00	289,434.00

图 2-66 “销售员业绩分析表”最终效果

从图 2-66 中可以直观地看出每一位销售员当日销售各种产品的情况，公司进行对比分析后可以对员工进行绩效考核，合理分配销售资源。

2. 创建“销售主管业绩分析表”

扫码观看微课视频

① 切换到“原始数据表”工作表，单击任意非空单元格，切换到“插入”选项卡，单击“表格”组中的“数据透视表”按钮。

② 在弹出的“创建数据透视表”对话框的“表 / 区域”文本框中，默认的工作数据区域为“原始数据表 !$A$2:$I$18”，在“选择放置数据透视表的位置”栏中默认选中“新工作表”，单击“确定”按钮。

③ Excel 2016 自动创建包含数据透视表的“Sheet3”后，将自动打开“数据透视表字段”窗格。将“Sheet3”重命名为“销售主管业绩分析表”。

④ 将“选择要添加到报表的字段”列表框中的“销售主管”字段拖曳至“行”列表框，将“门店”字段拖曳至“行”列表框，将“金额”字段拖曳至“∑值”列表框，如图 2-67 所示。

⑤ 在“设计”选项卡的“布局”组中单击“报表布局”下拉按钮，在弹出的菜单中单击“以表格形式显示”命令。

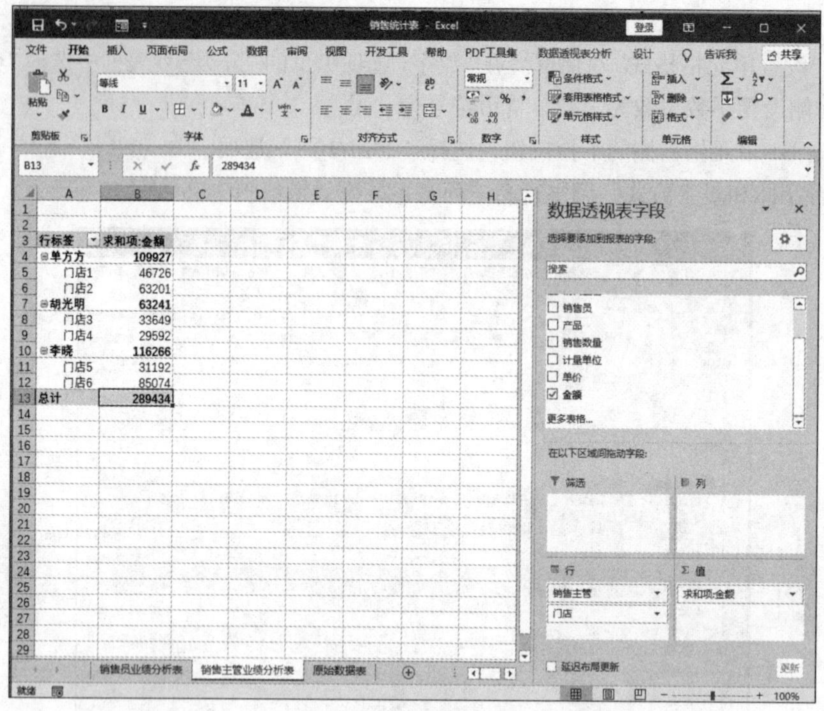

图 2-67　拖曳字段

⑥ 设置字体和对齐方式，调整行高、列宽，最终效果如图 2-68 所示。

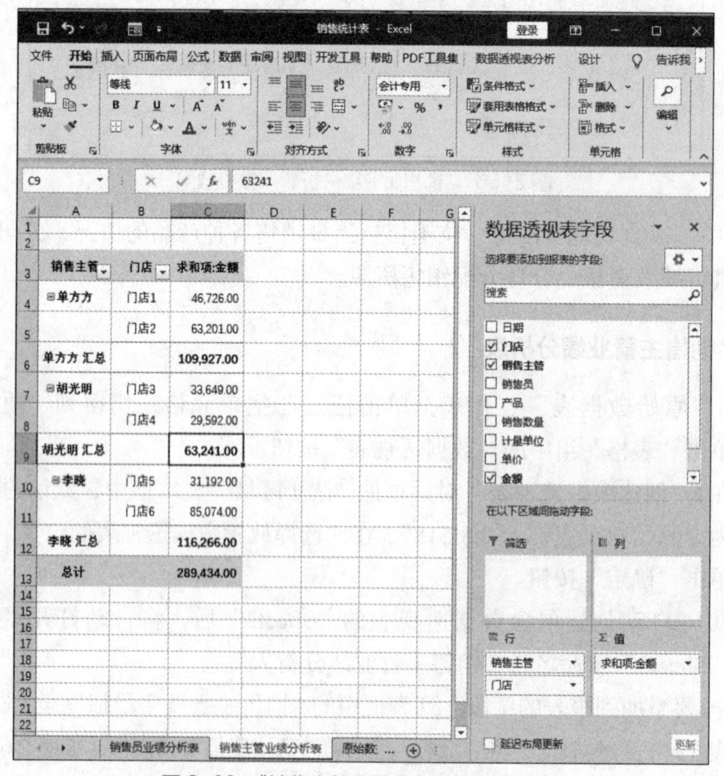

图 2-68　“销售主管业绩分析表”最终效果

从图 2-68 中可以看出 10 月 1 日 3 位销售主管管理的门店的销售状况。

2.4.3 创建数据透视图

如果需要更直观地查看和比较数据透视表中的结果，可以利用 Excel 2016 提供的数据透视图。数据透视图与一般图表的不同之处在于：一般的图表为静态图表，而数据透视图与数据透视表一样，为交互式的动态图表。下面以创建“销售主管业绩分析图”为例介绍数据透视图的创建方法。

1. 创建“销售主管业绩分析图”

① 在“销售统计表”工作簿中新建一张工作表，重命名为“销售主管业绩分析图”，将“销售主管业绩分析表”中的所有内容复制到“销售主管业绩分析图”中。

② 在“销售主管业绩分析图”中，取消勾选“数据透视表字段”窗格中的“门店”复选框，如图 2-69 所示。

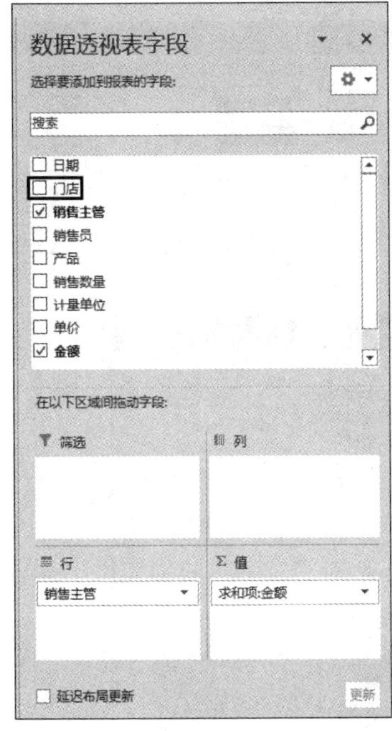

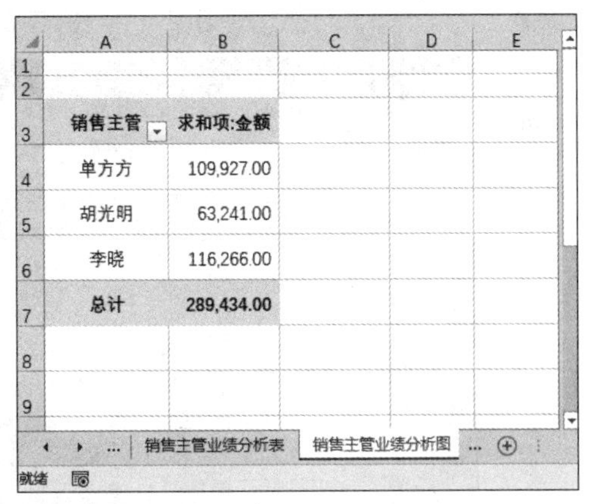

图 2-69 “销售主管业绩分析图”

2. 创建数据透视图

① 在 A3:B7 单元格区域中单击任意单元格，在“数据透视表分析”选项卡的“工具”组中，单击“数据透视图”按钮，弹出“插入图表”对话框。在对话框左侧选择“饼图”选项，在右侧单击“饼图”按钮，如图 2-70 所示，单击“确定”按钮。

② 在“设计”选项卡的“图表样式”组中选择“样式 3”选项，如图 2-71 所示。

③ 选中图表标题，将其修改为“销售主管业绩分析图”。切换到“开始”选项卡，设置标题文字的字体为“宋体”、字号为“14”、字形为“加粗”，最终效果如图 2-72 所示。

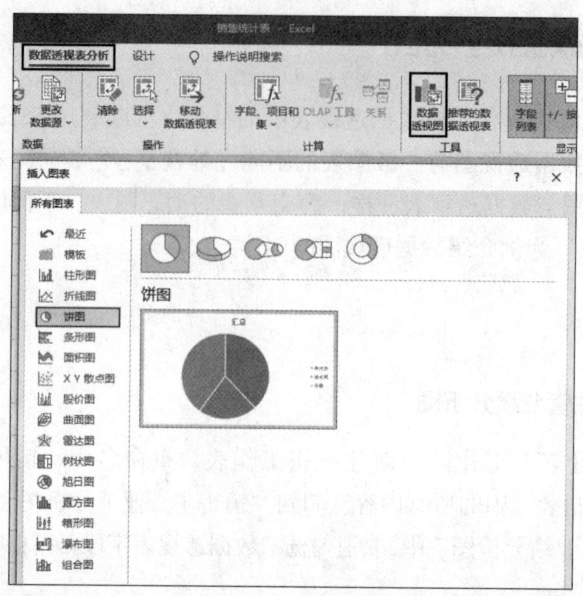

图 2-70　创建饼图

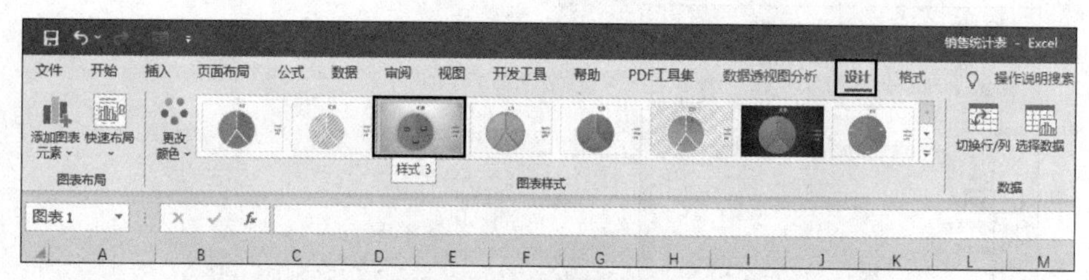

图 2-71　选择图表样式

图 2-72　“销售主管业绩分析图”最终效果

从图 2-72 中可以看出，销售主管李晓管理的门店销售金额占公司总销售金额的 40%，单方方管理的门店销售金额占公司总销售金额的 38%，胡光明管理的门店销售金额占公司总销售金额的 22%。由此，公司可以更直观地看到每位销售主管的业绩水平及销售主管之间的差距。

【学习笔记】

序号	技术要点	笔记
1	工作表及工作簿的操作	
2	单元格的操作	
3	输入数据的操作	
4	公式与函数的操作	
5	页面布局的设置	
6	打印预览及打印操作	

续表

序号	技术要点	笔记
7	数据的排序	
8	数据的筛选	
9	数据的分类汇总	
10	数据的验证	
11	图表的操作	
12	数据透视表的操作	
13	数据透视图的操作	

考核评价

姓名：________ 专业：________ 班级：________ 学号：________ 成绩：________

一、单选题（每题 2 分，共 30 分）

1. 在 Excel 中进行公式复制时（ ）地址会发生变化。

A. 相对引用地址中的地址偏移量

B. 相对引用地址中所引用的单元格

C. 绝对引用地址中的地址表达式

D. 绝对引用地址中所引用的单元格

2. 在 Excel 2016 单元格中，数值型数据的默认对齐方式是（ ）。

A. 左对齐 B. 居中 C. 右对齐 D. 上下对齐

3. 在 Excel 2016 中，对数据进行分类汇总之前必须先（ ）。

A. 对要进行分类汇总的字段排序 B. 设置筛选条件

C. 使要进行分类汇总的字段无序 D. 使用记录单

4. 在 Excel 2016 中，使用（ ）选项卡中的命令来创建数据透视表。

A. “工具” B. “插入” C. “数据” D. “视图”

5. 在 D1 单元格中有公式“=A1+$C1”，将 D1 单元格中的公式复制到 E4 单元格中，E4 单元格中的公式为（ ）。

A. =A4+$C4 B. =B4+$D4 C. =B4+$C4 D. =A4+C4

6. 下列引用地址为绝对引用地址的是（ ）。

A. $D5 B. $D$5 C. D5 D. D$5

7. 在一张成绩汇总工作表中，只显示六年级（2）班学生的成绩记录，可使用“数据”选项卡中的（ ）命令。

A. “筛选” B. “分类汇总”

C. “排序” D. “数据验证”

8. 下列关于 Excel 2016 的说法中，不正确的是（ ）。

A. 可以分析数据 B. 提供了多种图表

C. 可以由表格生成各种图表 D. 没有表格也能生成图表

9. 由 Excel 工作表生成数据透视表时，下列说法正确的是（ ）。

A. 数据透视表只能嵌入在当前工作表中，不能作为新工作表保存

B. 数据透视表不能嵌入在当前工作表中，只能作为新工作表保存

C. 数据透视表既能嵌入在当前工作表中，又能作为新工作表保存

D. 以上说法均不对

10. 在 Excel 图表中，（ ）图表可以用来显示一段时间的数据或说明项目之间的比较关系。

A. 柱形图 B. 饼图 C. 散点图 D. 雷达图

11. 在 Excel 单元表中，要计算 A1、A2、A3 单元格数据的平均值，并在 B1 单元格中显

示出来，下列公式错误的是（　　）。

A. =(A1+A2+A3)/3　　B. =SUM (A1:A3)/3

C. =AVERAGE (A1:A3)　　D. =AVERAGE (A1:A2:A3)

12. 如果要设置在 B2:B10 单元格区域内只能输入规定的数据，可以使用“数据”选项卡中的（　　）实现。

A. “数据验证”命令　　B. “排序”命令

C. “快速填充”命令　　D. “分类汇总”命令

13. 在 Excel 2016 中，如果需要对“员工培训成绩表”中的数据进行排序，可以选择的函数是（　　）。

A. SUM　　B. RANK

C. VLOOKUP　　D. AVERAGE

14. 在 Excel 2016 中，可以同时选定的单元格的个数为（　　）。

A. 1 个　　B. 2 个　　C. 3 个　　D. 任意多个

15. 在 Excel 2016 中，由工作表中的数据生成了相应的柱形图，如果工作表中的数据发生了变化，柱形图（　　）。

A. 必须进行编辑后才会发生变化　　B. 会发生变化，但与数据无关

C. 不会发生变化　　D. 会发生相应的变化

二、多选题（每题 3 分，共 15 分）

1. 下面关于 Excel 2016 工作表命名的说法，正确的有（　　）。

A. 在一个工作簿中不可能存在两个同名的工作表

B. 工作表的名字只能以字母开头

C. 工作表的名字只能以数字开头

D. 工作表命名后还可以修改

2. 对于已经建立好的 Excel 图表，下列说法正确的有（　　）。

A. 图表是一种特殊类型的工作表

B. 图表中的数据也是可以编辑的

C. 图表可以复制和删除

D. 图表中各项是一体的，不可分开编辑

3. 在 Excel 2016 中，可以对表格中的数据进行（　　）等统计处理。

A. 求和　　B. 排序　　C. 分类汇总　　D. 索引

4. 下列 Excel 公式中格式正确的有（　　）。

A. =SUM(1,2,⋯,9,10)　　B. =SUM(A1:A10)

C. =SUM(A1;A10)　　D. =SUM(A1,A2,A3)

5. 下列关于 Excel 2016 的描述中，不正确的有（　　）。

A. 在 Excel 2016 中，工作簿中最多可以设置 16 张工作表

B. 在 Excel 2016 中，只能制作图表，不能分析数据

C. 工作表的名称由文件名决定

D. 单元格可以用来存取文字、公式、函数等数据

三、上机测试题（共55分）

为了不断提高公司的管理水平和员工工作的积极性，公司每年年末都会对员工进行年度绩效考核。小白接到了对公司所有员工4个季度的考核分数进行输入、汇总、排序、筛选并绘制对比图，按照需求制作数据透视表和数据透视图的任务。假如你是小白，请按要求完成下列操作。

1. 新建一个工作簿并命名为“年度绩效考核表”保存，在“Sheet1”中建立图2-73所示的工作表，并按要求完成具体格式的设置（15分）。

① 标题文字字体为“宋体”、字号为“14”、字形为“加粗”；字段名所在行的文字字体为“宋体”、字号为“12”、字形为“加粗”，填充为“蓝色，个性色1，淡色80%”；所有员工信息所在行的文字字体为“宋体”、字号为“12”。

② 全部内容的对齐方式：“水平居中”“垂直居中”。

③ 行高设置为“25”，列宽设置为“10”。

④ “性别”列设置数据验证，只能显示“男”或“女”。

⑤ “隶属部门”列设置数据验证，只能显示“销售部”“生产部”“采购部”“研发部”“财务部”“人事部”。

⑥ “年度总评”列的单元格格式设置为“数值”，“小数位数”为“2”。

⑦ 表格添加“内部”和“外边框”框线。

其余格式采用默认设置。

年度绩效考核表

序号	姓名	性别	隶属部门	第一季度	第二季度	第三季度	第四季度	年度总评
1	周一美	女	销售部	92	87	89	78	
2	刘建立	男	销售部	88	81	88	75	
3	孙美林	男	销售部	59	67	64	68	
4	张晓	男	生产部	72	78	72	80	
5	王畅	女	生产部	77	74	78	86	
6	邓佳佳	女	生产部	65	74	80	75	
7	张浩	男	生产部	81	80	79	84	
8	罗晓云	男	生产部	86	82	78	84	
9	刘倩华	男	生产部	80	91	85	78	
10	甘梅	女	采购部	88	79	78	72	
11	李晓露	女	采购部	64	81	72	78	
12	王涛	男	采购部	58	92	85	78	
13	曾秀师	男	研发部	85	85	83	81	
14	刘红梅	女	研发部	78	82	80	79	
15	徐亮	男	财务部	92	89	89	91	
16	黄燕妮	女	财务部	82	83	79	74	
17	董浩东	男	财务部	80	78	71	87	
18	李颖	女	人事部	69	90	87	84	
19	顾杰	男	人事部	83	85	87	81	
20	刘旭	男	人事部	77	81	80	79	

图2-73 年度绩效考核表

2. 计算所有员工的年度总评成绩（5 分）。

3. 设置页边距、页面方向、打印区域、打印标题和打印页码等，将“年度绩效考核表”打印在一张 A4 纸上并截图贴在表格右侧（5 分）。

说明：下面操作 4 ~ 9 均要求在“年度绩效考核表”工作簿中新建相应的工作表，然后把“Sheetl”的所有内容复制到新工作表，再继续操作。

4. 在保持原有序号顺序的前提下，对所有员工按年度总评成绩高低进行排名，可在原表上增加一列（5 分）。

5. 筛选出年度总评成绩排名前 5 的员工（5 分）。

6. 按照隶属部门对员工年度总评成绩进行分类汇总（5 分）。

7. 制作所有员工年度总评成绩的柱形图，将柱形图放置在表格右侧（5 分）。

8. 制作“隶属部门”为“行”字段，4 个季度的成绩为“值”字段的数据透视表，数据透视表放置在现有工作表内（5 分）。

9. 制作“隶属部门”为“行”字段，“年度总评”为“值”字段的数据透视图，数据透视图放置在现有工作表内（5 分）。

单元3 演示文稿制作

03

演示文稿是信息化办公的重要组成部分。借助演示文稿制作工具，我们可快速制作出图文并茂、富有感染力的演示文稿，并且可通过图片、视频和动画等形式展现复杂的内容，从而使表达的内容更容易被理解。本单元介绍演示文稿制作、动画设计、母版制作与使用、演示文稿放映和演示文稿打包等内容。

学习目标

知识目标

◎ 了解演示文稿的应用场景，熟悉相关工具的功能、操作界面和制作流程。

◎ 掌握演示文稿的创建、打开、保存、退出等基本操作。

◎ 熟悉演示文稿不同视图方式的应用。

◎ 掌握幻灯片的创建、复制、删除、移动等基本操作。

◎ 理解幻灯片的设计及布局原则。

能力目标

◎ 掌握在幻灯片中插入各类对象的方法，如文本框、图形、图片、表格、音频、视频等对象。

◎ 理解幻灯片母版的概念，掌握幻灯片母版的编辑及应用方法。

扫码观看微课视频

◎ 掌握幻灯片切换动画、对象动画的设置方法及超链接、动作按钮的应用方法。

◎ 了解幻灯片的放映类型，会使用排练计时进行幻灯片的放映。

◎ 掌握不同格式幻灯片的导出方法。

素养目标

◎ 提升分析问题、解决问题的能力。

知识导图

演示文稿制作知识导图如图3-1所示。

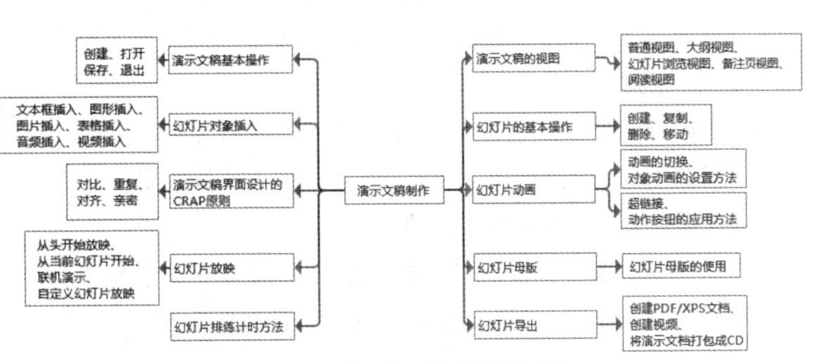

图 3-1　演示文稿制作知识导图

任务 3.1 制作产品发布演示文稿

任务描述

2021年智能创客产品发布会的主题是“积极拥抱变化，在不确定的世界里看未来”。现要求市场部的设计团队制作一份演示文稿对新品进行推广，演示文稿的内容包括产品简介、产品亮点、市场需求分析、产品售后。设计团队参阅项目资料、相关素材，经过技术分析，结合PowerPoint 2016制作演示文稿的方法与步骤完成了该任务。演示文稿页面效果如图3-2所示。

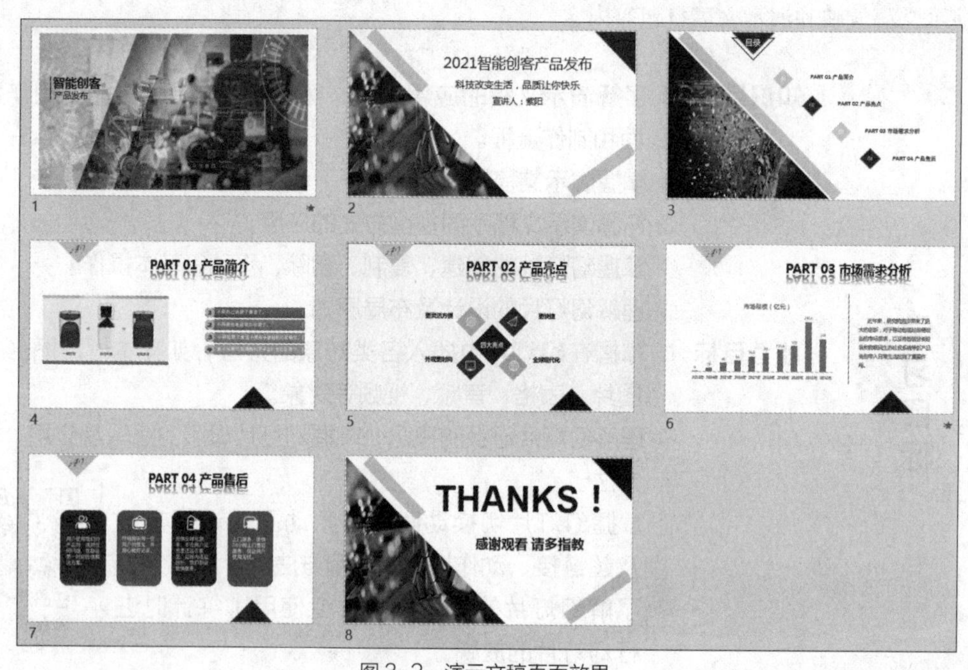

图3-2 演示文稿页面效果

技术分析

完成“产品发布演示文稿”的制作，需要掌握以下技术。

- 对演示文稿的应用场景进行详细分析，熟悉PowerPoint 2016相关工具的功能、操作界面和制作流程。
- 掌握演示文稿的创建、打开、保存、退出等基本操作。
- 掌握幻灯片的创建、复制、删除、移动等基本操作。
- 理解幻灯片的设计及布局原则。
- 熟练掌握插入对象的方法。进行页面美化时，需要将收集的相关素材插入幻灯片中，如文本框、图形、图片、表格、音频、视频等对象。

任务实施

3.1.1 创建产品发布演示文稿

产品发布演示文稿页面的制作顺序为：标题页、封底页、目录页、“PART 01 产品简介”页面、“PART 02 产品亮点”页面、“PART 04 产品售后”页面、“PART 03 市场需求分析”。

1. 制作标题页

① 选择“空白演示文稿”模板，新建演示文稿，并将其命名为“产品发布演示文稿”保存。

② 单击“插入”选项卡，在“图像”组中单击“图片”按钮，弹出“插入图片”对话框，在素材文件中选择“bg.png”图片，单击“插入”按钮，将图片插入幻灯片编辑窗口中，如图 3-3 所示。

③ 单击“插入”选项卡，在“插图”组中单击“形状”下拉按钮，在弹出的菜单中选择“矩形”栏中的“剪去对角的矩形”，在幻灯片中绘制图形。切换到“绘图工具 - 格式”选项卡，在“排列”组中单击“旋转”下拉按钮，在弹出的菜单中单击“水平翻转”命令，水平翻转后，矩形缺角位置由左下右上转换为左上右下。单击“旋转”下拉按钮，在弹出的菜单中单击“其他旋转选项”命令，打开“设置形状格式”窗格，设置图形的旋转值为“45°”，将图形与幻灯片顶部对齐，设置形状填充为浅灰色（219，219，219），设置形状轮廓为“无轮廓”。

④ 单击“插入”选项卡，在“插图”组中单击“形状”下拉按钮，在弹出的菜单中选择“矩形”栏中的“剪去同侧角的矩形”，在幻灯片中绘制图形，并设置图形的旋转值为“120°”，将图形与幻灯片右下角对齐。设置形状填充为浅灰色（219，219，219），设置形状轮廓为“无轮廓”，或选中编辑窗口右下的矩形，单击“开始”选项卡“剪贴板”组中的“格式刷”按钮，单击需要修改的图形。效果如图 3-4 所示。

图 3-3　插入背景图片

图 3-4　绘制矩形效果

⑤ 单击“插入”选项卡，在“插图”组中单击“形状”下拉按钮，在弹出的菜单中选择“直角三角形”，按住【Shift】键绘制等腰直角三角形，并将其放置在幻灯片的右上角，位置如图 3-5 所示。设置图形旋转值为“180°”，设置形状轮廓为“无轮廓”。单击“形状样式”组中的“形状填充”下拉按钮，在弹出的菜单中单击“取色器”命令，拾取背景图片中的深色作为填充颜色。

⑥ 单击“插入”选项卡，在“文本”组中单击“文本框”按钮，在幻灯片中绘制文本框，输入文字“2021 智能创客产品发布”“科技改变生活，品质让你快乐”“宣讲人：紫阳”。在“开

始”选项卡的“字体”组中设置文字样式。文字“2021 智能创客产品发布”的字体为“微软雅黑”、字号为“48”，用取色器拾取右上角等腰直角三角形的颜色作为文字颜色；文字“科技改变生活，品质让你快乐”的字体为“微软雅黑”、字号为“32”；文字“宣讲人：紫阳”的字体为“微软雅黑”、字号为“28”。在“开始”选项卡的“段落”组中设置段落间距，将行距设置为“1.5 倍行距”；设置文字对齐方式为“居中”。页面文本效果如图 3-6 所示。

图 3-5　绘制等腰直角三角形

图 3-6　页面文本效果

2. 制作封底页

制作演示文稿时要保证标题页和封底页的风格一致。在标题页幻灯片中单击鼠标右键，在弹出的快捷菜单中单击“复制”命令或按【Ctrl+C】组合键直接复制幻灯片。将文本内容修改为“THANKS！”，设置字体为“Arail”、字号为“116”，将文本加粗。添加文本“感谢观看 请多指教”，设置字号为“45”。封底页效果如图 3-7 所示。

3. 制作目录页

目录页根据演示文稿的页数来定，并且要充分运用对齐功能。

① 单击“开始”选项卡“幻灯片”组中的“新建幻灯片”下拉按钮，在弹出的菜单中选择“空白”版式，在新建的空白幻灯片中插入图片“bg2.png”，如图 3-8 所示。

图 3-7　封底页效果

图 3-8　插入图片“bg2.png”

② 单击“插入”选项卡“插图”组中的“形状”下拉按钮，在弹出的菜单中选择“剪去对角的矩形”，在编辑窗口绘制图形；单击“绘图工具－格式”选项卡中的“旋转”下拉按钮，在弹出的菜单中单击“水平翻转”命令。将图形的旋转值设置为“-135°”，形状填充设置为“灰色 50%，个性色 3，淡色 60%”。插入矩形的效果如图 3-9 所示。

③ 单击“插入”选项卡“插图”组中的“形状”下拉按钮，在弹出的菜单中选择“直角三角形”，按住【Shift】键绘制等腰直角三角形，并设置等腰直角三角形的参数，设置图形的旋转

值为“180°”，轮廓为“无轮廓”，填充颜色为深蓝色（32，38，71）。单击等腰直角三角形，并按住【Ctrl】键拖曳复制图形，调整图形的位置，设置形状填充为“无填充颜色”、形状轮廓为“黑色，2.25 磅”。插入等腰直角三角形的效果如图 3-10 所示。

图 3-9　插入矩形的效果

图 3-10　插入等腰直角三角形的效果

④ 单击“插入”选项卡“插图”组中的“形状”下拉按钮，在弹出的菜单中选择“菱形”，按住【Shift】键绘制菱形，按住【Ctrl】键拖曳绘制的菱形，复制 3 个图形，并按图 3-11 所示的效果调整图形位置。同时选中 4 个菱形，单击“绘图工具 - 格式”选项卡，单击“排列”组中的“对齐”下拉按钮，在弹出的菜单中分别单击“横向分布”与“纵向分布”命令，将 4 个菱形等距离排列。使用“格式刷”对 4 个菱形进行颜色填充，颜色分别参照编辑窗口顶端的等腰直角三角形的深蓝色及左侧矩形的灰色。在第 1 个菱形上单击鼠标右键，在弹出的快捷菜单中单击“编辑文字”命令，添加文字“01”，将字号设置为“16”；以此类推，为其余菱形添加文字。

⑤ 插入文本框，输入文字“目录”，设置字号为“40”、字体为“微软雅黑”、文字颜色为“白色”。拖曳文本框，将文字放入上方的等腰直角三角形中。

⑥ 插入文本框，输入“PART 01 产品简介”，并加粗文本。按住【Ctrl】键，拖曳文本框进行复制，按图 3-12 所示的目录页效果修改文字内容并将文本框放置在相应位置。同时选中 4 个文本框，单击“绘图工具 - 格式”选项卡，单击“排列”组中的“对齐”下拉按钮，在弹出的菜单中单击“横向分布”与“纵向分布”命令，使 4 个文本框等距离排列。

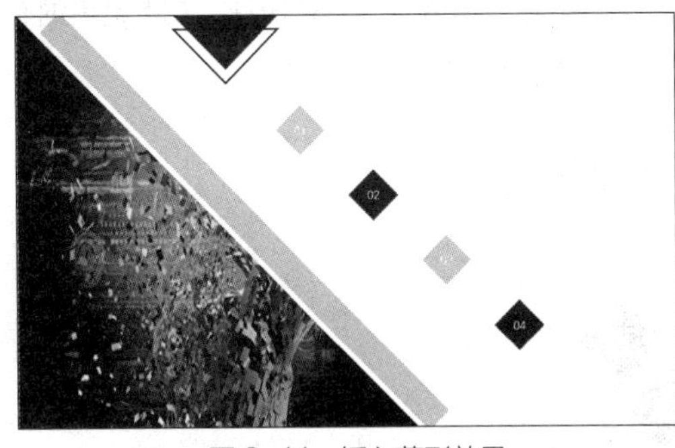

图 3-11　插入菱形效果

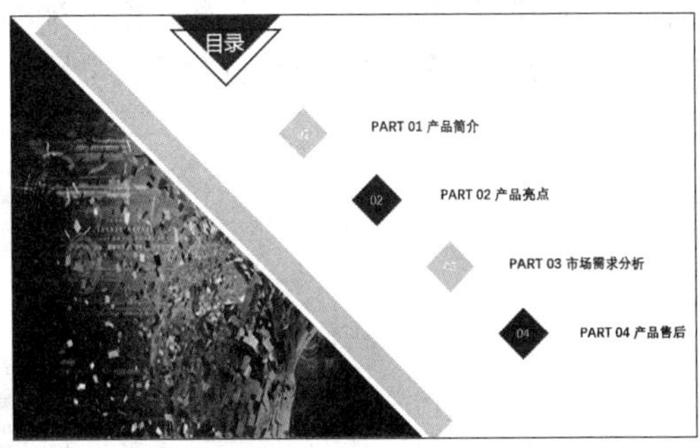

图 3-12　目录页效果

4. 制作“PART 01 产品简介”页面

① 选择“目录”幻灯片，按【Enter】键新建“无标题”幻灯片。单击“插入”选项卡“插图”组中的“形状”下拉按钮，在弹出的菜单中选择“直角三角形”，按住【Shift】键绘制等腰直角三角形，并设置等腰直角三角形的旋转值为“315°”、形状轮廓为“无轮廓”、形状填充为深蓝色（32，38，71）。按住【Ctrl】键，拖曳绘制的等腰直角三角形，复制图

形，设置形状填充为“灰色”。在“排列”组中单击“旋转”下拉按钮，在弹出的菜单中单击“水平翻转”命令，调整图形位置。在幻灯片左侧插入图片“ljt.jpg”。在幻灯片顶部添加标题文字“PART 01 产品简介”，设置字体为“微软雅黑”、字号为“48”，用取色器拾取右下角三角形的颜色作为文字颜色。

② 在幻灯片右侧插入文本框并输入产品介绍文本，设置其字号为“24”、字体为“微软雅黑”，设置行距为“1.5 磅”。在“开始”选项卡的“段落”组中单击“项目符号”下拉按钮，在弹出的菜单中选择“带填充效果的圆形项目符号”，为文本添加项目符号。“PART 01 产品简介”页面效果如图 3-13 所示。

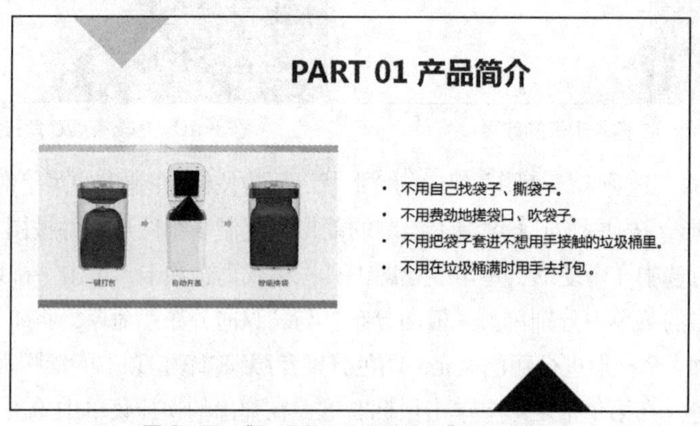

图 3-13 “PART 01 产品简介”页面效果

5. 制作“PART 02 产品亮点”页面

复制“PART 01 产品简介”幻灯片，修改标题文字和其他内容，完成“PART 02 产品亮点”页面的制作，效果如图 3-14 所示。其中菱形的制作方式参考目录页中菱形的制作方式，中间“四大亮点”对应的菱形的形状填充为深蓝色（37，55，107），“更灵活方便”和“全球现代化”对应的菱形的形状填充为浅灰色（201，201，200），“更快捷”和“外观更时尚”对应的菱形的形状填充为深灰色（76，76，76）。“更灵活方便”“更快捷”“外观更时尚”“全球现代化”的字体为“微软雅黑”、字号为“18”、文本加粗。

图 3-14 “PART 02 产品亮点”页面效果

6. 制作“PART 04 产品售后”页面

复制“PART 01 产品简介”幻灯片，修改标题文字并删除幻灯片中间的内容。单击

“插入”选项卡“插图”组中的“形状”下拉按钮，在弹出的菜单中选择“圆角矩形”，在编辑窗口绘制圆角矩形，参考高度为“8.5 厘米”、宽度为“5.5 厘米”。按住【Ctrl】键拖曳绘制的圆角矩形，复制 3 个图形，并按图 3-15 所示的“PART 04 产品售后”页面效果调整圆角矩形的位置。单击“绘图工具 - 格式”选项卡，单击“排列”组中的“对齐”下拉按钮，在弹出的下拉菜单中单击“横向分布”与“纵向分布”命令，将 4 个圆角矩形等距离排列。设置 4 个圆角矩形的形状填充分别为蓝色、灰色、蓝色、灰色，颜色值分别为蓝色（36，53，103）、灰色（118，118，117）。在素材文件夹中选择“ic1.png”“ic2.png”“ic3.png”“ic4.png”4 个图标，并拖曳至幻灯片编辑窗口中。选中图标，单击鼠标右键，在弹出的快捷菜单中单击“大小和位置”命令，打开“设置图片格式”窗格，设置图标的高度为“2 厘米”、宽度为“2 厘米”。参照图 3-15，将图标分别放置在圆角矩形内，移动图标时会出现水平和垂直红色虚线参考线，依据参考线将图标与矩形中心线对齐，并将 4 个图标水平对齐。单击“插入”选项卡“插图”组中的“形状”下拉按钮，在弹出的下拉菜单中选择“文本框”，在圆角矩形中插入文本框并添加对应文本，设置文本颜色为白色、字体为“微软雅黑”、字号为“16”。

图 3-15 “PART 04 产品售后”页面效果

3.1.2 编辑美化演示文稿文字

1. 制作三维旋转字 Logo

① 在“PART 01 产品简介”页面添加两个文本框并分别输入字母“A”和“I”，设置字体为“Brush Script MT”、字号为“40”。“AI”是人工智能（Artificial Intelligence）英文的缩写。

② 选中字母“A”，单击鼠标右键，在弹出的快捷菜单中单击“设置形状格式”命令，打开“设置形状格式”窗格。在窗格中切换到“文本选项”选项卡，在“填充与线条”标签下的“文本填充”栏中单击“渐变填充”单选按钮，将角度设置“0°”。从左往右设置渐变光圈颜色，单击左侧渐变光圈滑块，颜色设置为“蓝色，着色 1，深色 25%”；单击中间渐变光圈滑块，颜色设置为“蓝色，着色 1，淡色 60%”；单击右侧渐变光圈滑块，颜色设置为“蓝色，着色 1，深色 25%”，如图 3-16 所示。

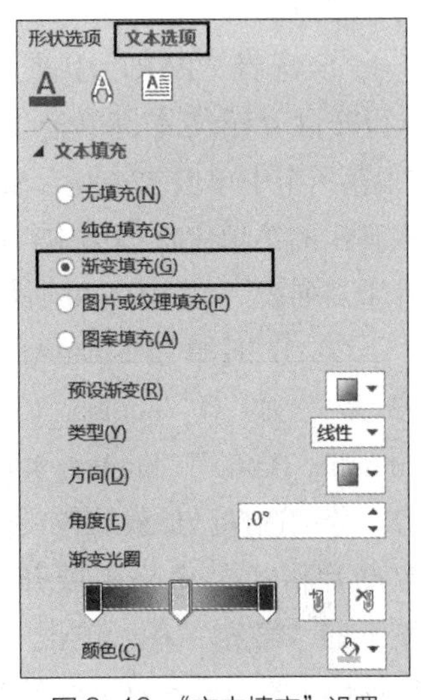

图 3-16 “文本填充”设置

③ 展开“文本效果”标签下的“三维旋转”栏，在“X 旋转”文本框中输入“350° ”、“Y 旋转”文本框中输入“10° ”、“Z 旋转”文本框中输入“20° ”，如图 3-17 所示。通过“格式刷”修改字母“I”的样式。选择字母“A”“I”，单击“绘图工具－格式”选项卡“排列”组中的“对齐”下拉按钮，在弹出的菜单中单击“底端对齐”或“顶端对齐”命令，将两个字母水平对齐，Logo 最终效果如图 3-18 所示。

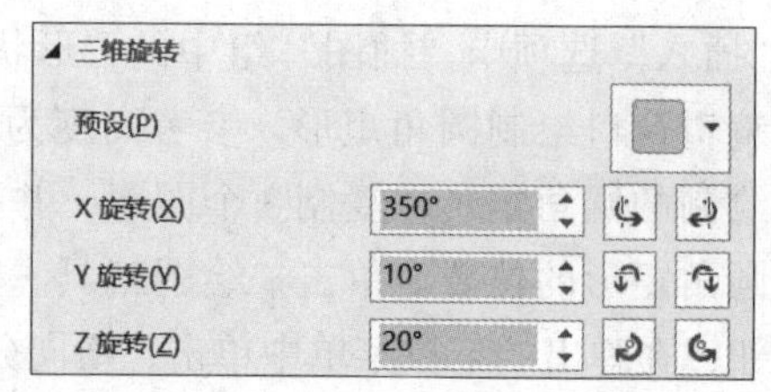

图 3-17 “文本效果”设置

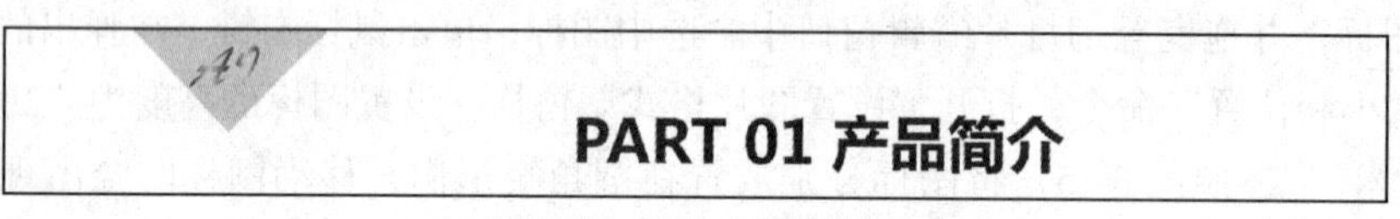

图 3-18 Logo 最终效果

2. 制作文字倒影效果

选中标题文本“PART 01 产品简介”，单击鼠标右键，在弹出的快捷菜单中单击“设置形状格式”命令，打开“设置形状格式”窗格，在窗格中切换到“文本选项”选项卡，展开“文字效果”标签下的“映像”栏，将预设设置为“全映像，接触”、距离设置为“2 磅”、模糊设置为“3 磅”。文字倒影效果如图 3-19 所示。

图 3-19 文字倒影效果

3. SmartArt 图形美化

SmartArt 图形是将文字转化或制作成易于表达文字内容的各种图形、图表，是信息和观点的视觉表示形式。用户可以选择多种不同布局的 SmartArt 图形，从而快速、轻松、有效地传达信息。

① 选择“PART 01 产品简介”页面中的 4 行产品介绍文本，单击“开始”选项卡，在“段落”组中单击“转换为 SmartArt”下拉按钮，在弹出的菜单中选择第 1 行的第 3 个，“垂直图片重点列表”，如图 3-20 所示。

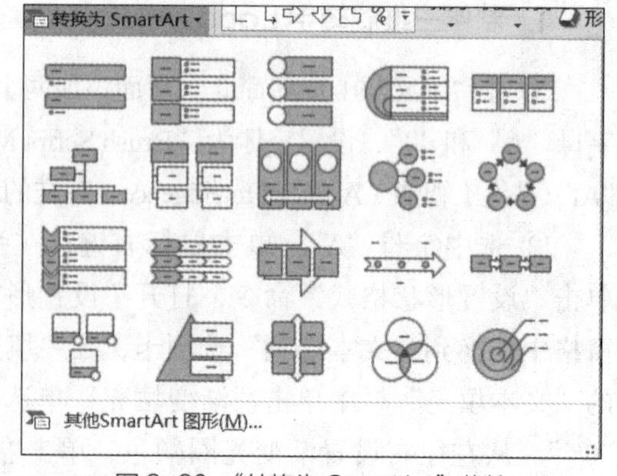

图 3-20 “转换为 SmartArt”菜单

② 分别单击 SmartArt 图形左侧的项目符号，加载“number_1.png”“number_2.png”“number_3.png”“number_4.png”作为项目符号。分别选择已加载的各项目符号图片，在“设置图片格式”窗格中展开“填充与线条”标签下的“填充”栏，单击“图片或纹理填充”单选按钮，将向下偏移的值均设为“11%”。SmartArt 图形设置效果如图 3-21 所示。

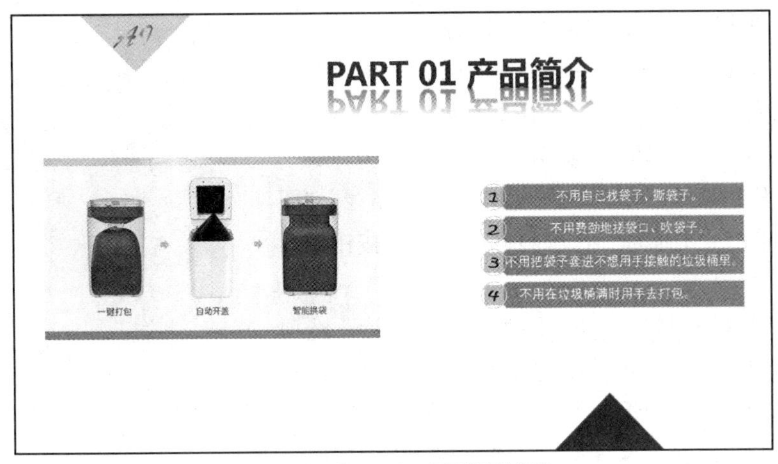

图 3-21 SmartArt 图形设置效果

③ 选中 SmartArt 图形，在“SmartArt 工具 - 设计”选项卡的“SmartArt 样式”组中选择“嵌入”选项；单击“更改颜色”下拉按钮，在弹出的菜单中选择“透明渐变范围，个性色 5”。SmartArt 图形样式修改效果如图 3-22 所示。

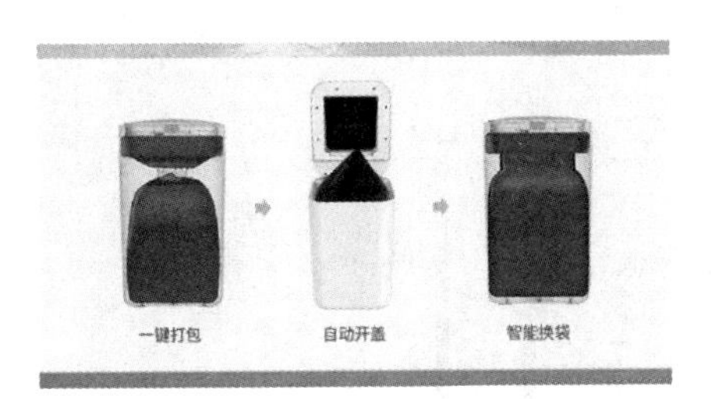

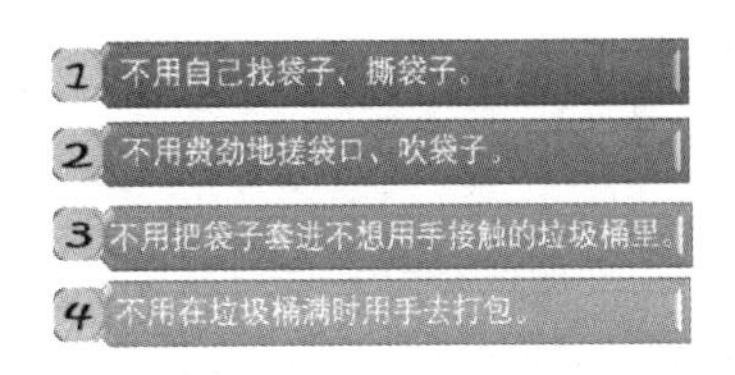

图 3-22 SmartArt 图形样式修改效果

3.1.3 编辑美化演示文稿图表

制作“PART 03 市场需求分析”页面。复制“PART 01 产品简介”幻灯片，修改标题文本，删除幻灯片中间的内容，效果如图 3-23 所示。

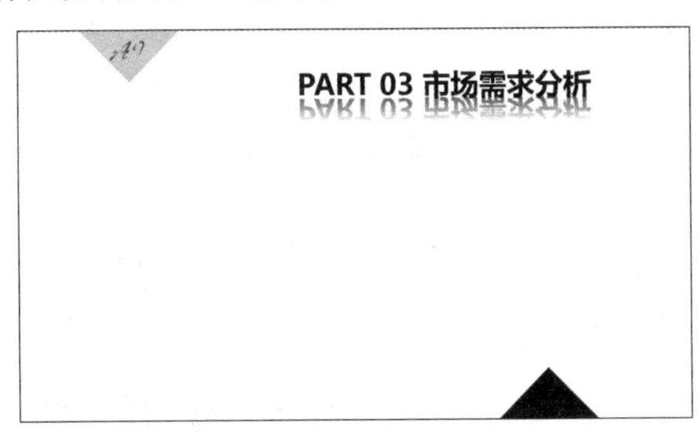

图 3-23 修改标题文本并删除内容效果

在本页面中插入柱形图来表现数量的变化，制作步骤如下。

① 切换到“插入”选项卡，单击“插图”组中的“图表”按钮，弹出“插入图表”对话框。选择“簇状柱形图”图表类型，单击“确定”按钮插入图表。在弹出的“Microsoft PowerPoint

中的图表”窗口中输入数据，如图 3-24 所示。

Microsoft PowerPoint 中的...

	A	B
1		市场规模（亿元）
2	2013年	6
3	2014年	20
4	2015年	45
5	2016年	56
6	2017年	75.5
7	2018年	93
8	2019年	110.5
9	2020年	128
10	2021年	245.5
11	2022年	163

图 3-24　在“Microsoft PowerPoint 中的图表”窗口中输入数据

② 关闭“Microsoft PowerPoint 中的图表”窗口，数据图表的插入完成。选择柱形图的图表标题，将其修改为“市场规模（亿元）”，字体为“微软雅黑”、字号为“20”。单击图表右上角的加号按钮，分别取消勾选“网格线”“图例”复选框；单击“坐标轴”选项右侧的三角形按钮，取消勾选“主要纵坐标轴”复选框。

③ 双击插入的柱形图，在“图表工具 - 设计”选项卡的“图表布局”组中单击“添加图表元素”下拉按钮，在弹出的菜单中单击“数据标签”/“其他数据标签选项”命令，打开“设置数据标签格式”窗格。在窗格中切换到“文本选项”选项卡，在“文本填充与轮廓”标签下的“文本填充”栏中单击“纯色填充”单选按钮，在“颜色”菜单中选择“蓝色，着色 1，深色 25%”。将数据标签的字号修改为“12”。选择横向坐标轴，设置文字颜色为“黑色，文字 1”、字体为“微软雅黑”、字号为“12”。添加数据标签后的柱形图效果如图 3-25 所示。

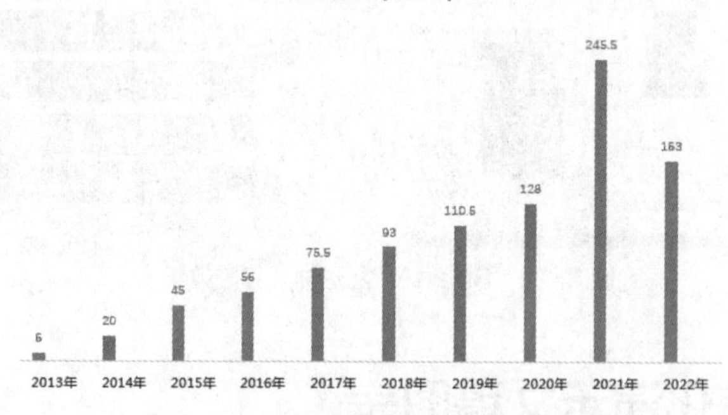

图 3-25　添加数据标签后的柱形图效果

④ 在添加的柱形图数据标签上单击鼠标右键，从弹出的快捷菜单中单击“设置数据系列格式”命令，打开“设置数据系列格式”窗格。在窗格中展开“系列选项”标签下的“系列选项”栏，将“系列重叠”文本框中的数值设置为“50%”，将“分类间距”文本框中的数值设置为“30%”。修改数据系列格式后的效果如图 3-26 所示。

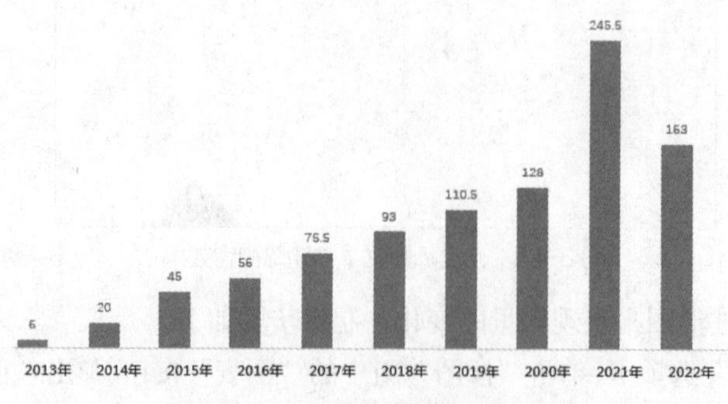

图 3-26　修改数据系列格式后的效果

⑤ 单击“插入”选项卡“插图”组中的“形状”下拉按钮，在弹出的菜单中选择“直线”，按住【Shift】键在柱形图右侧添加垂直线。单击“形状”下拉按钮，在弹出的菜单中选择“文本框”，在垂直线右侧添加相关文本，文本字体为“微软雅黑”、字号为“16”，效果如图 3-27 所示。

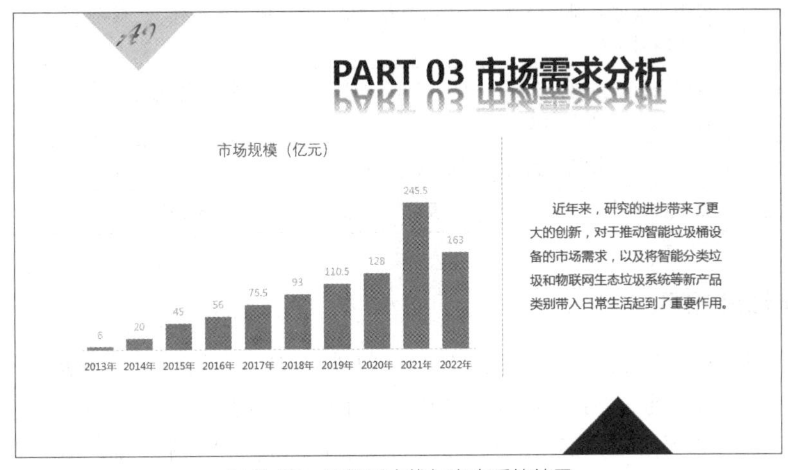

图 3-27　添加垂直线与文本后的效果

3.1.4　设计制作演示文稿动画

1. 制作图表动画

选择图表，为其添加一个动画效果，如“进入－飞入”动画。单击“动画”选项卡“高级动画”组中的“动画窗格”按钮，在右侧“动画窗格”窗格中的“飞入”动画效果上单击鼠标右键，在弹出的快捷菜单中单击“效果选项”命令，弹出“飞入”对话框，单击“图表动画”选项卡，在“组合图表”下拉列表中选择“按分类”选项，单击“确定”按钮，如图 3-28 所示。

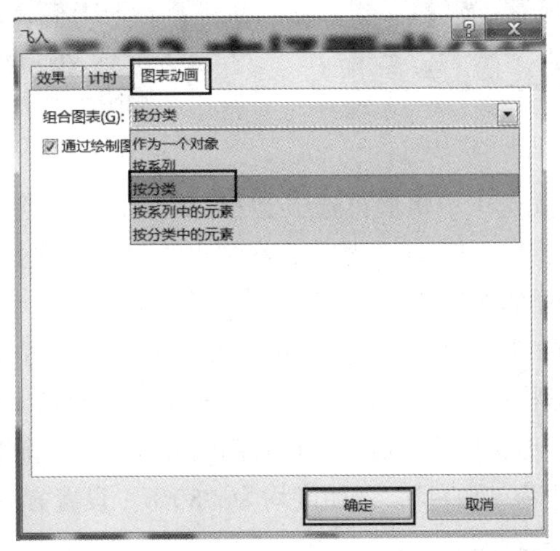

图 3-28　“飞入”对话框

这种方法可以对图表按系列、按分类或按元素组成的对象分别应用动画效果，从而更为生动地展示出动画效果。“组合图表”下拉列表中的选项对应的动画效果如表 3-1 所示。

表3-1 “组合图表”下拉列表中的选项对应的动画效果

选项	动画效果
作为一个对象	将图表看作整体对象应用动画效果
按系列	以图表数据系列为单位，先显示图表背景，然后依次按系列 1、系列 2 等显示内容，各系列数据同时显示
按分类	以图表数据类别为单位，先显示图表背景，然后依次按分类 1、分类 2、分类 3 等显示内容，各类别数据同时显示
按系列中的元素	以图表数据系列为单位，先显示图表背景，然后按系列逐个显示内容
按分类中的元素	以图表类别为单位，先显示图表背景，然后按类别逐个显示内容

2. 制作动感封面页

① 在演示文稿内的标题页前面新建“空白”版式的幻灯片，插入一个矩形，不需要覆盖整个页面，单击“绘图工具 - 格式”选项卡“排列”组中的“对齐”下拉按钮，在弹出的菜单中单击“横向分布”和“纵向分布”命令，将矩形置于页面的中心位置。插入图片“banner.jpg”，将其大小调整至与矩形一致，并置于矩形的下一层。插入第 2 个矩形，其大小及位置参考图 3-29。

② 选中两个矩形，在“绘图工具 - 格式”选项卡的“插入形状”组中单击“合并形状”下拉按钮，在弹出的菜单中单击“相交”命令。

③ 插入窄矩形，与前面插入的第 2 个矩形平行排列；插入一个小矩形，把窄矩形上方超出图片的部分盖住，如图 3-30 所示。

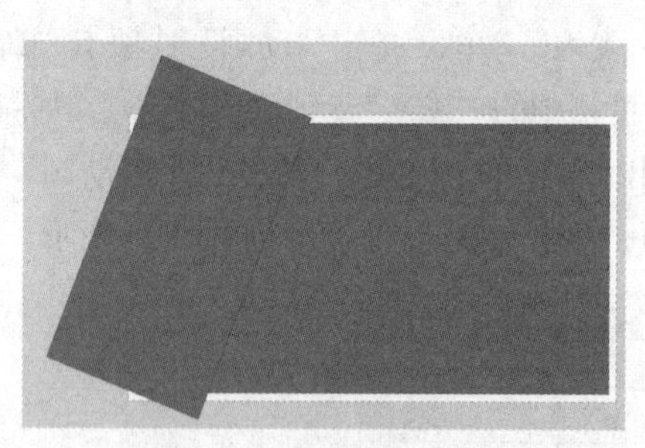

图 3-29 插入矩形和图片

图 3-30 插入窄矩形

④ 按住【Ctrl】键，先选中窄矩形再选中上方小矩形，在“绘图工具 - 格式”选项卡的“插入形状”组中单击“合并形状”下拉按钮，在弹出的菜单中单击“剪除”命令，去除窄矩形上方多余的部分。按同样的方法去除窄矩形下方多余的部分。

⑤ 在“绘图工具 - 格式”选项卡中将左侧图形的形状填充设置为“白色”，形状轮廓设置为“无轮廓”，在“设置形状格式”窗格中将透明度设置为“30%”。将右侧图形的形状轮廓设置为“无轮廓”。在“设置形状格式”窗格中将右侧图形设置为“渐变填充”；设置两个渐变光圈，左边为“黑色”，右边为“白色”，透明度均为“80%”；设置方向为“线性向右”。复制右侧图形，并将其置于原图形右侧。

⑥ 添加文字“智能创客”“产品发布”，并在左侧添加一条垂直线，在“绘图工具 - 格式”选项卡的“形状样式”组中单击“形状轮廓”下拉按钮，在弹出的菜单中选择“粗细，3 磅”。添加矩形和文字后的效果如图 3-31 所示。

图 3-31 添加矩形和文字后的效果

⑦ 选中背景图片，单击“动画”选项卡“高级动画”组中的“动画窗格”按钮，打开“动画窗格”窗格。单击“高级动画”组中“添加动画”下拉按钮，在弹出的菜单的“强调”栏中选择“放大 / 缩小”，如图 3-32 所示。单击“动画窗格”窗格中的“全部播放”按钮可以预览动画效果。

⑧ 按住【Shift】键，分别选择形状图形、文本和垂直线，单击“添加动画”下拉按钮，在弹出的菜单中选择“淡出”。在“计时”组中的“开始”下拉列表中选择“上一动画之后”选项，设置动画执行顺序，持续时间设置为“00.50”，在“动画窗格”窗格中调整动画的前后顺序，如图 3-33 所示。

图 3-32 选择“放大 / 缩小”

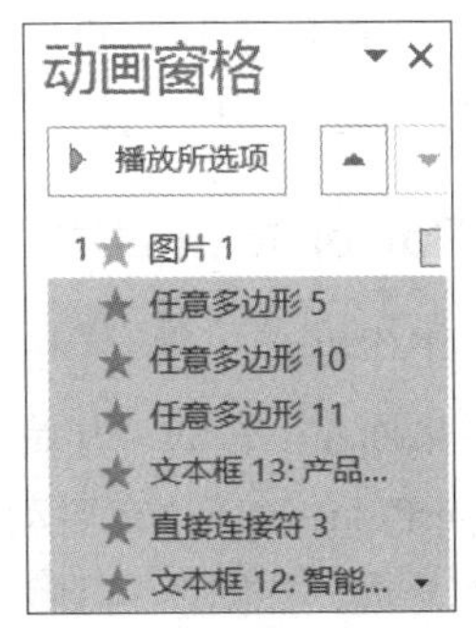

图 3-33 “动画窗格”设置

相关知识

1. 演示文稿制作知识

演示文稿是指把静态文件制作成动态文件，把复杂的问题变得通俗易懂，使要传达的信息更加生动，给人留下更为深刻印象的幻灯片集合。一套完整的演示文稿一般包括片头动画、封面、前言、目录、过渡页、图表页、图片页、文字页、封底、片尾动画等。

演示文稿应用广泛，包括工作汇报、企业宣传、产品推介、婚礼庆典、项目竞标、管理咨询等，它已成为人们工作、生活的重要组成部分。演示文稿可以方便人们进行信息交流，也方便听者更好地理解演讲者的意图。

（1）演示文稿制作黄金法则

- Magic Seven 法则。

Magic Seven 法则即“7+2”或“7−2”，每张幻灯片传达 5 个概念的效果较好，7 个概念正好符合人的接受程度，超过 9 个概念则会让人感觉负担重。

- KISS 法则。

KISS 法则即让它简单易懂（Keep It Simple and Stupid）。制作演示文稿的目的是把自己的理解传达给听众，深入浅出才能展现自己对知识的掌握程度。

- 10/20/30 法则。

10/20/30 法则即演示文稿不超过 10 页，演讲时间不超过 20 分钟，演示文稿使用的文字大小不小于 30 点。

（2）演示文稿设计制作技巧

- 大多数人都会先选择看图。有关研究表明，有 70% 的人是视觉思维型的，通常人们对图表的理解速度要远快于文字，因此演示文稿的设计中尽量多用图表少用文字。
- 多数人看到图表，第一眼先看处于图表低处和高处的文字信息，然后找与自己相关的信息。因此，标题应该反映观点，突出关键词。多用口语化的文字，放在一些需要提醒、提示的地方，信息传达的效果往往加倍。
- 标题 5 ~ 9 个字，不要用标点符号，括号也尽量少用。
- 文字尽量精简凝练，文字内容不要超过 10 ~ 12 行。
- 目录展示出演示文稿内容，或者说明演示文稿的条理和结构。
- 不要用超过 3 种的动画效果，包括幻灯片切换。
- 可以通过加粗字体、加大字号或改变颜色来突出重点文字。

2. PowerPoint 2016 的基本操作

（1）工作界面

单击桌面左下角的“开始”菜单，从“开始”菜单中单击“PowerPoint 2016”命令，可以启动 PowerPoint 2016。在启动界面选择模板，即可创建一个新的演示文稿并打开 PowerPoint 2016 工作界面，如图 3-34 所示。

工作界面各部分功能如下。

- 编辑窗口。

编辑窗口位于工作界面中间，其主要功能是进行幻灯片的制作、编辑，为幻灯片添加各种效果，还可以查看每张幻灯片的整体效果。

- 大纲 / 幻灯片浏览窗格。

大纲 / 幻灯片浏览窗格位于编辑窗口的左侧。在大纲视图下，该窗格主要用于显示幻灯片的文本，在该窗格中可以进行插入、复制、删除、移动整张幻灯片的操作，还可以很方便地对幻灯片的标题和段落文本进行编辑。在普通视图下，该窗格主要用于显示幻灯片预览图，在该窗格中可以进行插入、复制、删除、移动整张幻灯片的操作。

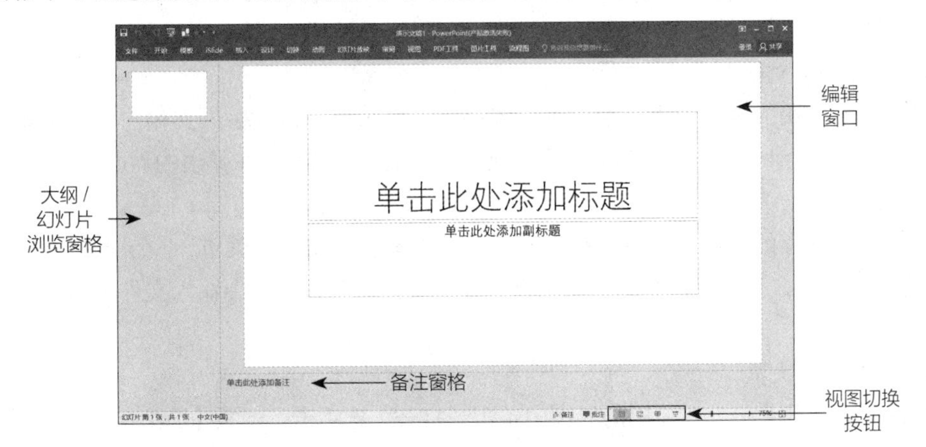

图 3-34 PowerPoint 2016 工作界面

- 备注窗格。

备注窗格位于编辑窗口下方，主要用于给幻灯片添加备注，为演讲者提供更多的信息。单击工作界面底部状态栏中的“备注”按钮可以显示或隐藏备注窗格。

- 视图切换按钮。

通过工作界面底部右侧的“普通视图”按钮、“幻灯片浏览”按钮、“阅读视图”按钮和“幻灯片放映”按钮，可以快速地在不同的演示文稿视图之间进行切换。

PowerPoint 2016 中的演示文稿视图主要有以下几种。

- 普通视图。

普通视图是 PowerPoint 2016 创建演示文稿的默认视图，是包含大纲 / 幻灯片浏览窗格、编辑窗口和备注窗格的综合视图。

- 大纲视图。

大纲视图中会显示演示文稿的文本内容和组织结构，含有大纲窗格、幻灯片缩览图窗格和备注窗格。在大纲视图中可以调整各幻灯片的顺序，还可以将某幻灯片的文本复制或移动到其他幻灯片中，在一张幻灯片内可以调整标题的层次级别和顺序。注意，大纲视图中不显示图形、图像、图表等对象。

- 幻灯片浏览视图。

在幻灯片浏览视图中，演示文稿中的幻灯片整齐排列，有利于用户从整体上浏览幻灯片，调整幻灯片的背景、主题，或者同时对多张幻灯片进行复制、移动、删除等操作。

- 备注页视图。

在备注页视图中，幻灯片的下方带有备注文本框，可以在备注文本框中输入需要备注的文字。

- 阅读视图。

以动态的形式显示演示文稿中的各张幻灯片，可以通过阅读视图检查演示文稿的设计效果，以便进行及时修改。

（2）演示文稿的基本操作

- 新建演示文稿。

启动 PowerPoint 2016，单击“文件”菜单，在弹出的界面中单击“新建”选项卡，在右侧“新建”界面下面的列表中选择“空白演示文稿”；或根据内容设计需要选择主题、教育、图表、业务、信息图等样本模板；或在“新建”界面的“搜索联机模板和主题”文本框中输入需要的模板和主题，选择后单击“创建”按钮，即可创建新的演示文稿。

- 保存演示文稿。

制作演示文稿的过程中需要及时进行保存，避免因意外情况丢失文稿内容。对新建的演示文稿可以按【Ctrl+S】组合键进行保存，或单击“文件”菜单，在弹出的界面中单击“保存”选项卡。

需要对已保存的文件做文件转存操作时，可以单击“文件”菜单，在弹出的界面中单击“另存为”选项卡，打开“另存为”对话框，在“文件名”文本框中输入文件名称，然后单击“保存”按钮。

- 打开演示文稿。

单击“文件”菜单，在弹出的界面中单击“打开”选项卡，或按【Ctrl+O】组合键在“打开”界面中可以在“最近使用的演示文稿”列表中选择需要打开的文件；或选择“计算机”选项，在右侧单击“最近访问的文件”或“浏览”按钮，在弹出的“打开”对话框中选择需打开的文件。

- 退出演示文稿。

方法 1：单击演示文稿右上角的“关闭”按钮。

方法 2：单击“文件”菜单，在弹出的界面中单击“关闭”选项卡。

方法 3：按【Alt+F4】组合键。

选择以上任意一种方法，都可退出演示文稿，如果当前演示文稿没有保存，将弹出“Microsoft PowerPoint”对话框，其中包括“保存”“不保存”“取消”按钮，可依据需要单击相应的按钮。

（3）幻灯片的基本操作

- 创建幻灯片。

方法 1：在“普通”视图中，确定新建幻灯片的位置，如果在第 2 张幻灯片后面新建幻灯片，则单击第 2 张幻灯片，然后按【Enter】键在当前幻灯片后面新建一张幻灯片。

方法 2：单击要插入新幻灯片的位置，单击“开始”选项卡，在“幻灯片”组中单击“新建幻灯片”下拉按钮，从弹出的菜单中选择一种版式，插入一张新幻灯片。

- 复制幻灯片。

方法 1：选择要复制的幻灯片，单击鼠标右键，在弹出的快捷菜单中单击“复制幻灯片”命令。

方法 2：选择要复制的幻灯片，单击“开始”选项卡，在“幻灯片”组中单击“新建幻灯片”下拉按钮，从弹出的菜单中单击“复制选定幻灯片”命令。

- 删除幻灯片

方法 1：选择要删除的幻灯片，按【Delete】键。

方法 2：选择要删除的幻灯片，单击鼠标右键，在弹出的快捷菜单中单击“删除幻灯片”命令。

删除选择的幻灯片后，后面的幻灯片将自动向前排列。

- 移动幻灯片。

选定要移动的幻灯片，按住鼠标左键并拖曳，将其拖到新的位置后松开鼠标。也可以利用“剪贴板”组中的“剪切”和“粘贴”按钮或对应的【Ctrl+X】和【Ctrl+V】组合键移动幻灯片。

3. 演示文稿动画设计

为了使演示文稿中某些需要强调的对象，如文字或图片，在放映过程中生动地展现在观众面前，可以为这些对象添加合适的动画效果，使幻灯片内容更加生动有趣。

（1）演示文稿动画的分类

在 PowerPoint 2016 中，动画主要分为进入动画、强调动画、退出动画和动作路径动画 4 类。用户可以为幻灯片中的文本、图形、表格等对象添加不同的动画效果。此外，还有幻灯片切换动画。

- 进入动画。

进入动画指对象进入幻灯片的动画，可以实现多种从无到有、陆续展开的动画效果，主要包括出现、淡出、飞入、浮入、缩放等。

- 强调动画。

强调动画指让对象从初始状态变为另一个状态，再回到初始状态的动画。它主要用于对象已出现在屏幕上，需要以动态的方式作为提醒的情况，也常用在需要特别说明或强调突出的内容上，主要包括脉冲、跷跷板、补色、陀螺仪等。

- 退出动画。

退出动画是指对象从有到无、逐渐消失的一种动画。它让幻灯片的切换动作更加连贯，主要包括消失、飞出、浮出等。

- 动作路径动画。

动作路径动画是指对象按照绘制的路径运动的一种高级动画。为对象添加动作路径动画，在动画触发后，对象会沿着设定的路径移动。动作路径动画可以实现动画的灵活变化，主要包括直线、弧形、转弯等。

（2）动画设计

- 添加动画效果。

选定要添加动画效果的对象，单击“动画”选项卡，从“动画”组“动画样式”列表框中选择合适的动画，然后单击“效果选项”下拉按钮，在弹出的菜单中选择合适的效果。

在设计过程中，可以单击“动画样式”列表框右下角按钮，在弹出的菜单中选择其他动画效果，如图 3-35 所示。

如果菜单中的动画效果依然不能满足要求，可以单击“更多进入效果”“更多强调效果”等命令，在弹出的对话框中进行选择。

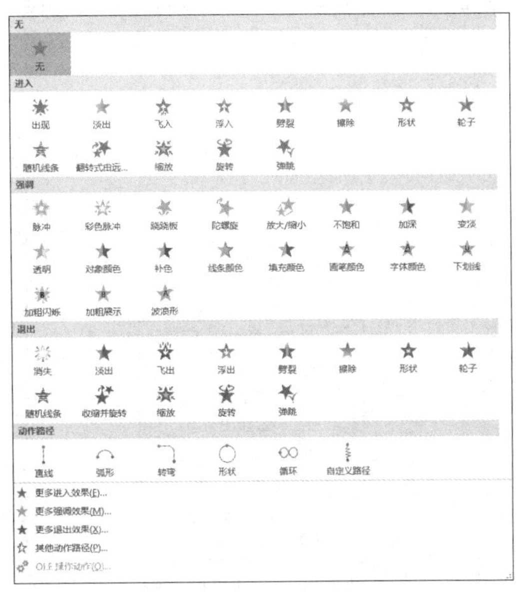

图 3-35 其他动画效果

图 3-36 “更改进入效果”对话框

图 3-36 所示为单击“更多进入效果”命令后弹出的“更改进入效果”对话框。选择完毕后单击“确定”按钮。

- 删除动画效果。

选定要删除动画效果的对象后，切换到“动画”选项卡，有 3 种方法可以删除动画效果。

方法 1：在“动画”组的“动画样式”列表框中选择“无”选项。

方法 2：在“高级动画”组中单击“动画窗格”按钮，打开“动画窗格”窗格，然后在列表区域要删除的动画上单击鼠标右键，从弹出的快捷菜单中单击“删除”命令。

方法 3：单击对象左上角的动画编号，然后按【Delete】键。

- 复制动画效果。

选定要复制动画效果的对象，切换到“动画”选项卡，方法如下。

方法 1：在“高级动画”组中单击“动画刷”按钮，此时鼠标指针呈“刷子”形状，单击目标对象。

方法 2：复制多个对象的动画效果时，可以先选中已经设置了动画效果的对象，然后双击“动画刷”按钮，此时，鼠标指针变成“刷子”形状，接着依次单击当前或其他幻灯片中的多个目标对象，再次单击“动画刷”按钮或按【Esc】键结束动画效果的复制操作。

- 设置动画选项。

调整多个动画的顺序。单击“动画”选项卡，在“高级动画”组中单击“动画窗格”按钮，打开“动画窗格”窗格。通过单击窗格中的“上移”或“下移”按钮来调整动画的顺序。

调整动画的开始方式。在“动画窗格”窗格的列表中单击动画右侧的下拉按钮，在弹出的菜单中单击“单击开始”“从上一项开始”“从上一项之后开始”命令，如图 3-37 所示。可以通过单击“效果选项”命令打开所选动画对应的对话框，修改默认设置。图 3-38 所示为“飞入”对话框。

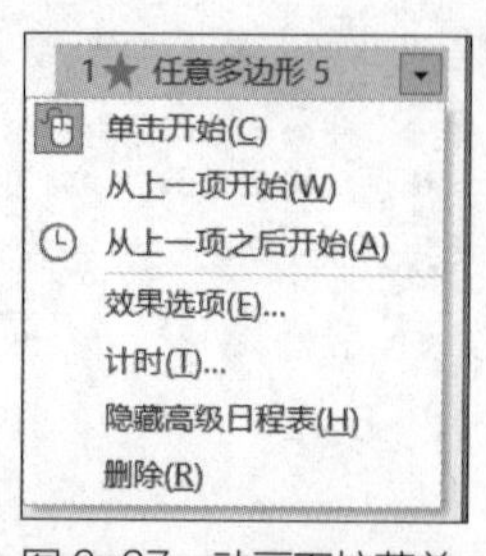

图 3-37 动画下拉菜单

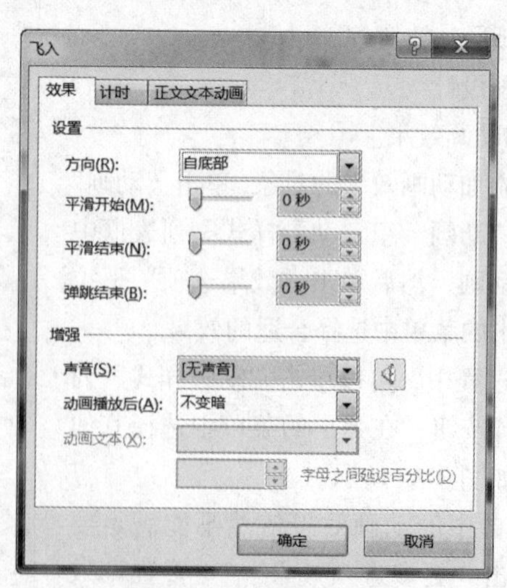

图 3-38 “飞入”对话框

调整动画播放速度。单击“动画”选项卡，在“预览”组中单击“预览”按钮，可以对当前设置的动画进行预览。如果需要修改动画的播放速度，则可在“动画窗格”窗格中选定动画，然后修改“计时”组“持续时间”文本框中的数值。

添加动画播放的声音。在动画窗格中选定要添加声音的动画，单击其右侧的下拉按钮，从弹出的菜单中单击“效果选项”命令，打开所选动画对应的对话框，切换到“效果”选项卡，在“声音”下拉列表中选择要添加的声音。

4. 演示文稿设计的流程与技巧

（1）演示文稿设计的流程

演示文稿设计的流程如图 3-39 所示。

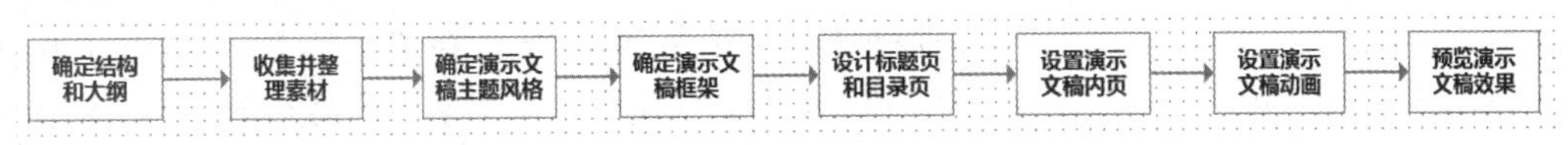

图 3-39　演示文稿设计的流程

- 确定结构和大纲。

确定可以连接所有内容的结构线索，好的结构线索可以更加完整地体现整个演示文稿的逻辑关系。时间、空间、企业结构、产品分类、组织部门、业务领域、客户类群等都可以作为演示文稿的结构线索。拿到素材在整理之前，最好先手写或者使用 Word 列一份简单的大纲。

- 收集并整理素材。

提炼文字材料，将不必要的内容删除，更多地展示归纳后的重点，但是必须保证能够清晰地表达信息含义。总结并提炼创意标题，主要分为提炼客观关键词、提炼主观关键词、提炼连接关键词 3 个步骤。在整理文字的同时，对图片的收集和整理也必不可少，图片最好是高像素的。

- 确定演示文稿主题风格。

需要先确定受众，简单来说就是明确演示文稿是要给谁看的，然后结合他们的职业、年龄、文化背景等信息，决定演示文稿的主题风格。演示文稿主题风格包括但不限于主题颜色、主题字体、背景、色彩搭配等。要记得，适合比精美更重要。

- 确定演示文稿框架。

完整的演示文稿是一个整体，表达信息的手法保持一致很重要。使用演示文稿的母版功能，可以统一演示文稿的版式、字体、页眉、页脚、页码、项目符号、页面背景、公司 Logo 等。

- 设计标题页和目录页。

一份好的演示文稿，精美的标题页是必不可少的，只有标题页给人的第一印象好，观众才会对演示文稿给予足够的关注。演示文稿的目录页可以使用形状组合、图片、SmartArt 图形设计成多种样式。

- 设计演示文稿内页。

演示文稿内页以文字、图片为主。当文字比较多时，需要合理使用项目符号，合理设置行间距等。一张幻灯片中放置的文字信息不宜过多，在制作幻灯片时应尽量精简。合理地使用图片，能够避免演示文稿单调、枯燥，能增强页面美感并很好地表现文字间的逻辑关系。

- 设置演示文稿动画。

适当地使用动画，可以增强演示文稿的表现效果，更好地抓住观众眼球，但过多或不适当的动画可能会分散观众的注意力，甚至会使观众感到不适。因此，既要考虑动画本身的变化，也要考虑动画对周围环境的影响，同时还要考虑动画对内容的前后关系的影响，以及它与幻灯片的背景、演示环境是否协调等。

- 预览演示文稿效果。

全部设置完成后，就可以预览演示文稿的实际放映效果，并且可以对不满意的地方进行微调。

（2）设计技巧

- SmartArt 图形应用技巧。

SmartArt 图形包括“列表”“流程”“循环”“层次结构”“关系”“棱锥图”等多种类型的图形，它可以快速、轻松、有效地传达信息。

SmartArt 图形在幻灯片中有两种插入方法：一种是直接在“插入”选项卡中单击“SmartArt”按钮；另一种是先在文字占位符处或文本框中输入文字，然后选中文字，单击鼠标右键，在弹出的快捷菜单中单击“转换为 SmartArt”命令，将文字转换成 SmartArt 图形。

以用 SmartArt 图形做流程图为例。

首先，打开需要插入 SmartArt 图形的演示文稿，切换到“插入”选项卡，单击“插图”组中的“SmartArt”按钮。

其次，在弹出的“选择 SmartArt 图形”对话框的左侧列表框中选择“流程”选项，在右侧列表框中选择一种图形样式，这里选择“交替流”图形样式，如图 3-40 所示，完成后单击“确定”按钮，插入的“交替流”图形如图 3-41 所示。

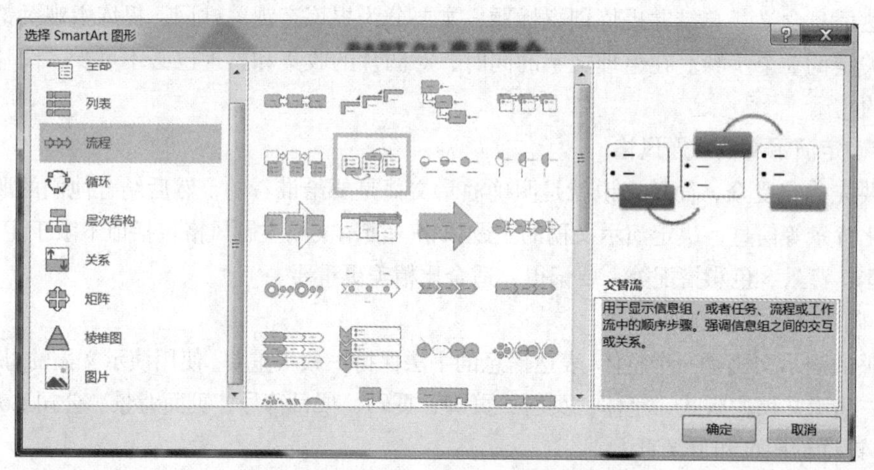

图 3-40 “选择 SmartArt 图形”对话框

幻灯片中将生成一个结构图，结构图默认由 3 个形状组成，可以根据需要进行调整。如果要删除形状，只需选中相应的形状按【Delete】键即可；如果想添加形状，则在某个形状上单击鼠标右键，在弹出的快捷键菜单中单击“添加形状”子菜单下的命令即可。

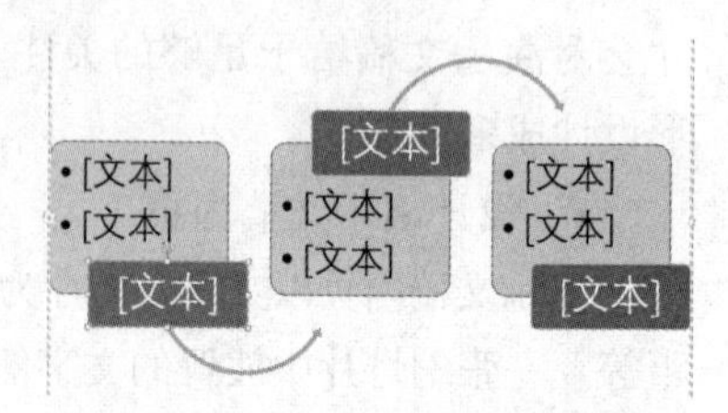

图 3-41 “交替流”图形

在结构图右侧添加一个形状后，在每个形状对象中输入相应的文字，在“SmartArt 工具 - 设计”选项卡的“SmartArt 样式”组中选择“砖块场景”选项，最终效果如图 3-42 所示。

- 演示文稿中视音频的应用技巧。

为演示文稿添加视音频就是将计算机中已存在的视音频插入演示文稿中，步骤如下。

切换至“插入”选项卡，在“媒体”组中根据需要单击“视频”或“音频”下拉按钮，如图 3-43 所示。以单击“视频”下拉按钮为例，在弹出的菜单中单击“PC 上的视频”命令。

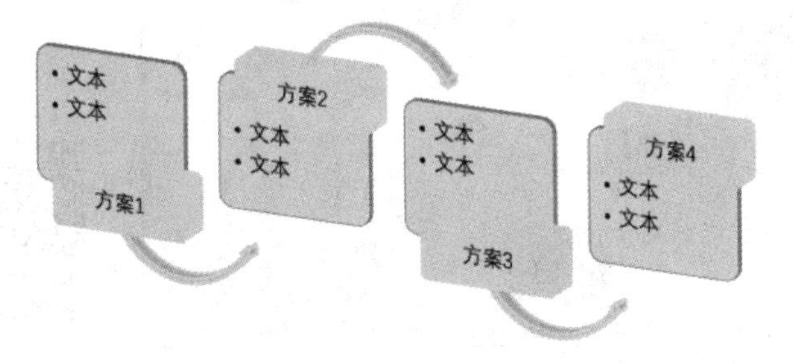

图 3-42 “砖块场景”效果

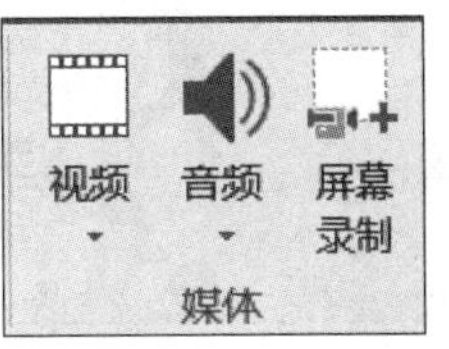

图 3-43 “视频”或“音频”下拉按钮

在弹出的“插入视频文件”对话框中选择素材文件夹下的“bg.mp4”文件，单击“插入”按钮，如图 3-44 所示。

图 3-44 “插入视频文件”对话框

任务 3.2 制作项目汇报演示文稿

任务描述

学校“创享”工作室开展了创意趣味编程比赛，“拓创”小组利用 App Inventor 设计了“兴趣点地图”。“兴趣点”是地理信息系统中的一个术语，泛指一切可以抽象为点的地图对象。“兴趣点地图”可以帮助用户记录“地理实体”的地址，能在很大程度上增强对“地理实体”位置的描述能力和查询能力。项目完成后，团队准备制作项目的演示文稿，他们准备在演示文稿中加入动画效果，演示文稿界面以“简约”风格为主。演示文稿页面效果如图 3-45 所示。

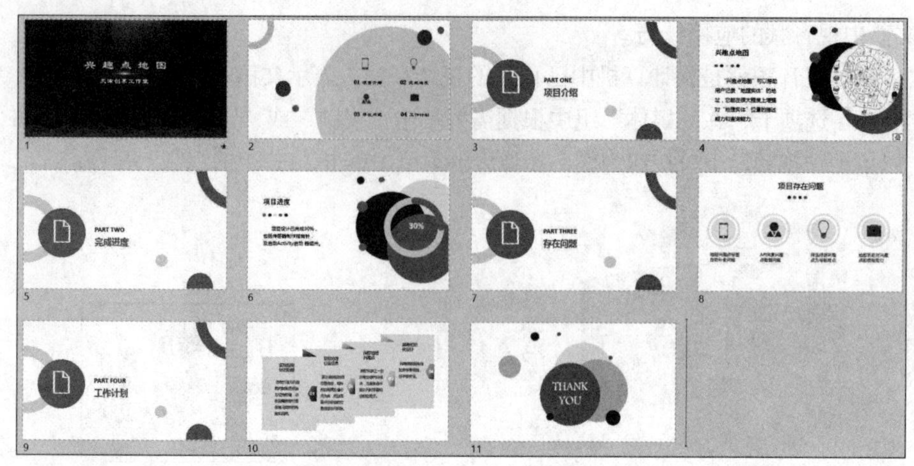

图 3-45　演示文稿页面效果

技术分析

完成“项目汇报演示文稿”的制作，需要掌握以下技术。

- 本项目中部分页面风格统一，需要使用幻灯片母版，所以要理解母版的概念，掌握幻灯片母版的编辑及应用方法。
- 设计幻灯片的封面页，需要添加动画效果。因此要掌握幻灯片切换动画、对象动画的设置方法及超链接、动作按钮的应用方法。
- 掌握幻灯片的放映类型，会使用排练计时进行幻灯片的放映。
- 幻灯片制作完成后需要导出演示文稿。掌握不同格式的导出方法。
- 在拓展任务部分设计封面页的动画效果。

任务实施

3.2.1　制作幻灯片母版

幻灯片母版用来设置统一的标志、背景、占位符格式、各级标题文本的格式等。制作幻灯片母版实际上就是在母版视图下设置占位符格式、项目编号、背景、页眉 / 页脚，并将其应用到幻灯片中。

选择“空白演示文稿”模板，新建演示文稿，并将其命名为“项目汇报演示文稿”保存。在此暂不对第 1 张幻灯片做设计讲解，后面“拓展任务”中会讲述演示文稿“动态封面”的制作步骤。

1. 制作目录页母版

① 选择第 1 张幻灯片，按【Enter】键，新建“无标题”幻灯片。单击“视图”选项卡，在“母版视图”组中单击“幻灯片母版”按钮，进入母版视图，如图 3-46 所示。

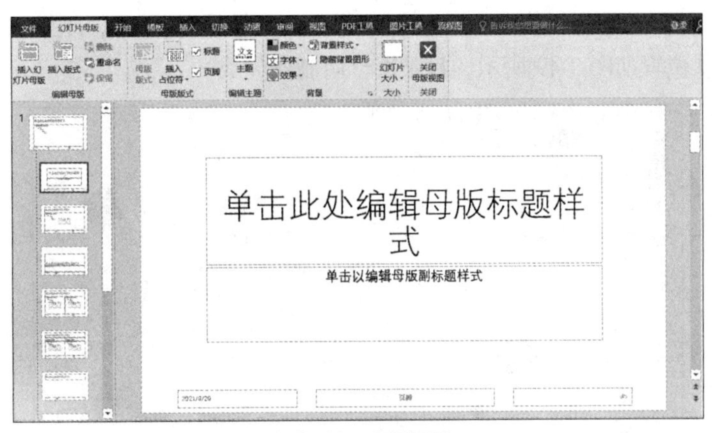

图 3-46　母版视图

② 进入幻灯片母版编辑状态，在幻灯片编辑窗口左上角绘制一个圆形，在“设置形状格式”窗格中设置线条颜色为蓝色（0，112，192）、宽度为“30 磅”、透明度为“80%”，单击“无填充”单选按钮，添加圆环效果，如图 3-47 所示。

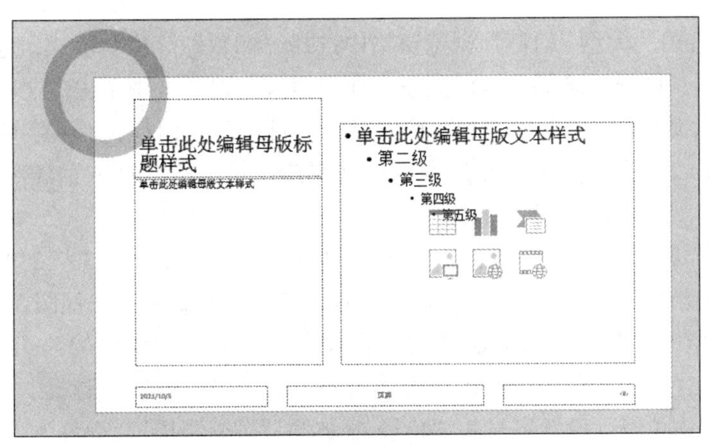

图 3-47　添加圆环效果

③ 输入标题“目录”，设置文本颜色为蓝色（0，112，192）、字号为“48”，删除另外两个占位符，如图 3-48 所示。

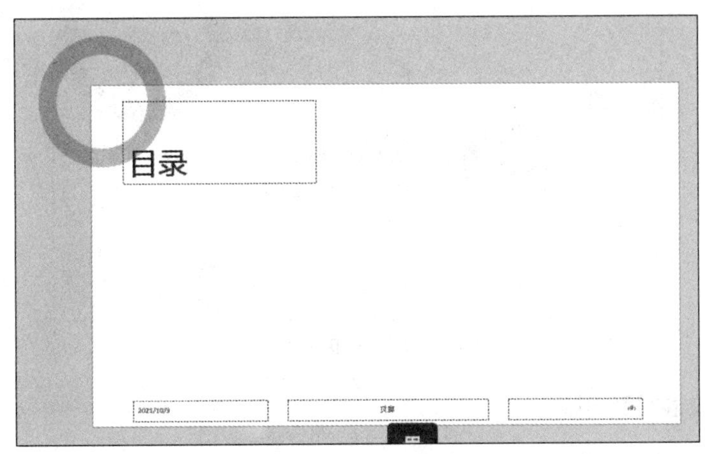

图 3-48　输入标题“目录”并删除另外两个占位符

④ 绘制若干个圆形，分别填充为橘红色（255，78，55）、蓝色（0，112，192）、灰色（231，230，230），形状位置如图 3-49 所示，目录页母版制作完成。

图 3-49　添加圆形

2. 制作过渡页母版

① 在母版视图的大纲 / 幻灯片浏览窗格中选择“标题幻灯片”版式，进入该版式幻灯片母版编辑状态，进行过渡页母版的制作。在“插入”选项卡中单击“文本框”按钮，单击编辑窗口插入文本框；单击“符号”按钮弹出“符号”对话框，在“字体”下拉列表中选择“Wingdings 2”选项，在下方列表框中选择▯符号。选择插入的符号，设置字号为“138”、文本颜色为“白色”、文本加粗。

② 绘制 3 个圆形，填充为蓝色（0，112，192）、灰色（231，230，230）；绘制两个圆环，颜色分别为蓝色（0，112，192）、灰色（231，230，230），位置参照图 3-50 所示。

选择“单击此处编辑母版标题样式”占位符，设置字号为“32”、字体为“微软雅黑”、颜色为“黑色”、字形为“加粗”、文本对齐方式为“左对齐”；选择“单击此处编辑母版副标题样式”占位符，设置字号为“40”、字体为“微软雅黑”、颜色为“红色”、字形为“加粗”、文本对齐方式为“左对齐”。过渡页母版效果如图 3-50 所示。

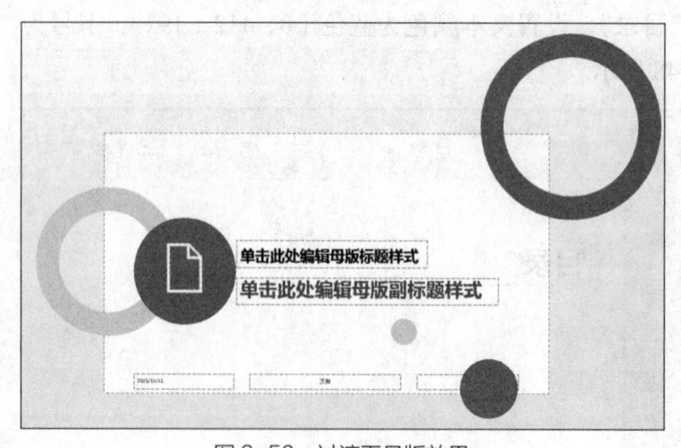

图 3-50　过渡页母版效果

3. 制作图文混排页母版

① 在母版视图的大纲 / 幻灯片浏览窗格中选择“图片与标题”版式，进入该版式幻灯片

母版编辑状态，制作图文混排页母版。在编辑窗口添加 3 个圆形，颜色分别为深蓝色（42，52，93）、橘红色（255，78，56）、灰色（231，230，230），如图 3-51 所示。

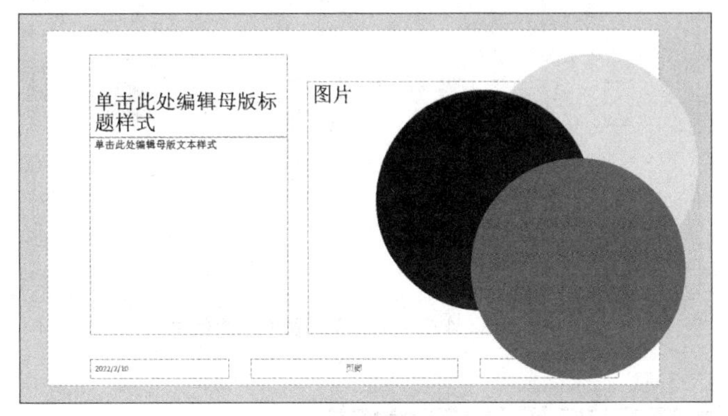

图 3-51　添加圆形

② 绘制若干个不同颜色的圆形，随意摆放在页面中，使页面呈现活跃生动的效果。图文混排页母版效果如图 3-52 所示。

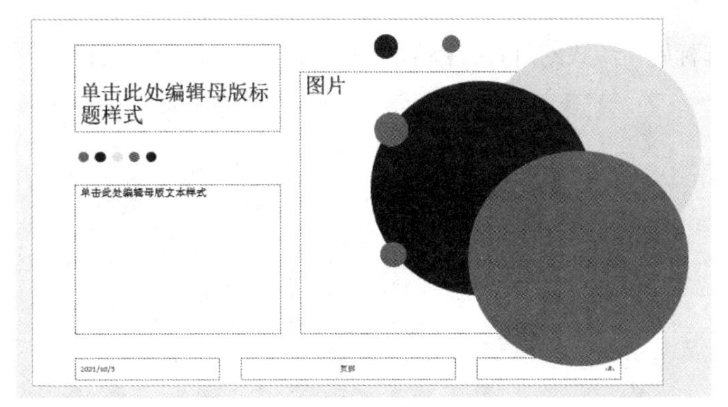

图 3-52　图文混排页母版效果

4. 制作 4 个并列关系项页面母版

在母版视图的大纲 / 幻灯片浏览窗格中选择“仅标题”版式，进入该版式幻灯片母版编辑状态，制作 4 个并列关系项页面母版。选择“单击此处编辑母版标题样式”占位符，使其居中，设置字体为“微软雅黑”、字号为“36”、字形为“加粗”。在编辑窗口绘制一个圆环，拖曳内圆上的黄色控制柄可以缩放圆环内圆。再绘制一个实心圆形，放在圆环内部，选中圆环和圆形，在“绘图工具 - 格式”选项卡的“排列”组中单击“对齐”下拉按钮，在弹出的菜单中单击“水平居中”和“垂直居中”命令，然后单击鼠标右键，在弹出的快捷菜单中单击“组合”命令组合圆环和圆形。按住【Shift】键拖曳鼠标对组合图形进行等比例缩放，调整大小。将线条颜色、填充颜色均设置为灰色（242，242，242）。对组合图形进行 3 次复制，选中 4 个组合图形，在“绘图工具 - 格式”选项卡的“排列”组中单击“对齐”下拉按钮，在弹出的菜单中单击“横向分布”和“纵向分布”命令。将 4 个图标“icon1.png”“icon2.png”“icon3.png”“icon4.png”分别插入 4 个组合图形中。再绘制 4 个实心圆形，分别设置为“深蓝色”“橘红色”“深蓝色”“橘红色”，放在标题下方，且水平居中。4 个并列关系项页面母版效果如图 3-53 所示。

图 3-53　4 个并列关系项页面母版效果

3.2.2　制作项目汇报演示文稿

1. 制作目录页

新建“内容与标题”版式幻灯片，添加图标、文本等，目录页效果如图 3-54 所示。

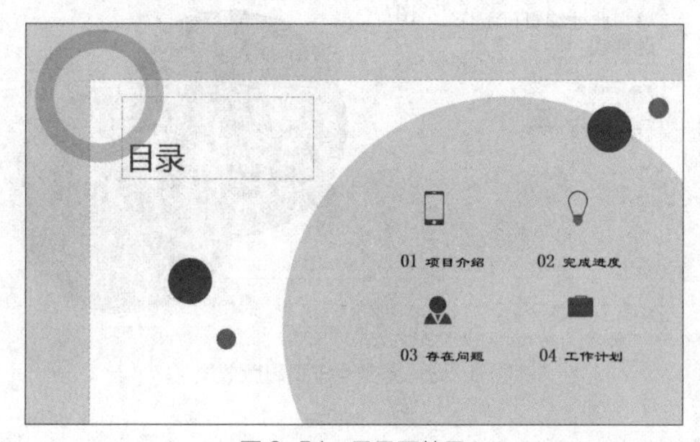

图 3-54　目录页效果

2. 制作过渡页

新建幻灯片，选择“标题幻灯片”版式，添加标题及副标题文本，“项目介绍”过渡页效果如图 3-55 所示。依次制作“完成进度”“存在问题”“工作计划”过渡页。

图 3-55　“项目介绍”过渡页效果

3. 制作“项目介绍”页

在“项目介绍”过渡页后新建幻灯片，选择“图片与标题”版式。单击幻灯片，插入一个圆形，适当调整圆形的位置，单击鼠标右键，在弹出的快捷菜单中单击“设置形状格式”命令，在打开的“设置形状格式”窗格的“填充”栏中，单击“图片或纹理填充”单选按钮，单击“插入图片来自”下方的“文件”按钮，在弹出的“插入图片”对话框中选择素材图片“dt.jpeg”。添加标题及相关文本内容。“项目介绍”页效果如图 3-56 所示。

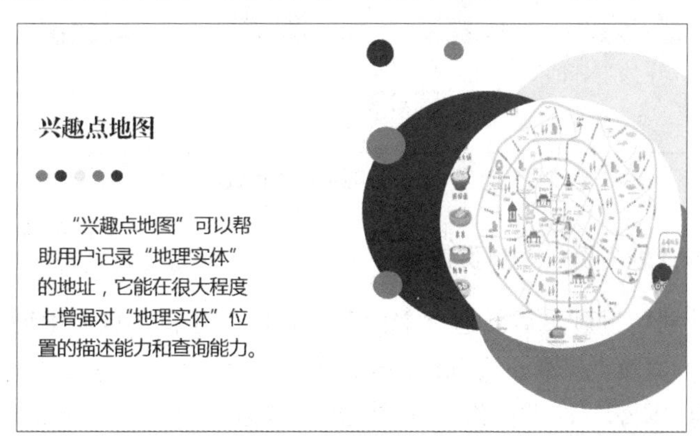

图 3-56 “项目介绍”页效果

4. 制作“完成进度”页

① 在“完成进度”过渡页后新建幻灯片，选择“图片与标题”版式。单击“插入”选项卡，在“插图”组中单击“形状”下拉按钮，在弹出的菜单中选择“弧形”，在幻灯片右侧绘制一个弧形，在“设置形状格式”窗格中设置线条宽度为“32 磅”、端点类型为“圆形”，效果如图 3-57（a）所示。

② 复制弧形，使两个弧形重合，调整复制的弧形的黄色控制柄，使其形成闭合的圆环，设置圆环的颜色，并将其调整至弧形下层。添加标题及相关文本内容，如图 3-57（b）所示。

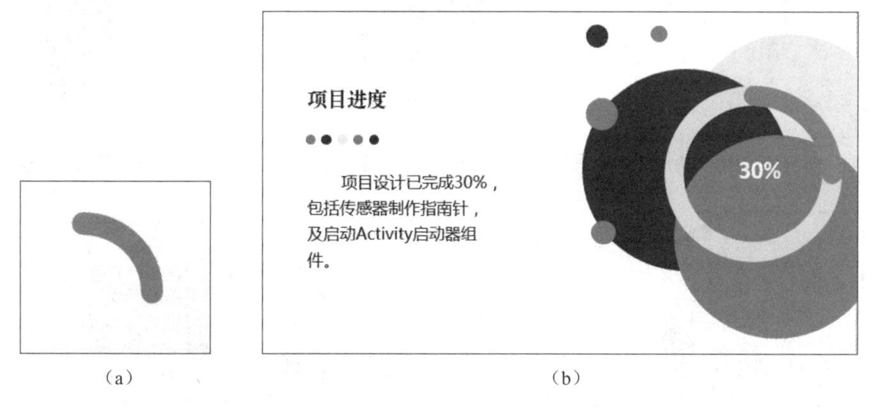

图 3-57 “项目进度”页效果

5. 制作“存在问题”页

在“存在问题”过渡页后新建幻灯片，选择“仅标题”版式，添加标题及文本信息，“存在问题”页效果如图 3-58 所示。

图3-58 “存在问题”页效果

6. 制作“工作计划”页——折页效果

① 在“工作计划”过渡页后新建“空白”版式幻灯片，在页面中插入一个矩形，设置其高度为“13cm”、宽度为“9cm”、形状填充为灰色（239，239，238）、形状轮廓为“无轮廓”、形状效果为“阴影－向右偏移”。在矩形右上角插入直角三角形，如图3-59所示。

② 插入六边形和矩形，先选中六边形，再选中矩形，效果如图3-60所示。单击“绘图工具－格式”选项卡“插入形状”组中的“合并形状”下拉按钮，在弹出的菜单中单击“剪除”命令，形成一个五边形，效果如图3-61所示。将直角三角形和五边形的形状轮廓设为“无轮廓”，从而形成折页效果，如图3-62所示，选中3个形状进行组合。按两次【Ctrl+D】组合键进行复制，并调整层级关系及位置，3个折页效果如图3-63所示。

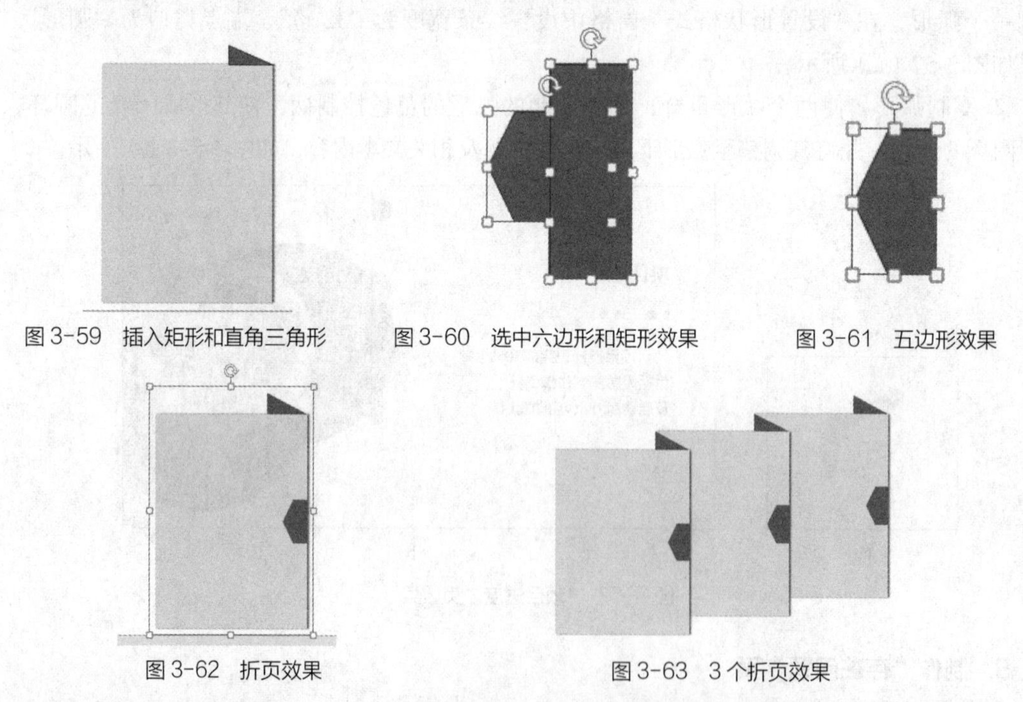

图3-59 插入矩形和直角三角形　图3-60 选中六边形和矩形效果　图3-61 五边形效果

图3-62 折页效果　图3-63 3个折页效果

③ 选中右上方的组合图形，单击鼠标右键，在弹出的快捷菜单中单击“组合”/“取消组合”命令，复制矩形和五边形，并调整其位置和层级关系，如图3-64所示。

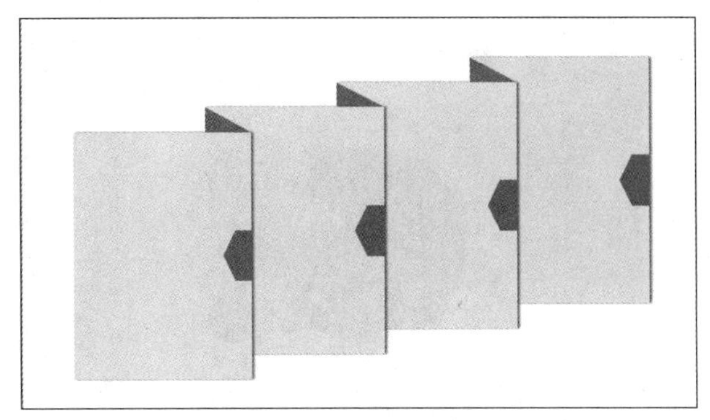

图 3-64 复制矩形和五边形

④ 选中直角三角形，在“设置形状格式”窗格的“填充”栏中单击“渐变填充”单选按钮，设置方向为“左上到右下”，设置渐变光圈原则由浅到深。3 个直角三角形的颜色，可参考色板中的“主题颜色”。设置后用“格式刷”给前 3 个五边形填充颜色，最后一个五边形填充为蓝色。设置五边形形状效果为“阴影－内部左侧”，使图形具有立体效果。用同样的方法为其余组合添加不同颜色的渐变填充。“工作计划”页添加色彩效果后如图 3-65 所示。

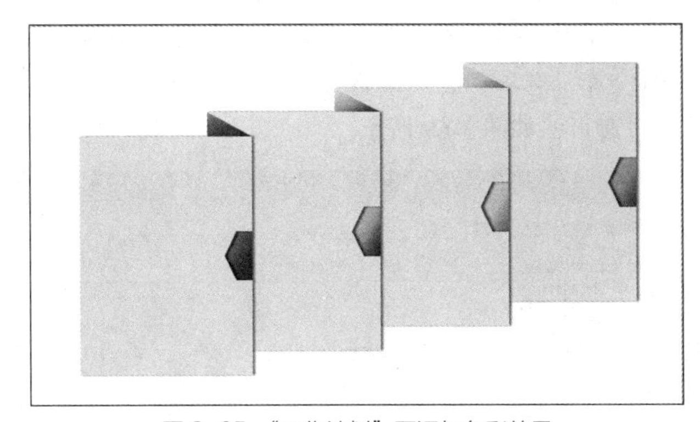

图 3-65 “工作计划”页添加色彩效果

⑤ 添加数字标号及其他文本内容，效果如图 3-66 所示。

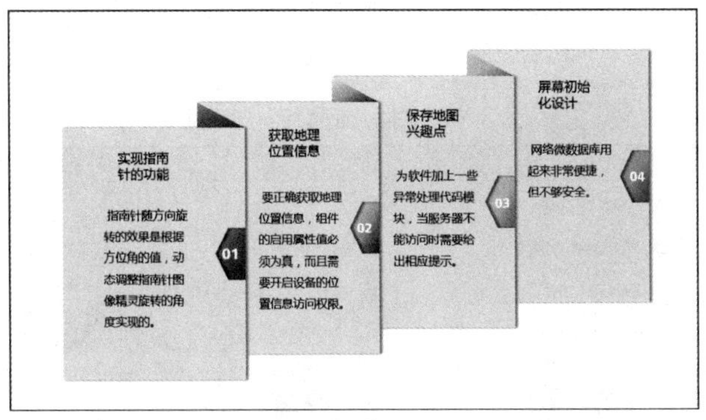

图 3-66 “工作计划”页效果

7. 制作结束页

新建“空白”版式幻灯片，添加多个圆形，添加“THANK YOU”文本。结束页效果如图 3-67 所示。

图 3-67　结束页效果

3.2.3　创建超链接及动作按钮

1. 创建超链接

① 选择目录页幻灯片，选择“01 项目介绍”文本，单击鼠标右键，在弹出的快捷菜单中单击“超链接”命令，弹出“插入超链接”对话框，如图 3-68 所示。在“链接到”列表框中选择“本文档中的位置”选项，在“请选择文档中的位置”列表框中选择“幻灯片 3”选项，即“项目介绍”过渡页，如图 3-69 所示。

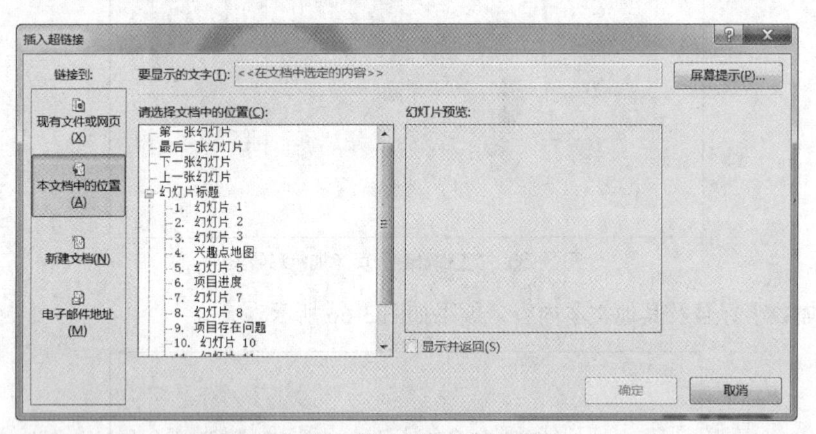

图 3-68 “插入超链接”对话框

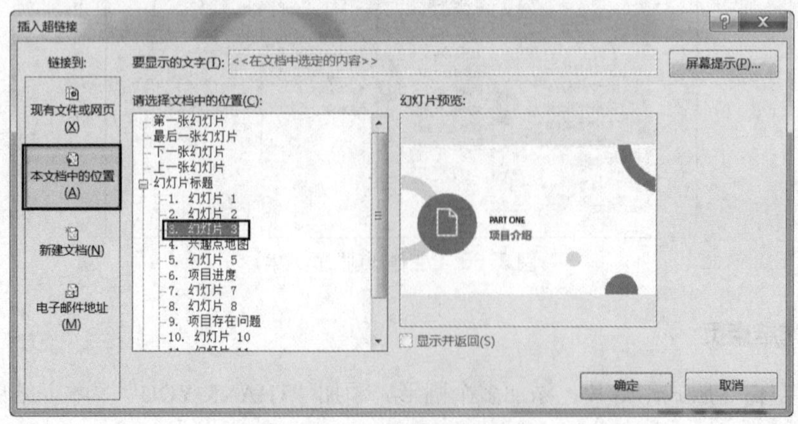

图 3-69　选择链接到的位置

② 继续创建“02 完成进度”“03 存在问题”“04 工作计划”文本的超链接，分别将其链接到“完成进度”过渡页、“存在问题”过渡页、“工作计划”过渡页。

2. 创建动作按钮

① 选择“项目介绍”幻灯片，单击“插入”选项卡，在“插图”组的“形状”下拉菜单中单击“动作按钮”栏中的按钮，然后在需要插入动作按钮的位置单击即可插入动作按钮。若要插入自定义大小的动作按钮，则按住鼠标左键在幻灯片中拖曳，绘制动作按钮。松开鼠标后，会弹出“操作设置”对话框，如图 3-70 所示，在“单击鼠标”选项卡中，单击“超链接到”单选按钮，然后从其下拉列表中选择“幻灯片 2”选项，弹出“超链接到幻灯片”对话框，在“幻灯片标题”列表框中选择“幻灯片 2”选项，即目录页，单击“确定”按钮，如图 3-71 所示。

图 3-70 “操作设置”对话框

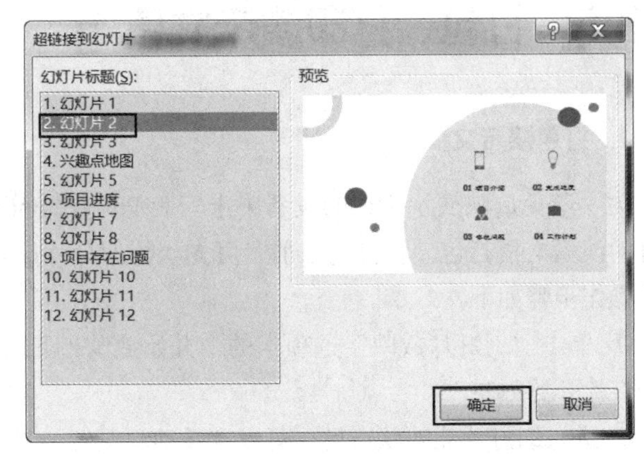

图 3-71 “超链接到幻灯片”对话框

② 将动作按钮移动到幻灯片右下角，单击鼠标右键，在弹出的快捷菜单中单击“设置形状格式”命令，在打开的“设置形状格式”窗格的“填充”栏中单击“无填充”单选按钮，效果如图 3-72 所示。继续为“完成进度”“存在问题”“工作计划”页幻灯片添加动作按钮。

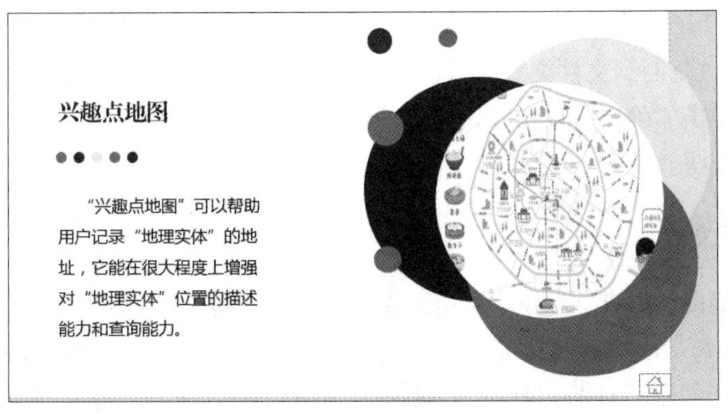

图 3-72 添加动作按钮

3.2.4 使用排练计时

① 切换至“幻灯片放映”选项卡，单击“设置”组中的“排练计时”按钮，演示文稿进

入演示状态并开始计时。这时可估算当前幻灯片演示时所需的时间，当觉得需要切换到下一张幻灯片时，单击幻灯片显示下一张幻灯片。

② 在幻灯片演示结束后，单击“录制”工具栏中的“关闭”按钮，PowerPoint 2016 会询问是否保存当前排练计时，单击“是”按钮，保存计时信息。

③ 在“幻灯片放映”选项卡中，单击“设置”组中的“设置幻灯片放映”按钮，弹出“设置放映方式”对话框。在“放映类型”栏中单击“在展台浏览（全屏幕）”单选按钮，保持“换片方式”栏中的“如果存在排练时间，则使用它”单选按钮的选中状态，设置完毕后，单击“确定”按钮。

④ 单击“开始放映幻灯片”组中的“从头开始”按钮即可以全屏方式播放演示文稿。

⑤ 测试后，没有问题可以按【Esc】键返回普通视图，并按【Ctrl+S】组合键保存演示文稿。

3.2.5 打包、打印演示文稿

1. 打包演示文稿

为了避免放映演示文档的设备中未安装 PowerPoint 软件而无法放映演示文稿，需要将制作好的演示文稿打包。在打包之前，可先执行幻灯片放映操作，一旦发现错误可以及时修改。具体操作步骤如下。

① 单击“幻灯片放映”选项卡的“开始放映幻灯片”组中的“从头开始”按钮，从第 1 张幻灯片开始放映。

② 进入幻灯片放映状态后，可以查看动画设置效果，检查有无错别字和样式设计问题。

③ 完成放映后按【Esc】键退出放映状态，单击快速访问工具栏中的“保存”按钮，保存当前演示文稿。

④ 单击“文件”/“导出”命令，在“导出”界面中选择“将演示文稿打包成 CD”选项，在右侧单击“打包成 CD”按钮。

⑤ 在弹出的“打包成 CD”对话框中单击“复制到文件夹”按钮。

⑥ 在弹出的“复制到文件夹”对话框的“文件夹名称”文本框中输入文件夹名称，其他设置保持不变，单击“确定”按钮开始执行打包操作。打包成功后，单击“打包成 CD”对话框中的“关闭”按钮。

2. 打印演示文稿

打印演示文稿前可以进行预览，预览无误后再进行打印，操作步骤如下。

① 单击“插入”选项卡，在“插入”组中单击“页眉和页脚”按钮，在弹出的“页眉和页脚”对话框中勾选“日期和时间”复选框，单击“自动更新”单选按钮，勾选“幻灯片编号”复选框和“页脚”复选框，填写页脚信息，如图 3-73 所示。设置完毕单击“全部应用”按钮，此时每张幻灯片下方都会添加相关信息。

② 单击“文件”菜单，单击“打印”选项卡，在右侧的界面中可以预览幻灯片打印效果。如果要预览其他幻灯片，则单击“下一页”按钮。

③ 在“份数”文本框中指定打印的份数。

④ 在“打印机”下拉列表中选择所需的打印机。

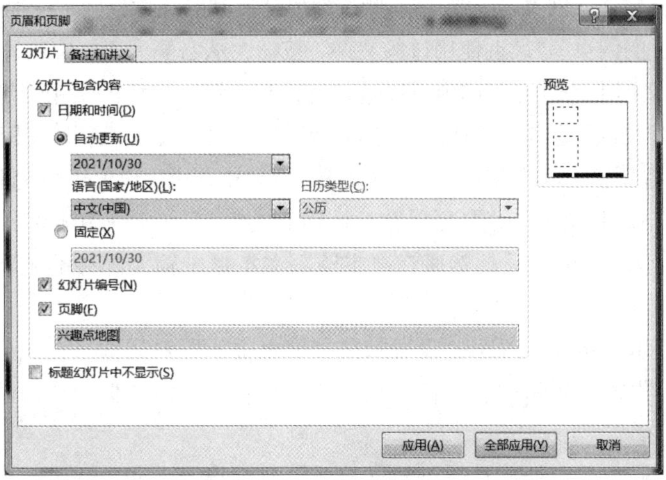

图 3-73 “页眉和页脚”对话框

⑤ 在“设置”栏中进行打印设置。在第一个下拉列表框中指定演示文稿的打印范围；在第二个下拉列表框中确定打印的内容，可以在“打印版式”栏中选择整页幻灯片、备注页、大纲等，也可以在“讲义”栏中选择将 1 张或多张幻灯片打印在一页上，还可以设置是否为每张幻灯片加边框。打印设置如图 3-74 所示。

⑥ 单击“打印”按钮。

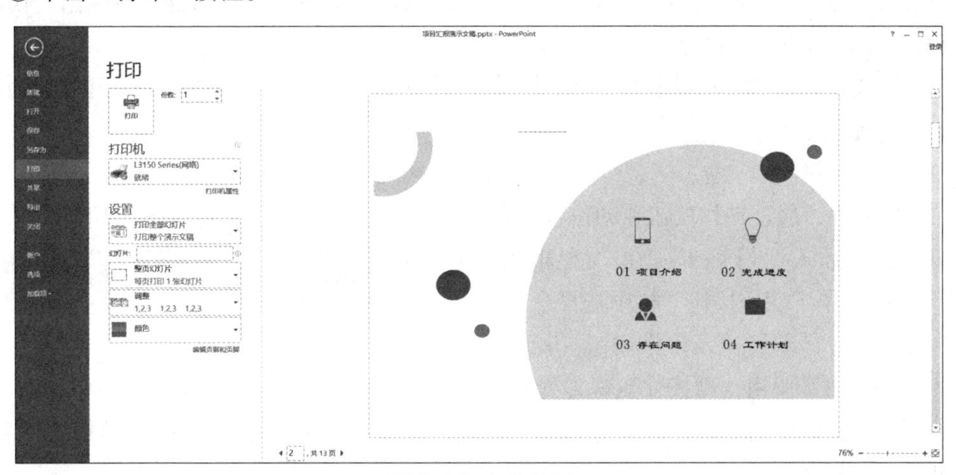

图 3-74 打印设置

相关知识

1. 超链接及动作按钮

（1）超链接

通过在幻灯片中插入的超链接，可以直接跳转到其他幻灯片、文档或 Internet 的网页中。

① 创建超链接。

在普通视图中选定幻灯片中的文本或图形对象，切换到“插入”选项卡，在“链接”组中单击“超链接”按钮，打开“插入超链接”对话框，在“链接到”列表框中选择超链接的类型。

- 选择“现有文件或网页”选项，在右侧选择要链接到的文件或网页的地址。可以通过“当前文件夹”“浏览过的网页”“最近使用过的文件”按钮，从右侧列表框中选择链接文件或地址。
- 选择“本文档中的位置”选项可以选择链接到本演示文稿的某张幻灯片。
- 选择“新建文档”选项可以在“新建文档名称”文本框中输入新建文档的名称，单击“更改”按钮，可以设置新建文档的路径，在“何时编辑”栏中，可以设置是否立即开始编辑新文档。
- 选择“电子邮件地址”选项，可以在“电子邮件地址”文本框中输入要链接的邮件地址，如输入“mailto：tjdzi@126.com”，然后在“主题”文本框中输入邮件的主题，创建一个电子邮件地址的超链接。

单击“屏幕提示”按钮，弹出“设置超链接屏幕提示”对话框，在此可设置当鼠标指针悬停于超链接上时出现的提示内容。最后在“插入超链接”对话框中单击“确定”按钮，超链接创建完成。

在放映幻灯片时，将鼠标指针移到超链接上，鼠标指针将变成“手”形样式，单击即可跳转到相应的链接位置。

② 编辑超链接。

选定包含超链接的文本或图形，切换到“插入”选项卡，单击“链接”组中的“超链接”按钮，在打开的“编辑超链接”对话框中设置新的目标地址。

③ 删除超链接。

如果仅需删除超链接关系，则在要删除超链接的对象上单击鼠标右键，在弹出的快捷菜单中单击“删除超链接”命令。

选定包含超链接的文本或图形，然后按【Delete】键，选定的文本或图形及其包含的超链接将全部被删除。

（2）动作按钮

在幻灯片中，通过动作按钮和动作可以实现幻灯片之间的跳转。具体操作如下。

切换到“插入”选项卡，在“插图”组的“形状”下拉菜单“动作按钮”栏中选择合适的形状。单击幻灯片，即可插入动作按钮，若要插入自定义大小的动作按钮，则按住鼠标左键在幻灯片中拖曳，松开鼠标后，弹出“操作设置”对话框，如图 3-75 所示。

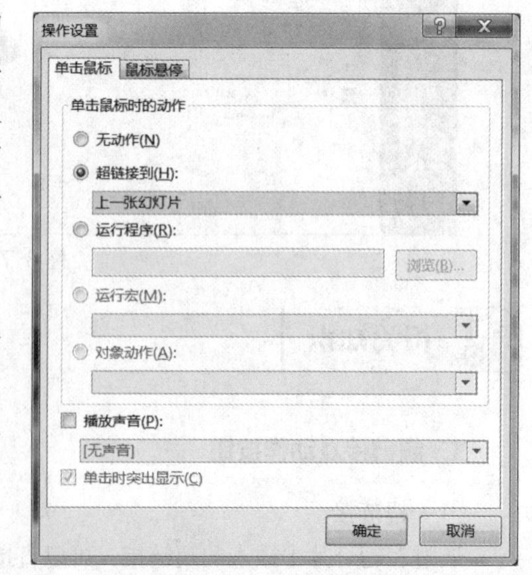

图 3-75 “操作设置”对话框

① 单击“超链接到”单选按钮。

在“单击鼠标”选项卡中单击“超链接到”单选按钮，然后从其下拉列表中选择目标幻灯片。如果选择“幻灯片 ...”选项，则会弹出“超链接到幻灯片”对话框，如图 3-76 所示，从“幻灯片标题”列表框中选择目标幻灯片，单击“确定”按钮；如果选择“URL...”选项，则会弹出“超链接到 URL”对话框，在“URL”文本框中输入合适的地址，如图 3-77 所示，单击“确定”按钮。

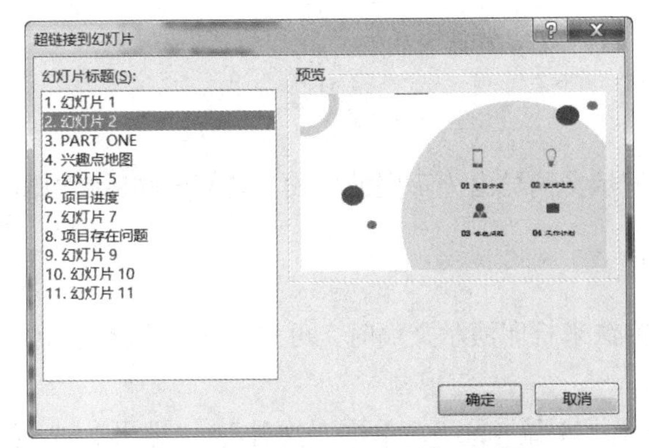

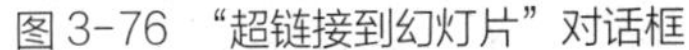
图 3-76 “超链接到幻灯片”对话框

图 3-77 “超链接到 URL”对话框

② 单击“运行程序”单选按钮。

单击“运行程序”单选按钮后，单击“浏览”按钮，从“选择一个要运行的程序”对话框中选择某个程序，单击“确定”按钮，建立运行外部程序的动作按钮。

③ 勾选“播放声音”复选框。

勾选“播放声音”复选框，并从下拉列表中选择音效，可以在单击动作按钮时播放声音，增加炫酷的效果。

设置完后，单击“确定”按钮。选中动作按钮单击鼠标右键，在弹出的快捷菜单上方悬浮的工具栏中单击“样式”按钮，在弹出的“形状快速样式”下拉列表中为动作按钮设置所需样式，如图 3-78 所示。

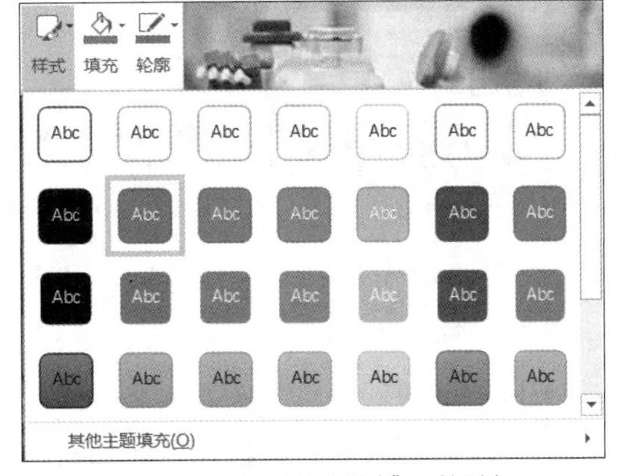

图 3-78 “形状快速样式”下拉列表

2. 幻灯片放映类型

演示文稿放映的目的和场合不同，其放映方式也会有所不同。设置放映方式包括设置幻灯片的放映类型、放映选项、放映范围及换片方式和性能等。切换到“幻灯片放映”选项卡，单击“设置幻灯片放映”按钮，弹出“设置放映方式”对话框。

在“放映类型”选项组中根据需要选择不同的放映类型。

- “演讲者放映（全屏幕）”即一般的放映类型，演讲者可以根据设置自己切换幻灯片。
- “观众自行浏览（窗口）”就是小窗口播放幻灯片。
- “在展台浏览（全屏幕）”就是在展览会的电视上全屏播放幻灯片，单击是没有反应的，需要提前对幻灯片进行排练计时设置。

在“放映选项”选项组中可以设置如“循环放映，按 Esc 键终止”“放映时不加旁白”“放映时不加动画”“禁用硬件图形加速”“绘图笔颜色”“激光笔颜色”等。

在“放映幻灯片”选项组中可以设置幻灯片放映的范围，如全部放映，或是从第几张幻灯片开始放映到第几张幻灯片，自定义放映。

在“换片方式”选项组中可以设置幻灯片放映时的切换方式，包括“手动”和“如果存在排练时间，则使用它”两个单选按钮。

在“多监视器”选项组中可以选择幻灯片放映的监视器和分辨率。

3. 演示文稿导出方式

用户可以根据不同的需要，将制作好的演示文稿导出为不同的格式，以便更好地实现输出共享。

（1）创建 PDF/XPS 文档

当需要保留源文件格式或使用专业印刷方法来打印演示文稿时，可先将演示文稿输出为 PDF/XPS 文档，再执行其他操作。步骤如下。

① 打开制作好的演示文稿“项目汇报演示文稿 .pptx”，单击“文件”/“导出”选项卡，选择“导出”界面中的“创建 PDF/XPS 文档”选项，单击右侧显示的“创建 PDF/XPS”按钮，如图 3-79 所示。在弹出的“发布为 PDF 或 XPS”对话框中单击“选项”按钮，打开“选项”对话框，如图 3-80 所示。

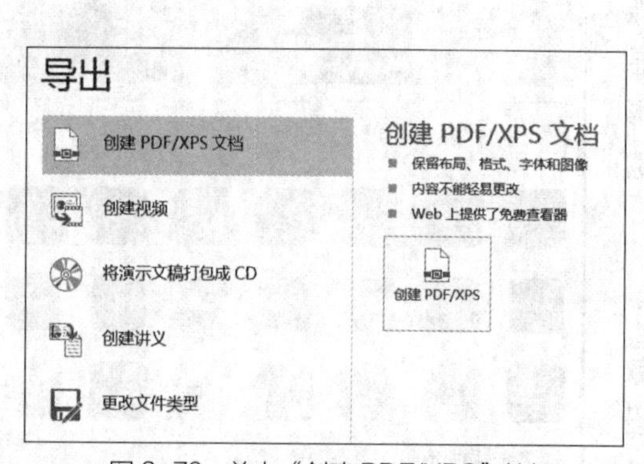

图 3-79 单击“创建 PDF/XPS”按钮

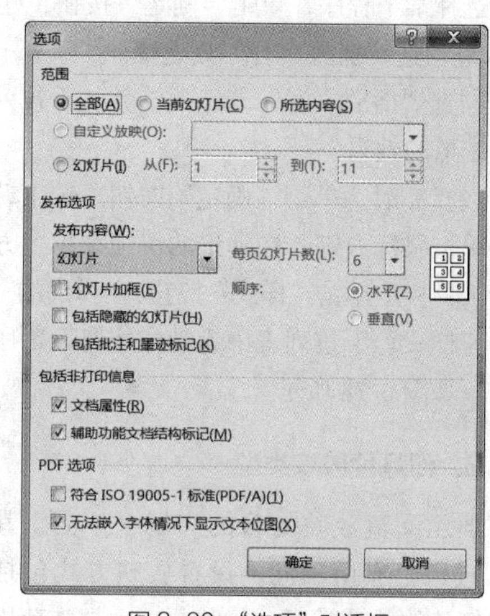

图 3-80 “选项”对话框

② 在“选项”对话框中，勾选“发布选项”栏中的“幻灯片加框”复选框，勾选“PDF 选项”栏中的“符合 ISO 19005-1 标准（PDF/A）”复选框，单击“确定”按钮。

③ 返回“发布为 PDF 或 XPS”对话框，单击“优化”栏中的“最小文件大小（联机发布）”单选按钮，单击“发布”按钮，如图 3-81 所示。如果需将文档发布为 XPS 文档，则需在“保存类型”下拉列表中选择“XPS 文档（*.xps）”选项。

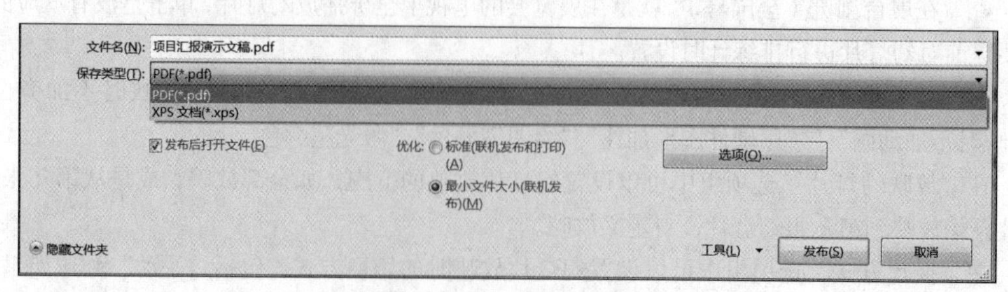

图 3-81 单击“发布”按钮

（2）创建视频

将演示文稿另存为MP4文件，确保演示文稿中的动画和多媒体内容等顺畅播放。步骤如下。

① 单击“文件”/“导出”/“创建视频”选项卡。在右侧可以设置视频参数。这里选择“演示文稿质量”和“不要使用录制的计时和旁白”选项，在“放映每张幻灯片的秒数”文本框中输入“12.00”单击“创建视频”按钮，如图 3-82 所示。

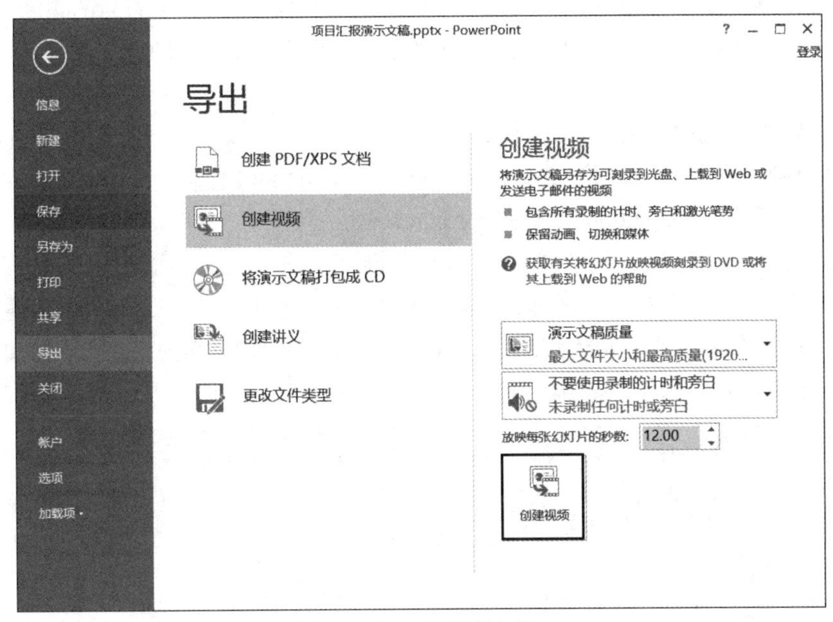

图 3-82 设置视频参数

② 在弹出的“另存为”对话框中设置视频文件的保存位置，文件名保持不变，单击“保存”按钮。完成视频文件的创建后，在保存位置可查看该视频文件。

4. 演示文稿设计的美工知识

（1）多媒体元素

演示文稿通过文字、图像、声音、视频等多媒体元素向用户传递信息。在进行演示文稿的页面设计时，要对其元素进行合理的布局和配置，帮助用户流畅地浏览内容与获得较为舒适的视觉体验。在设计页面时需要进行文字元素的排版布局、图像元素的编辑处理、色彩元素的搭配设计。

① 文字元素。文字是演示文稿传达信息的基本形式，文字在演示文稿中主要应用于标题、正文段落及列表等区域。中文字体一般选择系统自带的字体，包括常见的中文系统的宋体、黑体及微软雅黑等，西文字体包括 Arial、Times New Roman 等。

文字视觉风格要一致，设置时应注意以下几点。

- 标题的字体、字号、样式要统一，做到简单明了。宋体严谨，适合正文，显示较清晰；黑体庄重，适合用于标题强调区；隶书、楷体艺术性强，不适合投影。
- 正文字体、字号要统一。大标题字号至少为 36，字体为黑体；一级标字号为 32，可加粗；二级标题字号为 28，可加粗；三级标题字号为 24，可加粗；四级标题字号为 20，可加粗。

- 标题的位置要遵循母版的版面位置，通过加粗字体、加大字号或变色来突出重点文字。

② 图像元素。与文字相比，图像能更形象、更全面地传达信息。按编码格式，图像可分为 JPEG、PNG、GIF、WBMP 等类型；按功能属性，图像可分为主视觉图像、背景图像、缩略图、图标、按钮等。

③ 色彩元素。色彩作为装饰美化页面的重要元素，如同演示文稿的“衣饰”，能影响到演示文稿内容的传播效果。演示文稿中的色彩主要是指文字的颜色、页面背景的颜色、按钮图标的颜色等。页面中的色彩按照应用比例与应用场景，可分为主色、辅助色、背景色与点睛色四大类。

（2）版式设计的基本原则

CRAP 原则是罗宾·威廉斯（Robin Williams）提出的 4 项基本的设计原则，主要包括对比（Contrast）、重复（Repetition）、对齐（Alignment）、亲密（Proximity）4 个原则。

① 对比原则。通过对比可以突出主题及关键字，强调演示文稿中主要内容、次要内容、辅助内容，包括大标题、小标题、核心语句等。所有信息都统一意味着没有重点，例如图 3-83 所示的修改前的“活动通知”页面，读者需要逐一扫描页面内容来获取信息。按对比原则修改，突出关键信息，弱化次要信息，引导用户视线，使信息传达更高效，如图 3-84 所示。

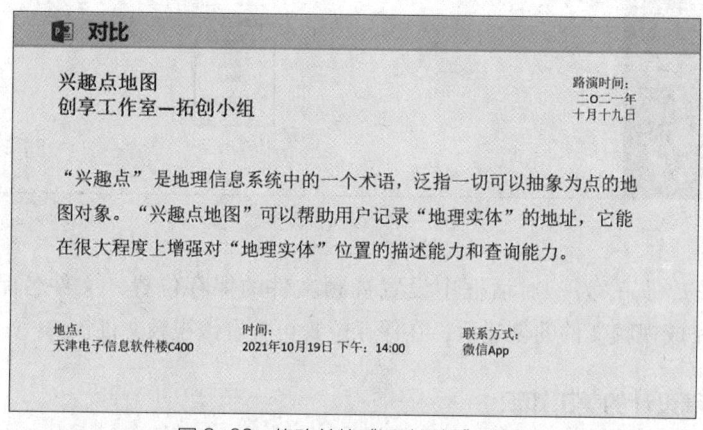

图 3-83　修改前的“活动通知”页面

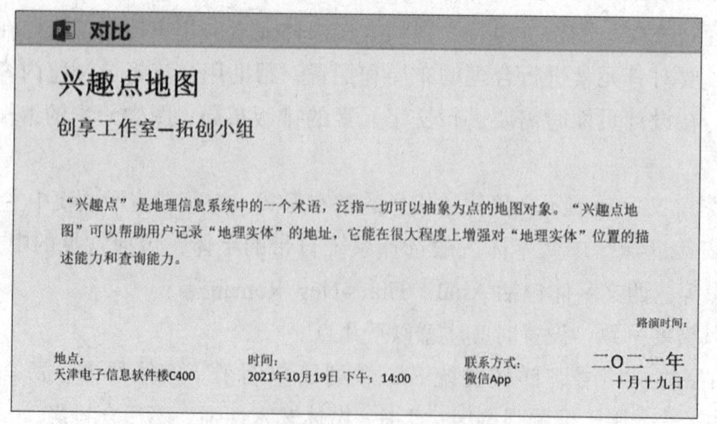

图 3-84　按对比原则修改后的“活动通知”页面

② 重复原则。在设计过程中，重复可以使整个演示文稿风格统一，提高信息的清晰度。特别是当一个演示文稿含有多个部分时，保持统一的风格就非常重要。重复形式可以重

复使用相同的字体、字号，特定的颜色、图形样式，也可以在项目的设置、文本和图形的布局上重复。运用重复原则的演示文稿效果如图 3-85 所示。

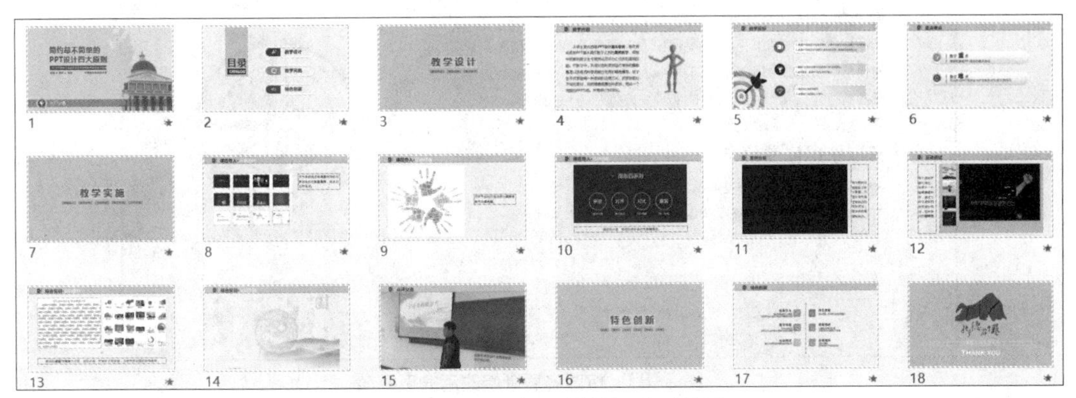

图 3-85　运用重复原则的演示文稿效果

③ 对齐原则。页面上的内容不能随意摆放，每个元素都与页面上的另一个元素有某种视觉联系，无论是创建精美、正式、有趣的外观，还是创建严肃的外观，都可以利用对齐原则来达到目的。

例如，图 3-86 所示的页面内容排列不规整。在“视图”选项卡的“显示”组中勾选“参考线”复选框，在页面中显示参考线。在页面空白处单击鼠标右键，在弹出的快捷菜单中单击“网格和参考线”子菜单中的“添加垂直参考线”或者“添加水平参考线”命令，在页面中添加参考线，然后将页面元素与参考线对齐。按对齐原则修改后的页面更加有序、整齐，如图 3-87 所示。

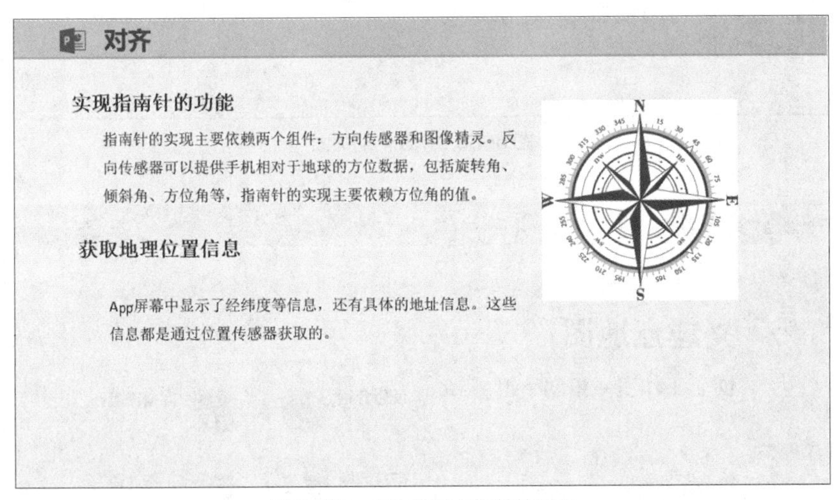

图 3-86　内容排列不规整的页面

④ 亲密原则。亲密原则是指将相关元素组织在一起，使它们的位置靠近，这样就会形成很多单独的模块，幻灯片页面内容会变得井井有条，而不会杂乱无章。运用亲密原则可以让相关的元素靠近，让无关的内容远离，使画面一目了然。按亲密原则修改页面前后的对比如图 3-88 和图 3-89 所示。

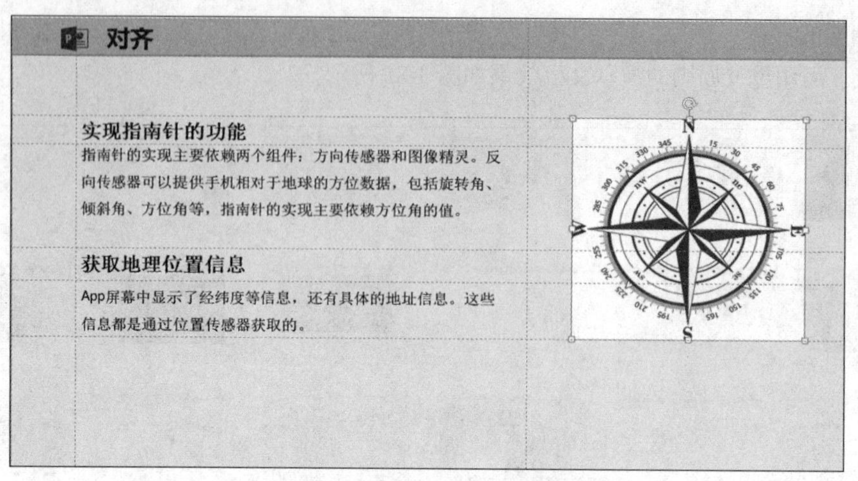

图 3-87　按对齐原则修改后的页面

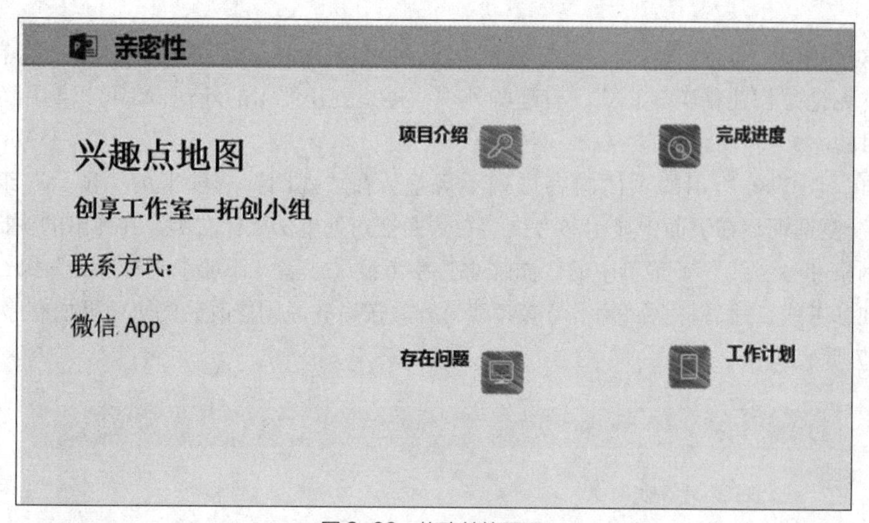

图 3-88　修改前的页面

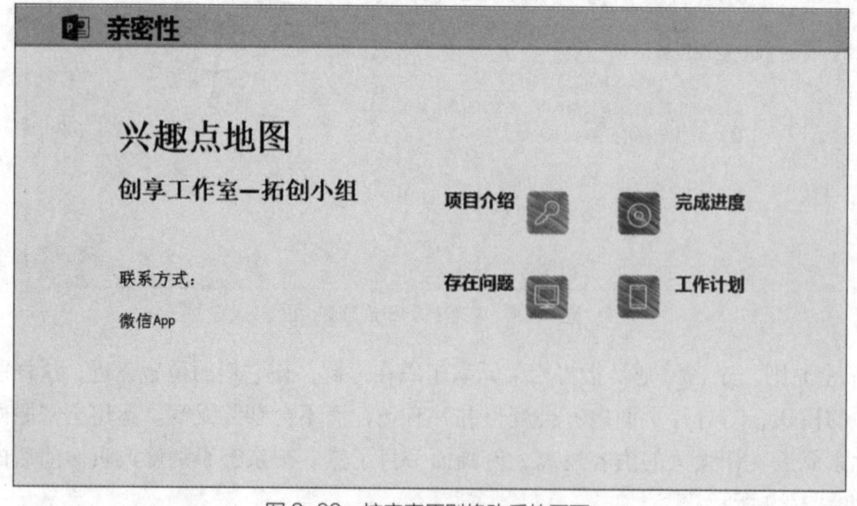

图 3-89　按亲密原则修改后的页面

拓展任务

封面是观众第一眼看到的演示文稿页面，会影响观众对演示文稿的第一印象。因此，封面设计要突出主题，添加动态元素，从而提高演示文稿的展示效果。下面制作项目汇报演示文稿的动画封面。

① 新建“空白”版式的演示文稿，绘制一个矩形，按住【Ctrl】键拖曳鼠标指针，对矩形进行复制，如图 3-90 所示。

② 在“插入”选项卡的“插图”组单击“形状”下拉按钮，在弹出的菜单中选择“曲线”，如图 3-91 所示。单击每个小矩形的对角顶点，绘制一条波浪线，然后复制一个矩形补齐波浪线，如图 3-92 所示。如果波浪线未与矩形对齐，可以选中波浪线，单击鼠标右键，在弹出的快捷菜单中单击“编辑顶点”命令，拖曳波浪线各顶点的控制柄调节波浪线的弧度，使波浪线各顶点对齐矩形顶点。

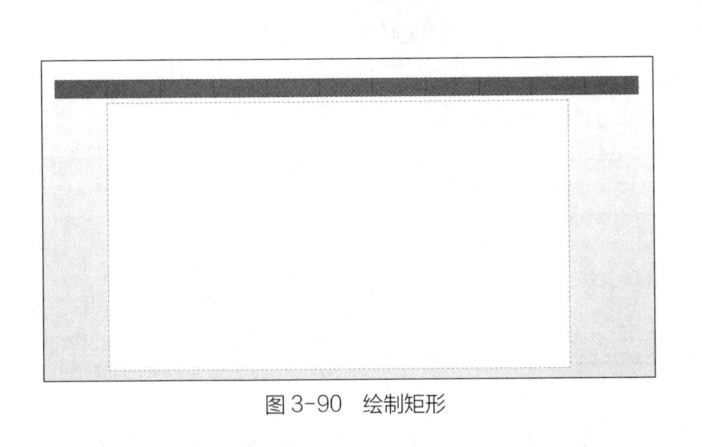

图 3-90　绘制矩形

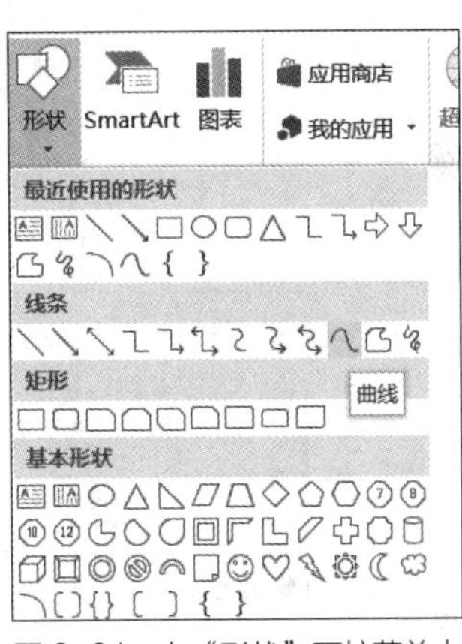

图 3-91　在“形状”下拉菜单中选择“曲线”

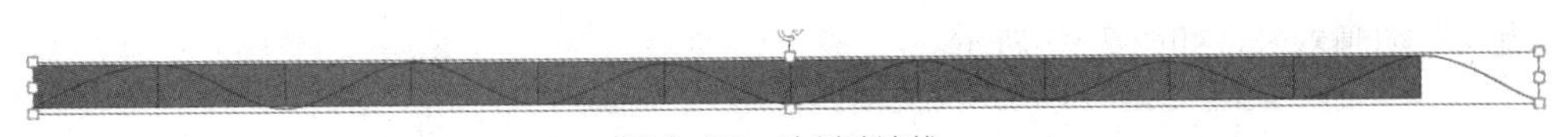

图 3-92　绘制波浪线

③ 将波浪线与矩形分离，删除矩形，如图 3-93 所示。单击鼠标右键，在弹出的快捷菜单中单击“编辑顶点”命令，单击任意一个黑色顶点，单击鼠标右键，在弹出的快捷菜单中单击“关闭路径”命令，得到图 3-94 所示的闭合形状。

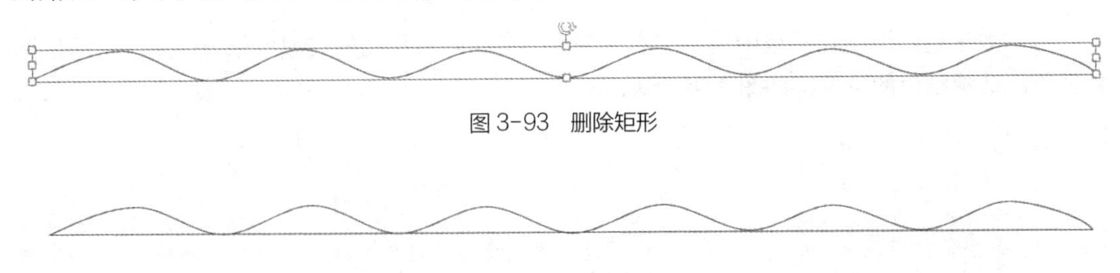

图 3-93　删除矩形

图 3-94　闭合形状

④ 选中形状，单击鼠标右键，在弹出的快捷菜单中单击“设置形状格式”命令，在

“设置形状格式”窗格中给闭合形状添加填充色，设置颜色为蓝色（0，112，192），如图 3-95 所示。调整形状的大小及位置，然后调节透明度为“70%”。设置形状格式后的效果如图 3-96 所示。

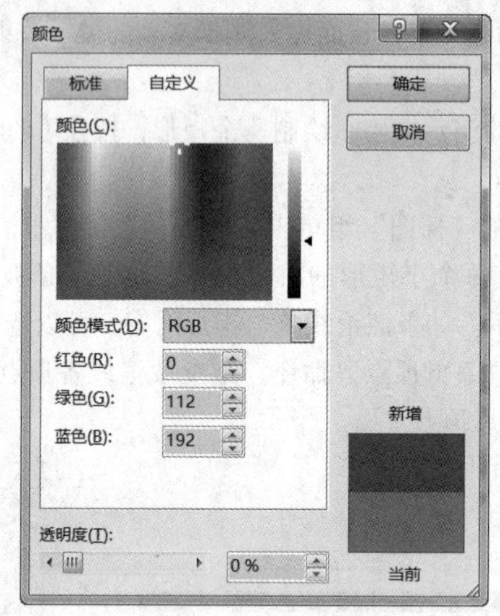

图 3-95　设置填充颜色

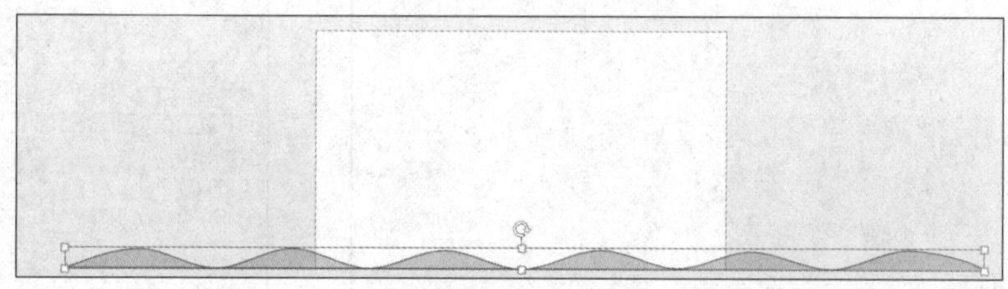

图 3-96　设置形状格式后的效果

⑤ 选中形状，在“动画”选项卡“动画”组的“动画样式”列表框中选择“动作路径”栏的“直线”动画效果，如图 3-97 所示。

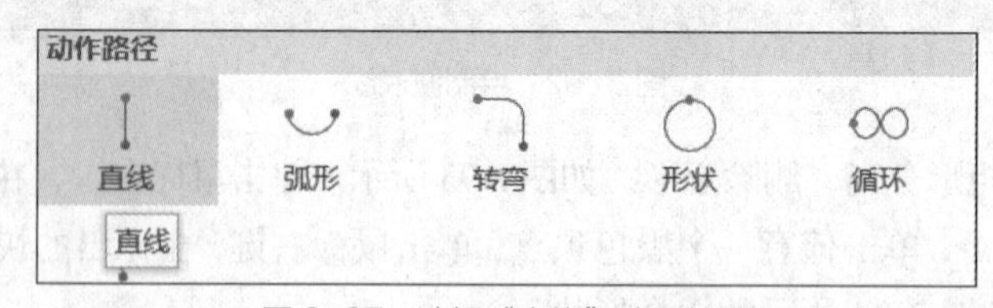

图 3-97　选择“直线”动画效果

在“效果选项”下拉菜单中单击“右”命令，形成向右移动的波浪效果，拖曳红色的控制柄，修改动画结束的位置，如图 3-98 所示。

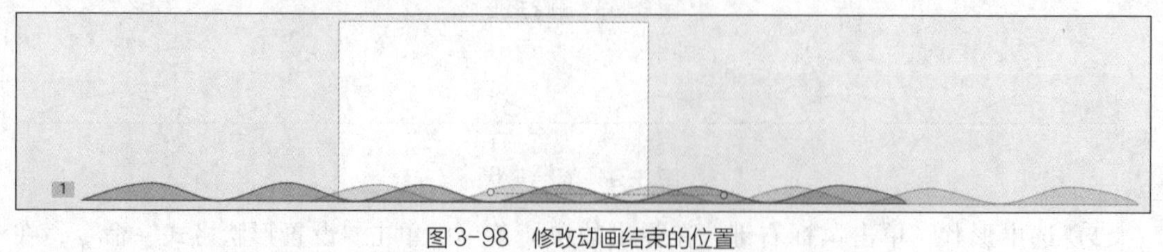

图 3-98　修改动画结束的位置

⑥ 在“动画”选项卡的“计时”组中调节动画的持续时间为“6.00”。打开“动画窗格”窗格，选择添加的动画“0 一任意多边形 17”，如图 3-99 所示，单击鼠标右键，在弹出的快捷菜单中单击“从上一项开始”命令。继续在“0 一任意多边形 17”上单击鼠标右键，在弹出的快捷菜单中单击“效果选项”命令，打开“向右”对话框，在对话框的“效果”选项卡中修改设置，如图 3-100 所示，包括设置平滑开始和平滑结束时间及自动翻转。单击对话框的“计时”选项卡设置重复的方式为“直到幻灯片末尾”。动画设置好后，设置形状轮廓为“无轮廓”，然后按住【Ctrl】键拖曳鼠标，复制图形两次，并调整图形的位置，如图 3-101 所示。单击“动画窗格”按钮，在打开的“动画窗格”窗格中单击“全部播放”按钮，可以预览动画效果。

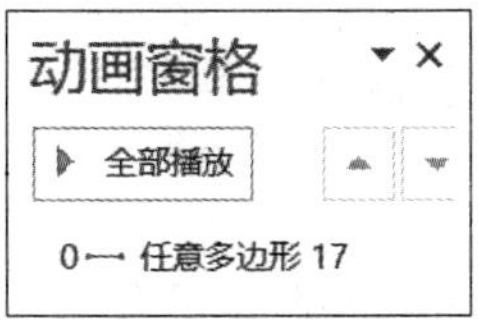

动画窗格
全部播放
0 一 任意多边形 17

图 3-99 “动画窗格”窗格

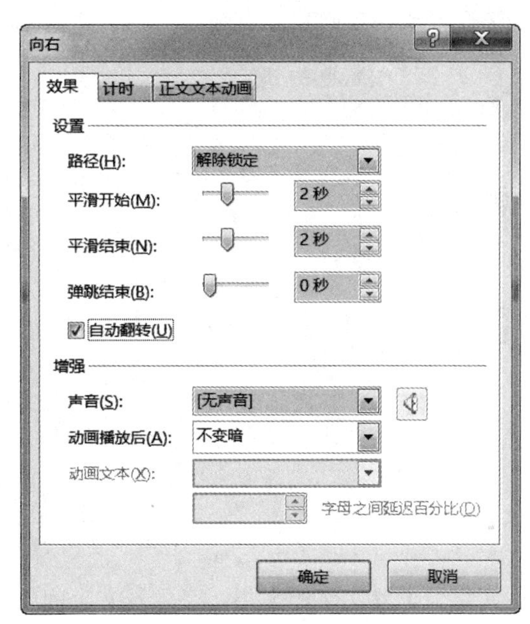

图 3-100 “向右”对话框

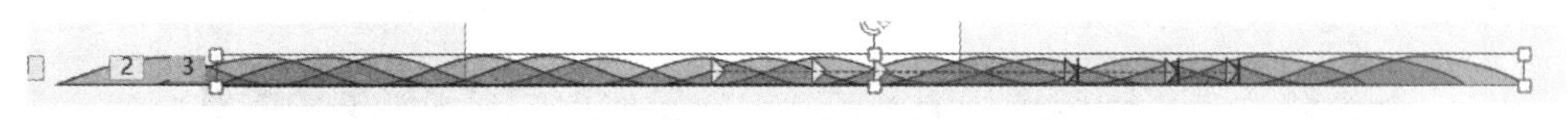

图 3-101 复制图形

⑦ 调节第一个动画持续时间为“06.00”、第二个动画持续时间为“05.00”、第三个动画持续时间为“03.50”。也可以对持续时间进行调试设置，观察效果。

⑧ 将视频背景“bg.mp4”拖曳到编辑窗口中，并调整其大小，使其铺满整个幻灯片的页面。选中视频，在“视频工具 - 播放”选项卡中勾选“循环播放，直到停止”和“播完返回开头”复选框。在视频上单击鼠标右键，在弹出的快捷菜单中单击“置于底层”命令。设置完成后可以预览整体的动画效果。

⑨ 插入矩形，在“设置形状格式”窗格的“填充”栏中单击“渐变填充”单选按钮，仅保留 0% 和 100% 两个位置的渐变光圈，将颜色均设置为深蓝色（6，23，105），并修改 0% 位置的渐变光圈透明度为“15%”。调节矩形的层级关系，将矩形置于 3 个波浪形状下层、视频上层，如图 3-102 所示。

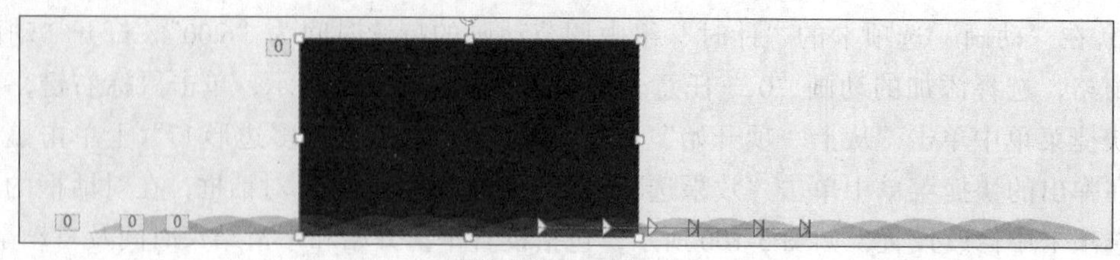

图 3-102　插入矩形

⑩ 将光效素材“光效 1.png”拖曳到编辑窗口中，并调整其大小，使其铺满整个幻灯片的页面。在“图片工具 - 格式”选项卡的“调整”组中单击“颜色”下拉按钮，在弹出的菜单中选择“蓝色，着色 1 深色”，修改光效颜色，如图 3-103 所示。

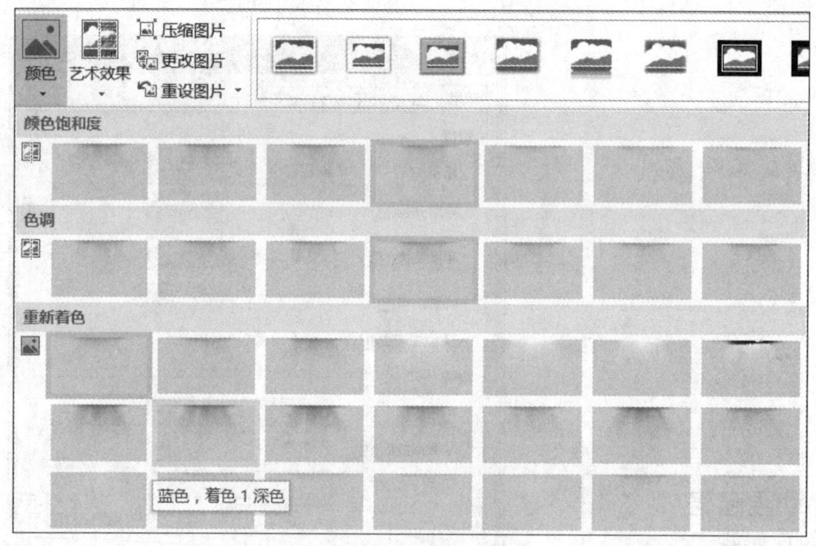

图 3-103　修改光效颜色

⑪ 添加文字，设置文字的大小、字体及文字间距。将光效素材“光效 2.png”拖曳至编辑窗口，添加到主标题的下方，以起到突出标题的作用，调整其位置及大小，如图 3-104 所示。

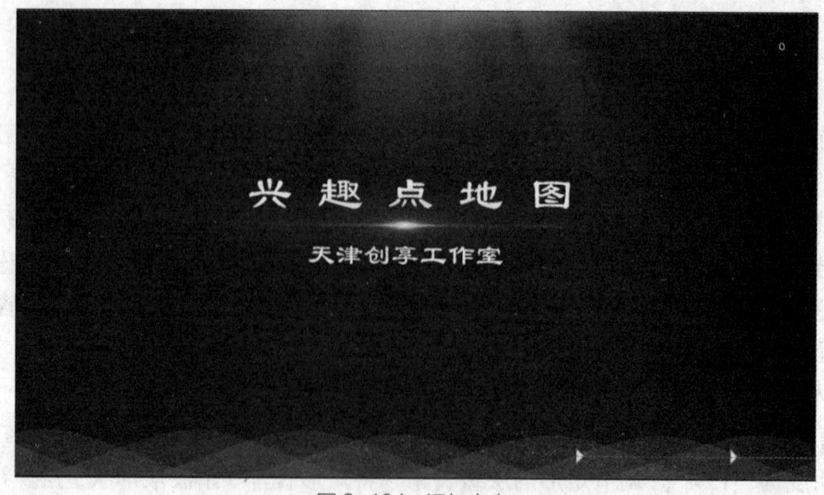

图 3-104　添加文字

【学习笔记】

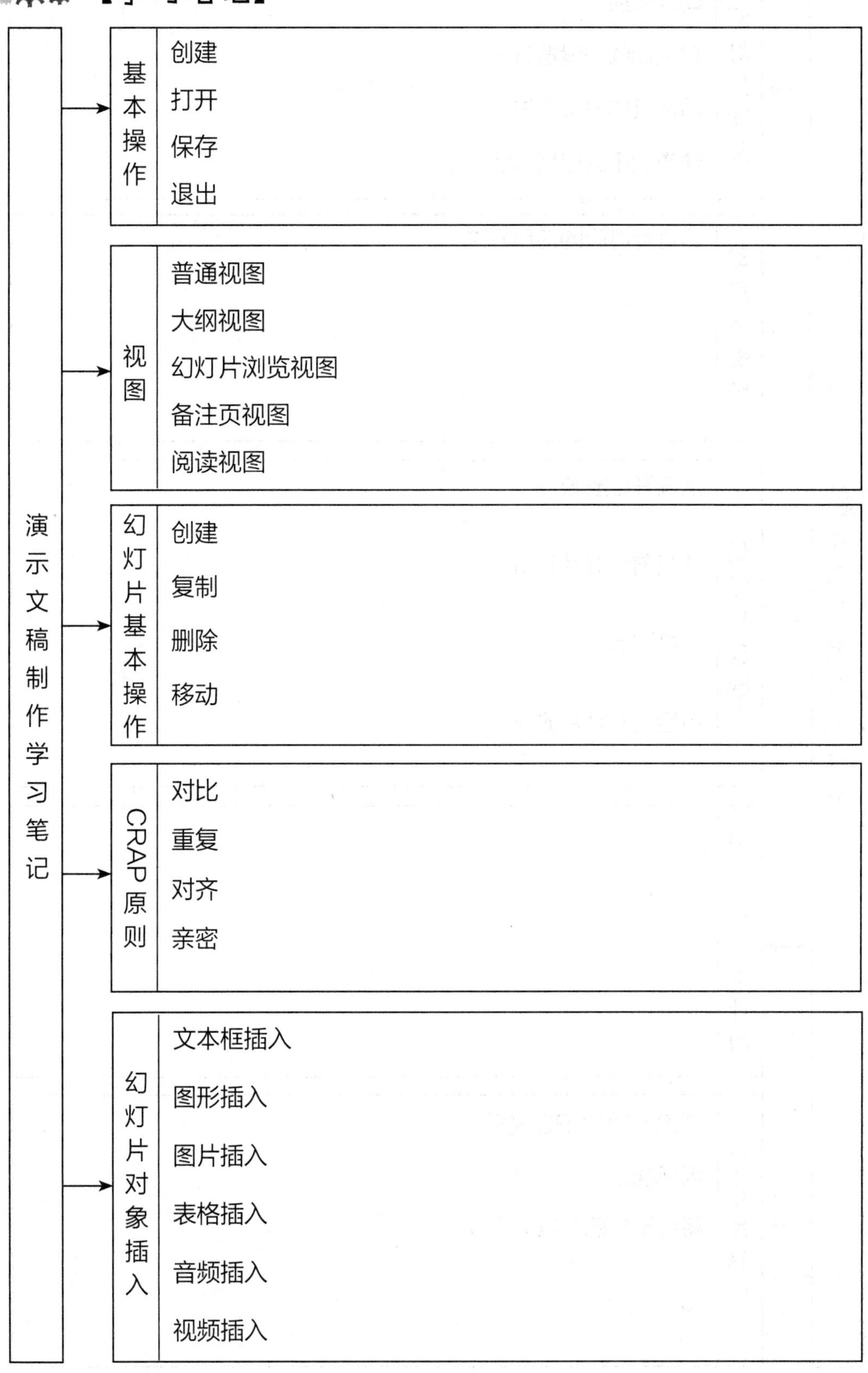

演示文稿制作学习笔记
基本操作
创建
打开
保存
退出
视图
普通视图
大纲视图
幻灯片浏览视图
备注页视图
阅读视图
幻灯片基本操作
创建
复制
删除
移动
CRAP原则
对比
重复
对齐
亲密
幻灯片对象插入
文本框插入
图形插入
图片插入
表格插入
音频插入
视频插入

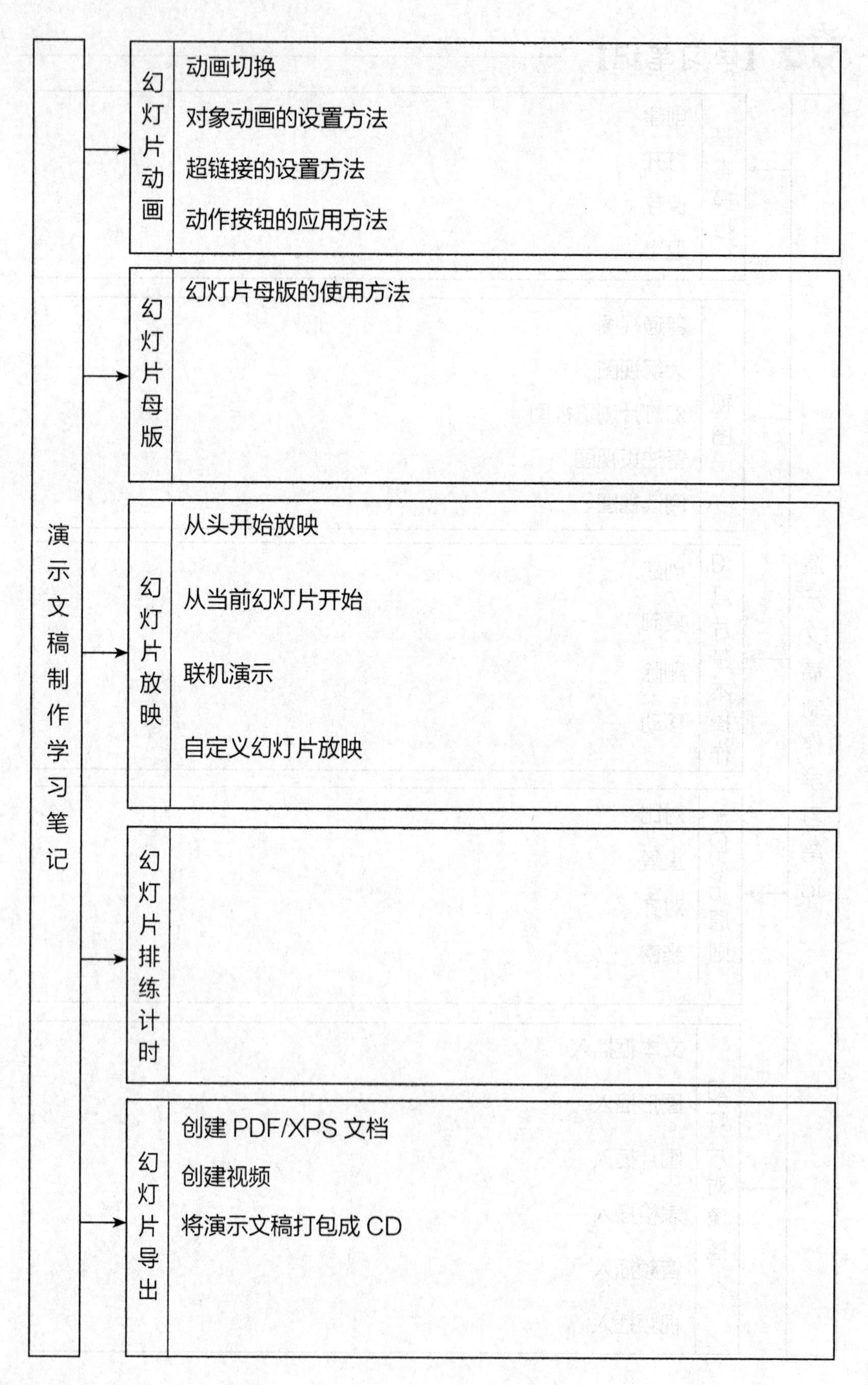
演示文稿制作学习笔记
幻灯片动画
动画切换
对象动画的设置方法
超链接的设置方法
动作按钮的应用方法
幻灯片母版
幻灯片母版的使用方法
幻灯片放映
从头开始放映
从当前幻灯片开始
联机演示
自定义幻灯片放映
幻灯片排练计时
幻灯片导出
创建 PDF/XPS 文档
创建视频
将演示文稿打包成 CD

考核评价

姓名：________ 专业：________ 班级：________ 学号：________ 成绩：________

一、单选题（每题 3 分，共 30 分）

1. PowerPoint 演示文稿文件的扩展名是（　　）。
   A. .doc　B. .ppt　C. .bmp　D. .jpg
2. 以下（　　）是无法打印出来的。
   A. 幻灯片中的动画　B. 幻灯片中的图片
   C. 母版上设置的标志　D. 幻灯片的展示时间
3. 以下（　　）选项卡是 PowerPoint 特有的。
   A. 幻灯片放映　B. 视图　C. 工具　D. 窗口
4. 为某一文字对象设置了超级链接后，以下说法不正确的是（　　）。
   A. 在演示该页幻灯片时，鼠标指针移动到文字对象上时会变成“手”形
   B. 在幻灯片窗格中，鼠标指针移动到文字对象上时会变成“手”形
   C. 该文字对象的颜色会以默认的配色方案显示
   D. 可以改变文字对象的超链接颜色
5. 关于自定义动画，以下说法不正确的是（　　）。
   A. 设置动画后，动画的先后顺序不可改变　B. 各种对象均可设置动画
   C. 同时还可以配置声音　D. 可将对象设置成播放后隐藏
6. 在空白幻灯片中不可以直接插入（　　）。
   A. 文本框　B. Excel 表格　C. 文字　D. 艺术字
7. 要终止幻灯片的放映，可直接按（　　）。
   A.【Esc】键　B.【Ctrl+E】组合键
   C.【End】键　D.【Alt+F4】组合键
8. PowerPoint 2016 中不可以插入（　　）文件。
   A. BMP　B. EXE　C. WAV　D. AVI
9. 在（　　）下能实现在一屏显示多张幻灯片。
   A. 普通视图　B. 大纲视图
   C. 幻灯片浏览视图　D. 备注页视图
10. 在幻灯片母版中插入的对象，只能在（　　）中修改。
   A. 大纲视图　B. 讲义母版
   C. 幻灯片浏览视图　D. 幻灯片母版

二、多选题（每题 4 分，共 20 分）

1. 演示文稿界面设计的 CRAP 原则包括（　　）。
   A. 对比　B. 重复　C. 对齐　D. 亲密

2. 在 PowerPoint 2016 中，通过幻灯片的母版可以实现（　　）。

A. 插入幻灯片编号　　B. 改变幻灯片的播放顺序

C. 改变所有幻灯片的背景　　D. 改变所有幻灯片的版式

E. 改变所有幻灯片的动画效果

3. 在 PowerPoint 2016 的各种视图中，不能编辑幻灯片或备注的视图有（　　）。

A. 阅读视图　　B. 普通视图　　C. 备注页视图

D. 大纲视图　　E. 幻灯片浏览视图

4. 在 PowerPoint 2016 中，使用大纲视图正确的操作有（　　）。

A. 可以对图表进行修改、删除

B. 不可以对图片进行复制、移动

C. 可以对标题顺序进行修改

D. 不可以对文本进行删除和复制

E. 隐藏当前幻灯片

5. 在 PowerPoint 2016 中，“插入”选项卡可以实现（　　）。

A. 表格的插入　　B. 图像的插入

C. 图标的插入　　D. 音视频媒体的插入

E. 新幻灯片的插入

三、判断题（每题 2 分，共 20 分）

1. 在 PowerPoint 2016 中，从第 8 张幻灯片跳转到第 12 张幻灯片，正确操作是添加超链接。（　　）

2. 在 PowerPoint 2016 幻灯片浏览视图中，复制当前幻灯片的正确操作是按住【Shift】键并拖曳幻灯片。（　　）

3. 在 PowerPoint 2016 中，从当前幻灯片开始播放的组合键是【Shift+F5】。（　　）

4. 在 PowerPoint 2016 中，如果想进行拼写检查，可以单击“审阅”选项卡。（　　）

5. 在 PowerPoint 2016 中，幻灯片文本不能设置动画。（　　）

6. 页面视图不属于 PowerPoint 视图。（　　）

7. 按【Ctrl+M】组合键可以添加新幻灯片。（　　）

8. PowerPoint 2016 默认的新建文件名是“演示文稿 1”。（　　）

9. 在 PowerPoint 2016 中，“版式”按钮位于“开始”选项卡中的“编辑”组。（　　）

10. 在 PowerPoint 2016 中，幻灯片可以按照预设时间自动连续播放，若要实现此功能，应单击“幻灯片放映”选项卡中的“自定义幻灯片放映”按钮。（　　）

四、操作题（共 30 分）

制作以“我爱你中国”为主题的演示文稿，题目自拟。要求：收集相关素材，包括图片、文本、图标、视频、音频等；作品需体现动画、幻灯片母版及幻灯片切换效果的运用。

单元4 信息检索

04

信息检索（Information Retrieval）是用户进行信息查询和获取信息的主要方式和手段。一般情况下，信息检索指的就是广义的信息检索。本单元主要讲述信息检索基础、使用搜索引擎检索信息、使用信息平台检索信息、使用专用平台检索信息等知识。

学习目标

知识目标
- ◎ 理解信息检索的基本概念，了解信息检索的基本流程。
- ◎ 掌握常用搜索引擎的自定义搜索方法，掌握布尔检索、截词检索、位置检索、限制检索等检索方法。

能力目标
- ◎ 掌握通过网页、社交媒体等不同信息平台进行信息检索的方法。
- ◎ 掌握通过期刊、论文、专利、商标、数字信息资源平台等专用 平台进行信息检索的方法。

素养目标
- ◎ 强化责任意识，在海量信息中能够辨别真伪，不传播不实信息，维护信息环境的健康。

知识导图

信息检索知识导图如图4-1所示。

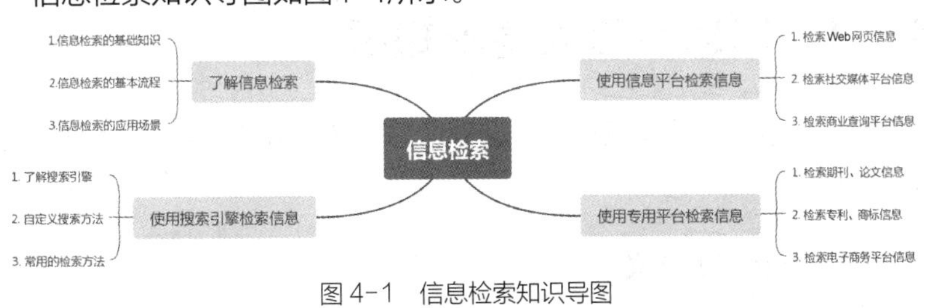

图 4-1 信息检索知识导图

任务 4.1 了解信息检索

任务描述

小明如愿以偿地考入了自己心仪的大学。入学后，老师交给他的第一项任务就是提升自己的主动学习能力，了解信息检索的相关知识，具体包括熟悉信息检索的基础知识，了解信息检索的基本流程及清楚在不同场景下该如何进行信息检索。

技术分析

学习信息检索需要掌握以下知识。

- 信息检索的含义、实质和类型。
- 信息检索的基本流程。
- 图书馆资源检索。
- 中文文献数据库检索。
- 外文文献数据库检索。
- 网络信息资源检索。
- 特种文献检索。

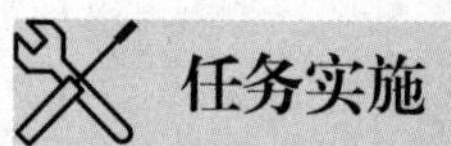

任务实施

扫码观看
微课视频

4.1.1 信息检索的基础知识

信息检索的基础知识包括信息检索的含义，信息检索的实质和信息检索的类型，下面进行简要介绍。

1. 信息检索的含义

信息检索有广义和狭义之分。广义的信息检索又称“信息存储与检索”，是指将信息按一定的方式组织和存储起来，并根据用户的需要找出有关信息的过程。狭义的信息检索为“信息存储与检索”的后半部分，通常称为“信息查找”或“信息搜索”，是指从信息集合中找出用户需要的有关信息。狭义的信息检索包括3个方面的含义：了解用户的信息需求，熟悉信息检索的技术和方法，满足用户的需求。

2. 信息检索的实质

从信息检索的含义可知，信息检索的过程包括信息标引、存储及信息的需求分析和检索。信息标引是用检索语言、分类号、主题词或其他符号来表示，并通过标引处理使大量无序的信息资源有序化，然后按科学的方法存储并组成检索系统，这是组织检索系统的过程。信息的需求分析和检索是指分析用户的信息需求，利用组织好的检索系统，按照系统提供的检索方法和途径检索有关信息。

信息检索的实质是将描述用户信息的问题特征与信息存储的检索标识进行比较，然后从中找出与问题特征一致或基本一致的信息。问题特征就是对信息的需求进行分析后从中选出的能代表信息需求的检索语言、主题词、分类号或其他符号。

3. 信息检索的类型

按照存储的载体和查找的技术手段进行划分（按检索的手段），可以将信息检索分为 3 种。

（1）手工检索

手工检索是指用人工的方式查找所需信息。检索对象是书本型的信息，检索过程由人完成，匹配是由人通过思考、比较和选择来进行的。

（2）机械检索

机械检索是指利用某种机械装置来处理和查找文献。

（3）计算机检索

计算机检索是指把信息及其检索标识转换成计算机可以识别的二进制编码并存储在磁性载体上，由计算机根据程序进行查找和输出。检索对象是计算机检索系统，针对数据库进行的检索过程由人与计算机协同完成，匹配由计算机完成。检索的本质没变，变化的是信息的存储媒介和匹配方法。

按照存储与检索的对象进行划分（按检索的结果），可以将信息检索分为两种。

（1）文献检索

文献检索以包含用户所需的特定信息的文献为检索对象，是指将文献按一定的方式存储起来，然后根据需要从中查出有关课题或主题文献的过程。

（2）数据检索

数据检索以事实和科学数据等浓缩信息作为检索对象，检索结果是用户直接可以利用的东西。这里所谓的科学数据，不仅包括数值形式的实验数据与工业技术数据，还包括非数值形式的数据，如概念名词、人名、地名、化学结构式、工业产品设备名称、规格等。

4.1.2 信息检索的基本流程

信息检索的基本流程通常包括以下几个步骤：课题分析、选择检索工具、抽取检索词、构造检索式、文献检索及检索式的调整、检索结果的处理。

（1）课题分析

通过课题分析可以明确文献检索的目的、课题要解决的实质问题、课题有哪些主题概念、各课题概念之间的关系、课题涉及的学科范围及课题所需文献信息的语种、时间范围等具体要求。

（2）选择检索工具

选择检索工具时要考虑以下几个方面。

- 专业性，即选择与学科专业相关的工具，特别注意跨学科领域的内容。
- 权威性，尽量选择具有权威性的检索工具。
- 检索工具收录的范围，包括时间跨度、地理范围、文献语种、类型、揭示深度等。
- 检索工具的检索方法和系统功能。

（3）抽取检索词

在检索词的抽取过程中，常用的方法包括对词语的切分、去除、替补等。这一过程需要注意以下两点。

① 准确、专业。

检索词是能够揭示主题内容的词语，应该是表示最小概念的词语，不要将虚词（连词、副词、介词、助词、语气词）或一些意义广泛的词作为检索词，如研究、技术、问题、方法等。

② 全面、考虑。

可以基于概念的上下位词来抽取检索词，如可再生能源与太阳能；也可以用同一检索词的不同表达方式来抽取检索词，如白血病与血癌；还可以用基于检索结果的同义词或近义词来抽取检索词。检索词的选词特点，如图 4-2 所示。

（4）构造检索式

检索式是检索策略的逻辑表达式，是用来表达用户检索时的问题的，由基于检索概念产生的检索词和各种组配算符构成。组配算符通常有布尔逻辑算符、截词符（通配符）、位置算符、限制检索算符 4 种。

（5）文献检索及检索式的调整

常见的检索途径有篇名（Title）途径、作者（Author）途径、机构（Affiliation）途径、序号（Code）途径、分类（Classification）途径、主题途径、关键词途径和其他途径。可以根据课题的已知条件和课题范围的检索效率要求，选择合适的检索途径，如图 4-3 所示。

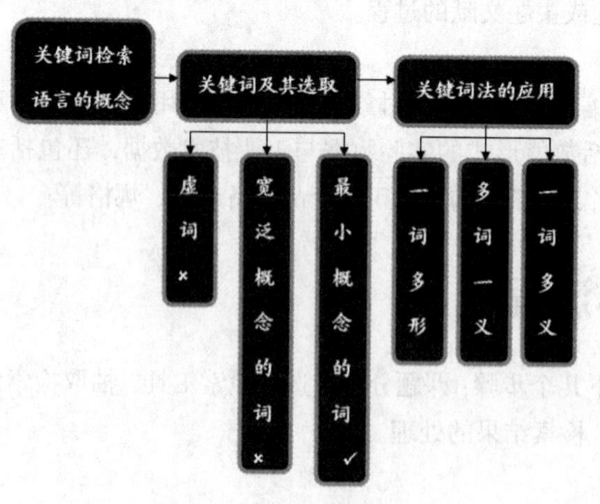

图 4-2　检索词的选词特点

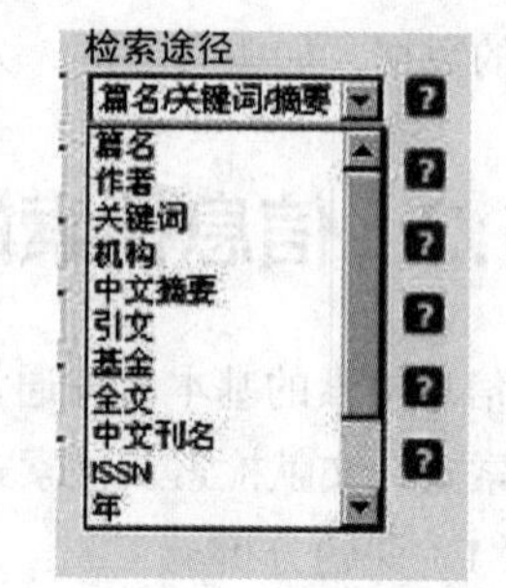

图 4-3　检索途径的选择

（6）检索结果的处理

检索结果的处理包括文献信息的选择、下载、存储及文献的阅读与引用。

信息检索的流程如图 4-4 所示。

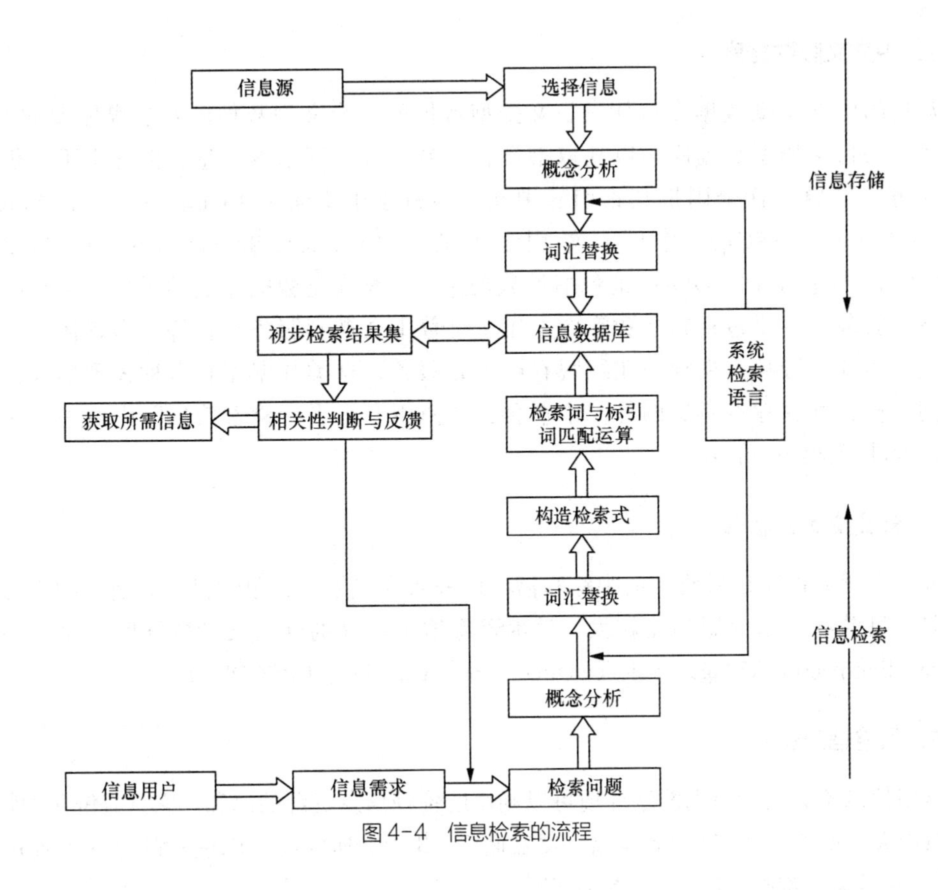

图 4-4 信息检索的流程

4.1.3 信息检索的应用场景

在信息检索过程中，由于信息源的不同会面临不同的信息检索场景，常见的信息检索场景有图书馆资源检索、中文文献数据库检索、外文文献数据库检索、网络信息资源检索及特种文献检索。

1. 图书馆资源

现代图书馆的馆藏文献信息资源包含很多方面，既包括图书馆内的纸质图书，又包括图书馆外部的信息资源。

目前，图书馆检索图书一般采用联机公共检索目录（Online Public Access Catalog，OPAC）进行检索。

OPAC 主要用于查询馆藏目录和读者的借阅信息，人们可以在互联网上任何一台计算机上使用。通过各图书馆的 OPAC 系统，人们可以知晓每个图书馆有什么藏书，这是图书馆资源共享的有效途径。馆藏书目检索页面如图 4-5 所示。

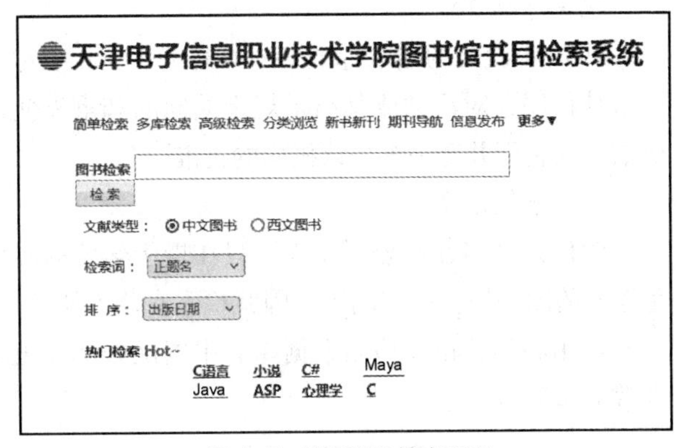

图 4-5 馆藏书目检索页面

2. 中文文献数据库

常见的中文文献数据库包括书目文摘型数据库、全文型数据库及多媒体型数据库3种类型。书目文摘型数据库可以获取书目、刊名、摘要等基本信息，但通常不提供全文下载服务，主要包括全国报刊索引、中文社会科学引文索引（Chinese Social Sciences Citation Index，CSSCI）、中国科学引文数据库（Chinese Science Citation Database，CSCD）、图书馆自建的OPAC馆藏书目数据库等。全文型数据库能够提供全文在线阅读或者下载服务，主要包括超星数字图书馆、维普中文期刊服务平台等。多媒体型数据库可以提供图片、音频、视频的在线观看或下载服务，这类数据库有多种表现形式，主要包括网上报告厅、起点考试网等。本书会在“使用专用平台检索信息”中对中文文献数据库检索进行详细的介绍。

3. 外文文献数据库

外文文献数据库是科研人员跟踪和借鉴国外研究成果、紧跟学科发展前沿的不可或缺的工具。目前在学术界影响比较大、学术资源质量较高的外文文献数据库主要有Web of Science、Engineering Village、Science Direct、Springer Link、EBSCOhost等。

4. 网络信息资源

网络信息资源是指借助网络环境可以利用的各种信息资源的总和。它具有鲜明的特点：①数量庞大、增长迅速；②内容丰富、覆盖面广；③传输速度快；④共享程度高；⑤使用成本低；⑥变化频繁、难测；⑦质量参差不齐等。

5. 特种文献

特种文献包括专利文献、标准文献、学位论文和科技报告会议文献等。它们有不同于图书、期刊等常规文献的特点，具有常规文献不可取代的价值。

（1）专利文献

专利包括三方面：一是从法律的角度可理解为专利权，是指受法律保护的权利；二是从技术的角度理解，其是指受法律保护的技术，也就是受专利法保护的发明创造；三是从文献的角度理解，其是指记录发明创造内容的专利文献。

（2）标准文献

1996年我国的国家标准GB 3935.1—1996中对“标准”的定义是：“为在一定的范围内获得最佳秩序，对活动或其结果规定共同的和重复使用的规则、异则或特性的文件。该文件经协商一致制订并经一个公认机构的批准”。

（3）学位论文

学位论文多数不公开发表，只在授予学位的院校和研究机构的图书馆或按国家规定接受呈缴本的图书馆保存有副本，因此检索有些不便。

常用的学位论文检索数据库有中国优秀博硕士学位论文全文数据库、万方数据《中外标准数据库》等。

（4）会议文献

会议文献是传递和获取科技信息的一种极为有效的重要渠道。常用的会议文献检索数据库有万方数据、中国学术会议在线等。

任务 4.2 使用搜索引擎检索信息

任务描述

在了解了信息检索的基础知识之后，老师交给了小明新的任务，学会使用搜索引擎，掌握信息检索的检索方法。

技术分析

完成学习使用搜索引擎的任务，需要掌握以下相关知识。

- 了解搜索引擎的分类。
- 了解搜索引擎的工作流程。
- 掌握自定义搜索引擎的方法。
- 掌握搜索引擎的使用技巧。
- 掌握常用的检索方法。
- 掌握信息检索的方式。

任务实施

4.2.1 了解搜索引擎

搜索引擎泛指网络上以一定的策略收集信息，对信息进行组织和处理，并为用户提供信息检索服务的工具和系统，是网络资源检索工具的总称。搜索引擎为用户提供了一个查找互联网信息内容的接口，提供查找的信息内容包括网页、图片及其他类型的文档。

1. 搜索引擎的分类

搜索引擎按搜索方式可分为目标型搜索引擎和全文型搜索引擎。

目标型搜索引擎主要采用人工或机器的方式搜索信息，由人工对信息进行分类、加工、整理，建立分类导航或分类编排网站目录，并提供分类检索，如搜狐等。

全文型搜索引擎又称索引型搜索引擎，由索引软件自动搜索信息，建立网页信息索引库并提供全文检索，如百度等。

2. 搜索引擎的工作流程

（1）在互联中发现、搜集网页信息

搜索引擎负责数据采集，即按照一定的方式和要求对网络上的互联网站点进行搜索，并把获得的信息保存下来以建立索引数据库供用户检索。

（2）对信息进行提取和组织，建立索引数据库

首先是数据分析与标引，搜索引擎对已经收集到的信息进行分类，建立搜索原则。例如，对于“软件”这个词，搜索引擎必须建立一个索引，当用户查找的时候，可以在这里调取资料。其次是数据组织，搜索引擎负责建立规范的索引数据库或便于浏览的层次型分类目录结构，也就是计算网页等级。

（3）在索引数据库中搜索排序

由检索器根据用户输入的查询关键字，在索引数据库中快速检索出文档，并进行文档与查询关键字的相关度评价，然后对将要输出的结果进行排序，并将查询结果返回给用户。

搜索引擎的工作流程示意如图 4-6 所示。

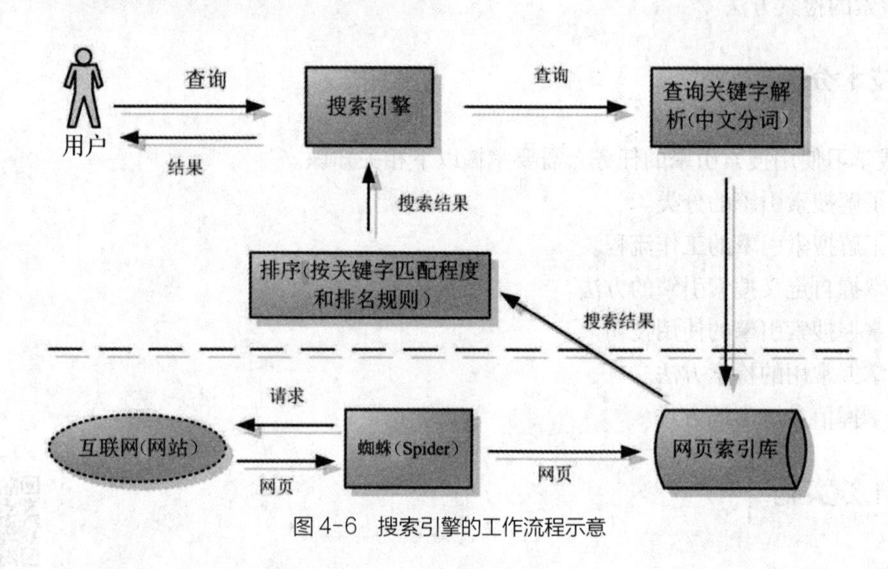

图 4-6　搜索引擎的工作流程示意

4.2.2　自定义搜索引擎方法

1. 自定义搜索引擎

很多浏览器都有自定义搜索引擎的功能，以 Chrome 浏览器为例，设置自定义搜索引擎功能后，在地址栏中输入关键字再按【Tab】键就能够实现快速搜索。具体设置过程如下。

① 在 Chrome 浏览器的地址栏中输入“chrome://settings/sea***Engines”，进入“管理搜索引擎”界面，如图 4-7 所示。

② 单击“添加”按钮，添加其他引擎，如图 4-8 所示。

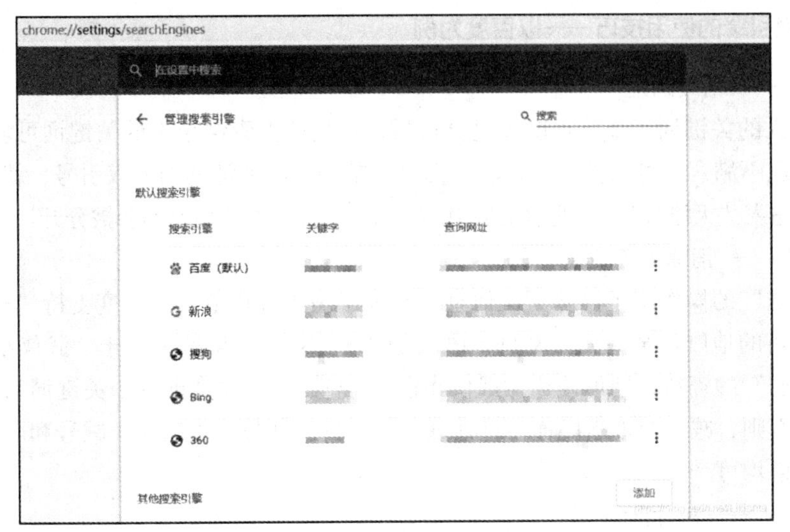

图 4-7　“管理搜索引擎”界面

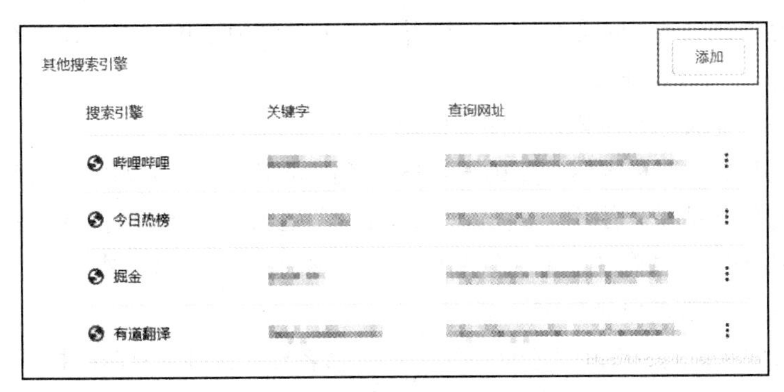

图 4-8　添加其他引擎

③ 在“修改搜索引擎”界面自定义所需的引擎，以 PIP 的清华镜像点为例，如图 4-9 所示。自定义所需的搜索引擎有助于我们搜索所需的第三方库。

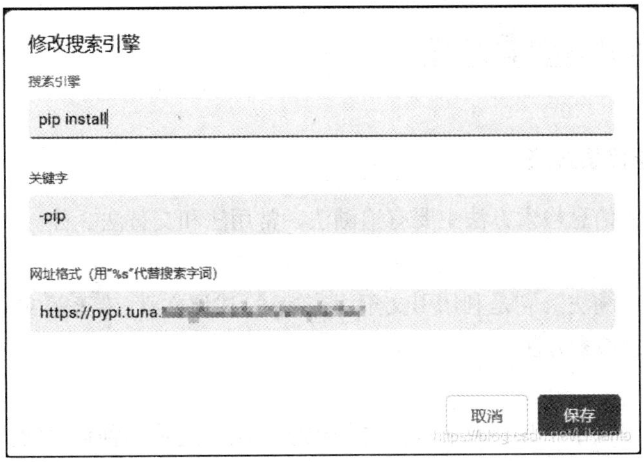

修改搜索引擎
搜索引擎
pip install
关键字
-pip
网址格式（用"%s"代替搜索字词）
https://pypi.tuna.
取消
保存

图 4-9　“修改搜索引擎”界面

该搜索引擎是通过关键字触发的，例如在地址栏中输入“-pip”，按【Tab】键即可触发搜索引擎。

2. 搜索引擎的使用技巧——以百度为例

（1）“”——精确匹配

如果输入的关键词很长，百度经过分析后，给出的搜索结果中的关键词可能是拆分的。如果对此情况不满意，可以尝试让百度不拆分关键词。给关键词加上双引号，就可以达到这种效果。如输入“天津大学”，搜索结果中的“天津大学”4 个字就不会被分开。

（2）“-”——消除无关性

逻辑“非”的操作用于排除无关信息，有利于缩小查找范围。百度支持“-”功能，该功能用于有目的地删除某些无关网页，语法是“A -B”。如果搜索关于“武侠小说”，但不包含“温瑞安”的资料，则可使用“武侠小说 - 温瑞安”。注意前一个关键词和减号之间必须有空格，否则，减号会被当成连字符处理，从而失去减号语法功能。减号和后一个关键词之间有无空格均可。

（3）“|”——并行搜索

并行搜索的本质是逻辑“或”的操作。使用“A | B”来搜索“包含关键词 A，或者包含关键词 B”的网页。使用同义词作关键词并在个关键词中使用“|”运算符可提高检索的全面性。如搜索“计算机 | 电脑”。

（4）intitle——把搜索范围限定在网页标题中

网页标题通常是对网页内容的归纳。将搜索范围限定在网页标题中会得到和输入的关键词匹配度更高的检索结果。使用方式是在“intitle：”之后加上查询内容中特别关键的部分，如“intitle：知识经济”。注意“intitle：”和后面的关键词之间不要有空格。

（5）《》——精准匹配电影或书籍

书名号是百度独有的一个特殊查询语法。加上书名号的关键词有两层特殊功能：一是书名号会出现在搜索结果中；二是被书名号括起来的内容不会被拆分。使用书名号在某些情况下特别有效果，例如，查找电影《手机》，如果不加书名号，则很多情况下出来的是通信工具手机，而加上书名号后，结果就是《手机》电影了。

4.2.3 常用的检索方法

1. 常用的信息检索方法

当前较为流行的信息检索方法主要有追溯法、常用法和交替法 3 种。

（1）追溯法

追溯法又称“回溯法”，它是利用引文索引或综述、述评文献、专著等文后所附的参考文献，获取所需文献信息的检索方法。

（2）常用法

常用法是指利用检索工具获取文献信息的检索方法。这是一种科学的文献信息检索方法，有节约检索时间，获取的文献全面等优点。常用法在应用时有以下 3 种方式。

① 顺查法。

顺查法是一种以检索课题的起始年代为出发点，按时间顺序由远而近地查找文献的方法。

② 倒查法。

倒查法与顺查法相反，是从现在追溯到过去，由近到远逐年查找。

③ 抽查法。

抽查法是根据研究课题的特点和需要，选择该课题研究发展较快、出版文献较多的年代，根据实际情况来检索其中某个时期文献信息的一种查找方法。

（3）交替法

交替法是指追溯法和常用法相互交替使用的检索方法。它可以分为复合交替法和间接交替法两种。

① 复合交替法。

复合交替法是指综合使用追溯法和常用法。

② 间隔交替法。

间隔交替法即利用检索工具每隔五年逐年查找一批有用的文献，直到满足检索要求。

2. 信息检索的方式

（1）布尔检索

布尔检索采用布尔代数中的逻辑“与”、逻辑“或”、逻辑“非”等运算符，将检索提问式转换成逻辑表达式。计算机根据逻辑表达式查找符合限定条件的文献。布尔检索是现代检索系统中常使用的一种方式。

布尔逻辑运算符表示两个检索词之间的逻辑关系，用于形成一个概念。常用的布尔逻辑运算符有 3 种，分别是逻辑“与”（AND）、逻辑“或”（OR）、逻辑“非”（NOT）。

逻辑“与”——用 AND 或 * 表示。逻辑“与”是一种用于交叉概念或限定关系的组配，它可以缩小检索范围，有利于提高检索的准确率。若逻辑表达式为“A AND B”，即表示被检索的文献记录中必须同时含有 A 和 B。也就是说，凡是使用 AND 的检索语句，两个检索词必须同时出现在一篇文献记录中，该篇文献才会被检索出来。

逻辑“或”——用 OR 或 + 表示。逻辑“或”是一种用于并列概念的组配，用来表示相同概念词之间的关系。若逻辑表达式为“A OR B”，则表示一篇文献记录只要含有检索词 A 或者 B 就会被检索出来。这种组配可以扩大检索范围，有利于提高查全率。

逻辑“非”——用 NOT 或 - 表示。这种组配用于从原来的检索范围中排除不需要或影响检索结果的内容。若逻辑表达式为“A NOT B”，则表示数据库中含检索词 A 且不含检索词 B 的记录会被检索出来。逻辑“非”能够缩小检索文献范围，提高检索的准确性。

布尔检索作为一种主要的检索方式，具有以下特点。

① 形式简洁，结构化强，语义表达好。

② 布尔运算关系有利于准确表达检索概念间的逻辑关系。

③ 由于布尔运算以比较方式在集合中进行，故在软件中容易实现。

（2）截词检索

截词检索是预防漏检、提高查全率的一种常用检索技术。截词是指在检索词的合适位置进行截断，然后使用截词符进行处理，这样既可减少输入的字符数目，又可达到较高的查全率。截词检索就是用某个截词进行的检索，且含有满足这个词中的所有字符（串）的文献，都会被检索出来。按截断的位置来分，截词有后截断、前截断、中截断 3 种类型。

后截断是指将截词符放置在一个字符串后面，以表示其后的无限或有限个字符都不影响该字符串的检索。如“computer?”表示computer、computers等都可以被检索。

前截断是指将截词符放置在一个字符串的前面，以表示其前的有限或无限个字符都不影响该字符串的检索。从检索性质上讲，前截断是后方一致检索。在检索复合词较多的文献时，多使用前截断。如“?computer”表示minicomputer、microcomputer等都可以被检索。

中截断通常由中截词实现。中截词也称“屏蔽词”。一般来说，中截词仅允许有限截词，如“organi? ation”可检索出含有organisation和organization的记录。

不同的系统用的截词符也不同，常用的有“?”“、”“*”等。截词符通常可以分为有限截词符（一个截词符只代表一个字符）和无限截词符（一个截词符可代表多个字符）。

（3）限制检索

限制检索是在检索系统中缩小或约束检索结果的一种方式。限制检索的方式有很多，包括字段检索、限制符检索等。

字段检索是限定检索词在数据库记录中出现的字段范围的一种检索方法。数据库提供的可供检索的字段通常分为基本索引字段和辅助索引字段两大类。基本索引字段表示文献内部特征，如题名、叙词、文摘等；辅助索引字段表示文献的外部特征，如作者、文献类型、语种、出版年份等。每个字段有一个字段代码，字段代码通常用两个大写字母表示。美国DIALOG系统是运作非常成功的联机商业数据库系统之一。DIALOG系统各字段表示如下：

基本索引字段：TI（篇名、题名）、AB（摘要）、DE（主题词、叙词）、ID（自由标引词）。

辅助索引字段：AU（作者）、CS（作者单位）、JN（刊物名称）、PY（出版年份）、LA（语言）。

在一般的联机系统中，可以通过限制符从文献的外部特征方面限制检索结果。限制符的用法与后缀符的用法相同，但其作用却与前缀符的作用相同。例如，wheelchair. PAT，表示只检索wheelchair这一主题的专利文献。

限制符还可以与前、后缀符同时使用，这时字段代码与限制符之间的关系是逻辑“与”，即最终的检索结果应同时满足字段检索和限制符检索两方面的要求。例如：

Wheelchair/TL，PAT；

AU=Mark Twain/ENG；

（4）位置检索

位置检索也叫“邻近检索”。文献记录中词语的相对次序或位置不同，所表达的意思可能也不同；而同样一个检索表达式中词语的相对次序不同，其表达的检索意图也不一样。布尔逻辑运算符有时难以表达某些检索课题的确切提问要求。限制检索虽能使检索结果在一定程度上满足提问要求，但无法对检索词之间的相对位置进行限制。位置检索是用一些特定的算符（位置算符）来表达检索词与检索词之间的关系，并且可以不依赖主题词而直接使用自由词进行检索的技术方法。

常见的位置算符如下。

①“（W）”算符。

“（W）”中的“W”的含义为with，表示此算符两侧的检索词必须紧密相连，除空格和标点符号外，不得插入其他词或字母，两词的顺序不可颠倒。

② “(nw)” 算符。

“(nw)” 中的 “w” 的含义为 word，表示此算符两侧的检索词必须按前后邻接的顺序排列，顺序不可颠倒，而且检索词之间最多有 n 个其他词。

③ “(N)” 算符。

“(N)” 中的 “N” 的含义为 near，表示此算符两侧的检索词必须紧密相连，除空格和标点符号外，不得插入其他词或字母，两词的顺序可以颠倒。

④ “(nN)” 算符。

“(nN)” 表示允许两词间插入最多 n 个其他词，包括实词和系统禁用词。

⑤ “(F)” 算符。

“(F)” 中的 “F” 的含义为 field，表示此算符两侧的检索词必须在同一个字段（例如，同在题目字段或文摘字段）中出现，顺序不限，两词中间可插入任意多个检索词。

⑥ “(S)” 算符。

“(S)” 中的 “S” 的含义是 Sub-field/sentence，表示在此算符两侧的检索词只要出现在记录的同一个子字段内，此信息就会被检索出来。此算符要求被连接的检索词必须同时出现在记录的同一个子字段中，不限制它们在此子字段中的相对次序，中间插入词的数量也不限。

任务 4.3 使用信息平台检索信息

任务描述

在小明学习了相关的理论知识后，老师要求小明运用学到的知识，针对网络信息资源场景进行实际的操作，主要任务包括检索 Web 网页信息、检索社交媒体平台信息、检索商业查询平台信息等。

技术分析

完成使用信息平台检索信息的任务，需要掌握以下操作。

扫码观看
微课视频

- 使用浏览器浏览网页。
- 通过浏览器下载文件。
- 使用搜索引擎检索信息。
- QQ 的使用。
- 微博的使用。
- 使用商业查询平台进行检索。

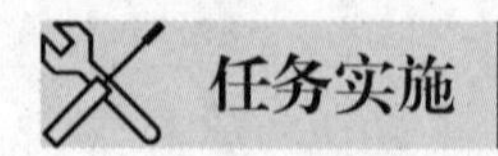

4.3.1 检索Web网页信息

万维网（World Wide Web，WWW）简称3W或Web，连接了全球数千万台服务器。“网上浏览”“网上冲浪”中的“网”都是指互联网。互联网的优势在于用户可以通过简单的方法，迅速获取各种不同的信息，如文字信息和图形图像、声音等多媒体信息。互联网是由许多“页”组成的，这些“页”分布在世界各地称为“网站”的服务器中，每一页都可以叫作网页，一个网站中有许多网页。由于人们用不同类型的计算机来浏览网页，因此为了保证所有人都能读出这些网页携带的信息，描述网页时就都用统一的标准——超文本标记语言（Hyper-Text Markup Language，HTML）。但如果不用浏览器解释，网页就很难被用户理解。所以，用户要浏览网页中的信息，就要借助一个客户端软件——浏览器。

1. 使用浏览器浏览网页

在浏览器的地址栏中输入想要打开的网站的地址，如图4-10所示。

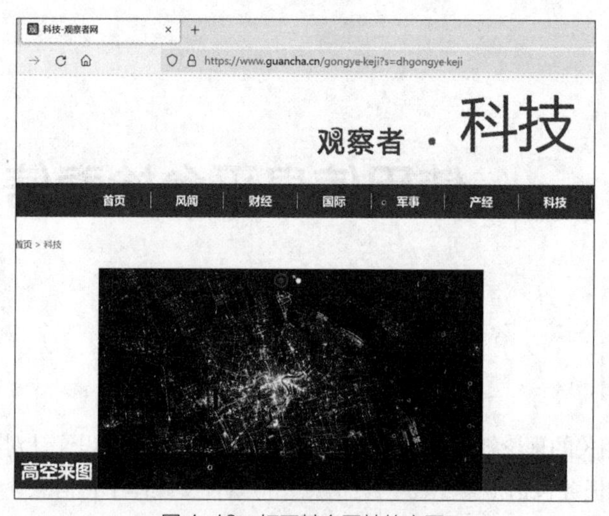

图4-10 打开某个网站的主页

2. 通过浏览器下载文件

如果想要保存网页中的某个图片文件，可以在图片上单击鼠标右键，在弹出的快捷菜单中单击“另存图像为”命令，并设置好本地保存地址，如图4-11所示。如果需要从网页中下载某个软件或压缩文件，则在相关网页上单击鼠标右键，在弹出的快捷菜单中单击“目标另存为”命令，并设置好保存路径。

3. 使用搜索引擎检索信息

选择一个搜索引擎，输入要查询的关键词，如果关键词为两个或两个以上，则可以用空格分隔。下面以百度为例，输入关键词，如图4-12所示。

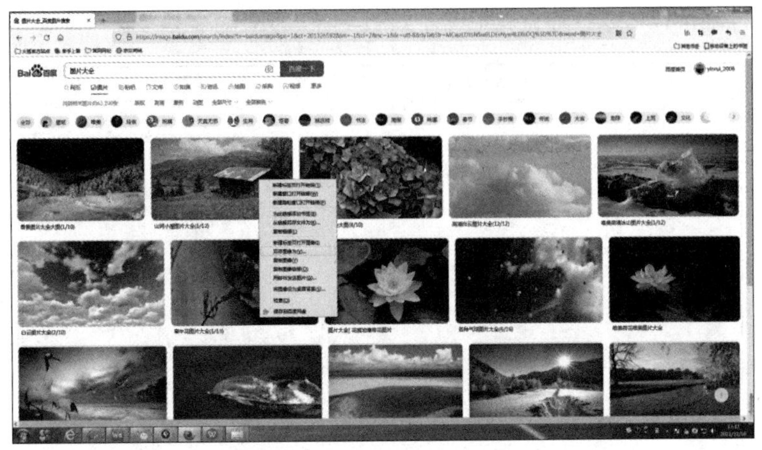

图 4-11 保存网页中的图片

图 4-12 输入关键词

单击结果中的某个链接，即可打开相关网站的主页，如图 4-13 所示。

图 4-13 打开相关网站的主页

如果要查询地址，可以打开百度地图，如图 4-14 所示。

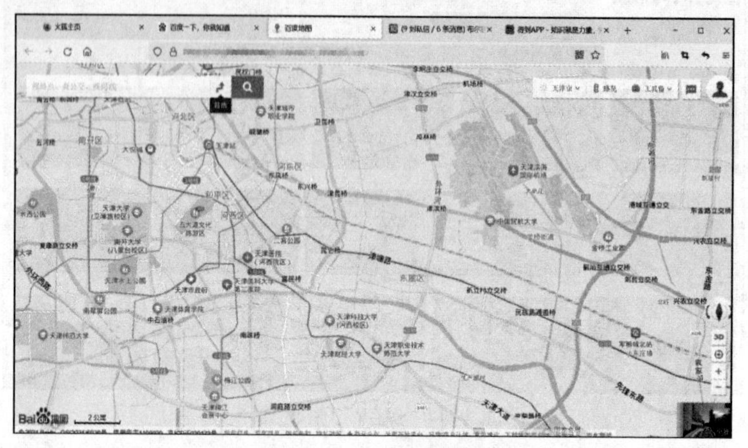

图 4-14　打开百度地图

在搜索栏中输入想要查找的地点，如果想要查找公交或驾车路线，则可输入“× × 到 × ×”，如“天津电子信息职业技术学院到水上公园”，如图 4-15 所示。

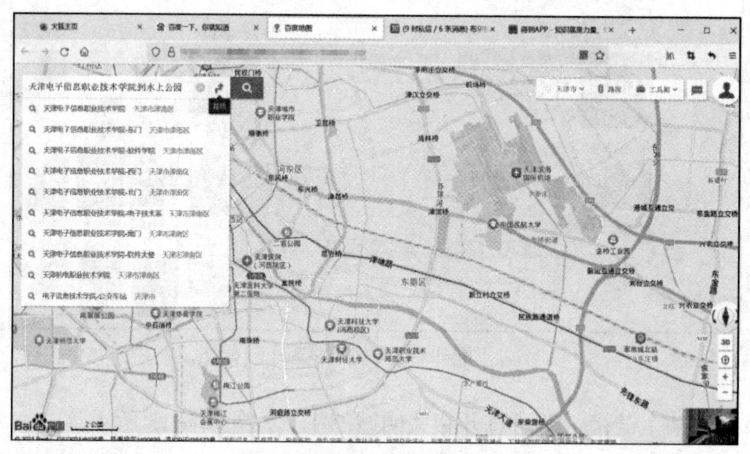

图 4-15　查找路线

单击“搜索”按钮，提示选择的起点，选择后即可在网页上看到查询结果，如图 4-16 所示。

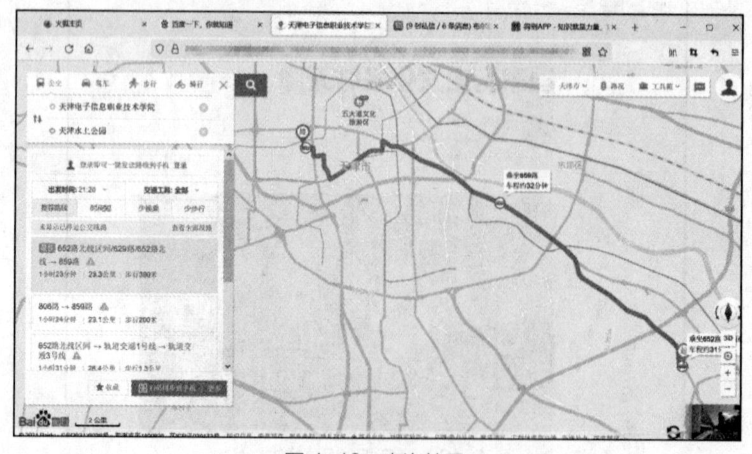

图 4-16　查询结果

4.3.2　检索社交媒体平台信息

社交媒体平台指互联网上基于用户关系的生产与交换平台，是人们用来分享意见、见解、经验和观点的工具和平台，现阶段的社交媒体平台主要包括社交网站、微博、微信、博客、论坛、播客等。下面以QQ、微博为例，讲解如何检索社交媒体平台信息。

1. QQ的使用

登录QQ后，单击QQ主界面的“加好友/群”按钮，弹出查找页面，如图4-17所示。

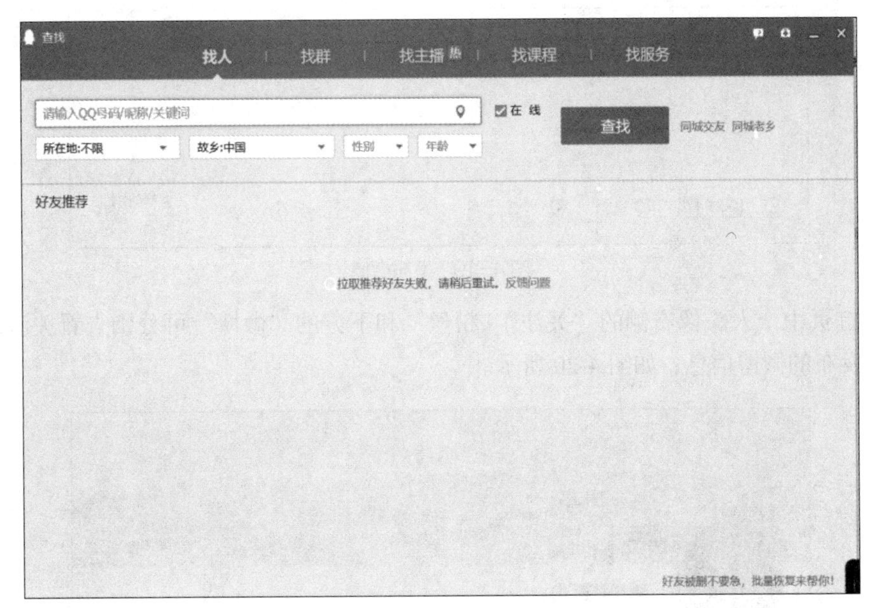

图4-17　查找页面

用户如果知道对方的账号，则可进行精确查找；也可以指定条件，按条件查找。选择要添加的用户，单击“加好友”按钮，输入验证信息，如图4-18所示。

图4-18　添加好友

单击“下一步”按钮，完成添加。

添加完成后，双击好友的头像即可进行聊天。

2. 微博的使用

微博是一个基于用户关系的信息分享、传播及获取平台，用户可以通过 Web、WAP 及各种客户端组建个人社区，更新信息，并实现即时分享。

打开新浪微博，将光标定位到输入框里面，输入自己想发布的信息。同时，还可以添加表情、图片、视频、话题等。单击输入框右下角的“发送”按钮，如图 4-19 所示。

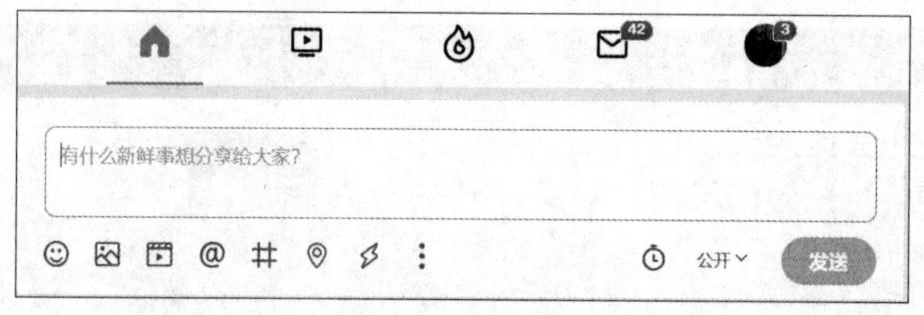

图 4-19 发布微博

单击首页中个人头像右侧的“关注”“粉丝”和下方的“微博”可分别查看关注的人群、粉丝量和发布的微博信息，如图 4-20 所示。

图 4-20 查询微博的信息

关注他人微博。首先单击个人头像下的“粉丝”，显示个人账号的粉丝信息，单击粉丝头像进入粉丝主页，然后将粉丝微博的主页向下滑动，即可查看粉丝的微博，在每条微博的右下方可以选择进行转发、收藏和评论，如图 4-21 和图 4-22 所示。

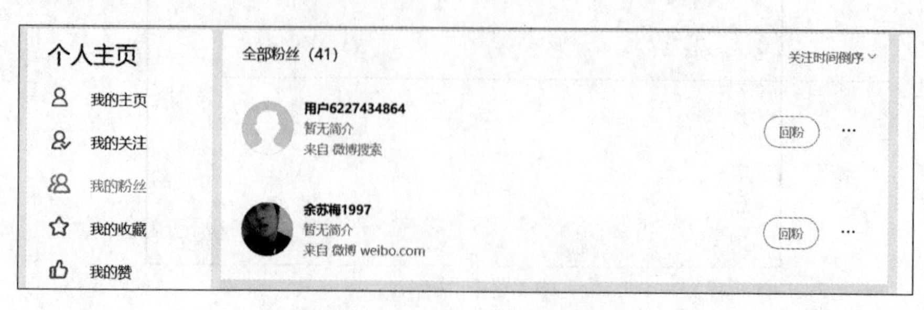

图 4-21 查看个人粉丝数量情况

图 4-22　查看粉丝个人主页

4.3.3　检索商业查询平台信息

商业查询平台也可称为商业信息查询类工具网站，是指基于公开信息，使用大数据、人工智能等技术手段，及时、准确地提供多种数据维度的商业信息的平台，是服务于个人与企业的第三方信息查询平台。

下面以天眼查为例，介绍商业查询平台的信息检索过程。

在地址栏中输入天眼查网址，登录天眼查主页，如图 4-23 所示。

图 4-23　登录天眼查主页

在搜索框中输入需要检索的对象信息，信息可以为企业名称、企业持股人姓名、品牌名称等，如图 4-24 所示。

图 4-24　输入想要查询的企业名称

单击“天眼一下”按钮，即可显示所查企业的相关信息，如图 4-25 所示。

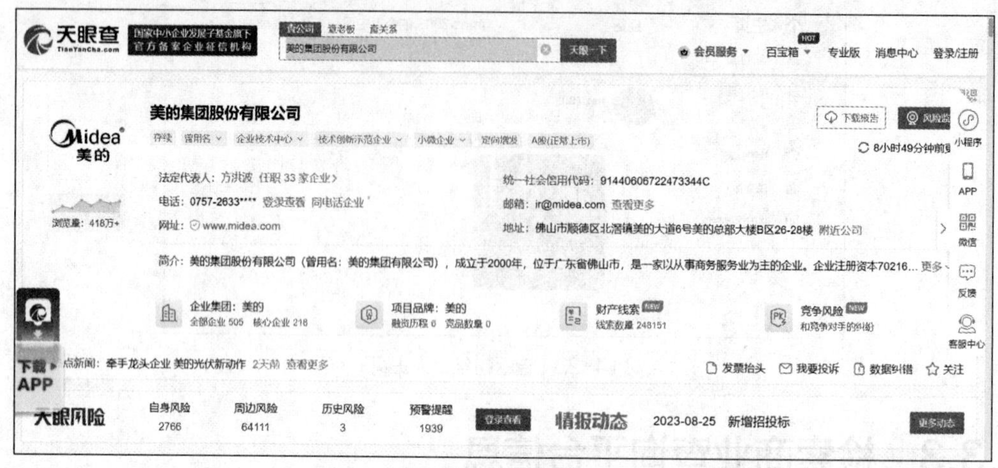

图 4-25　企业相关信息

天眼查还可以对企业的持股人及关系企业等信息进行查询，如图 4-26 所示。

图 4-26　企业持股人等相关信息

任务 4.4　使用专用平台检索信息

任务描述

信息检索应用较多的场景是专用平台的信息检索。在完成对网络信息资源检索实践操作的学习之后，老师要求小明掌握使用专用平台检索信息的方法，具体内容包括检索期刊、论文信息，检索专利、商标信息，以及检索电子商务平台信息。

技术分析

完成使用专业平台检索信息的任务，需要掌握以下知识。

- 期刊的检索。
- 专利信息的检索。
- 商标信息的检索。
- 电子商务平台信息的检索。

任务实施

4.4.1 检索期刊、论文信息

期刊、论文是学术研究采用较多、应用比较广泛的文献类型。目前，国内常用的期刊论文数据库有维普资讯的中文期刊数据库、万方数据的中文学术期刊数据库等。本小节将介绍期刊检索的相关内容。

期刊的检索包括期刊馆藏信息检索、期刊出版信息检索和期刊论文检索。

（1）期刊馆藏信息检索

图书馆在网络上通过书目数据库提供图书馆期刊馆藏信息的检索。书目数据库既反映期刊状况，又反映合订本信息，而且可以从刊名、主题、关键字、书号、国际标准连续出版物号（International Standard Serial Number，ISSN）等途径进行检索。

（2）期刊出版信息检索

用户可以通过期刊征订目录、集成商提供的专业数据库和搜索引擎 3 种途径获取期刊出版信息。

① 期刊征订目录检索。

邮局是期刊的主要发行单位，其发行的年度《报刊简明目录》是一种重要且可靠的期刊出版信息源，不仅提供邮发代号、报刊名称和定价，而且包括重点期刊的内容简介和出版单位地址。

② 集成商提供的专业数据库检索。

网络期刊集成商本身不出版电子期刊，而是将出版商的网络期刊集成在一起，建立统一的检索界面，从而提供检索服务。

③ 搜索引擎检索。

在查找电子期刊的出版信息时，搜索引擎检索是常用的一种方法。直接输入期刊名称或 ISSN 进行检索，可以获得对应期刊的简介、出版情况和网站链接等信息。

（3）期刊论文检索

期刊论文主要有两种检索方法：直接法和间接法。所谓直接法，是指直接查阅有关期刊，浏览目次，进而找到所需的论文的检索方法，即指了解有关学科或专题发展动态的一种相对简单的检索方法；所谓间接法，是指借助检索工具，从数量庞大的信息集合中迅速、准确地查找特定信息内容的常用检索方法，通过该方法获得的信息具有较高的全面性和准确性。

4.4.2 检索专利、商标信息

1. 专利信息的检索

检索专利信息是为了了解相关行业和技术领域他人已经具有的生产制造能力和技术水平，同时了解自己准备或将要开发的项目是否落入他人专利的保护范围。常用的专利检索网站有如下两种。

① 常用的专利全文网站。

国家知识产权局：http://www.cnipa.gov.cn。

中国专利信息中心：http://www.cnpat.com.cn（ IPC 检索）。

② 常用的专利文摘网站。

中国知识产权网：http://www.cnipr.com。

企知道专利检索网（北京市经济信息中心主办）：http://www.qizhidao.com。

以国家知识产权局专利检索系统为例，介绍专利信息的检索过程。

登录国家知识产权局专利检索系统，以美的公司 2015 年以来申请的名称中包含“空调”的专利为例进行介绍。

根据题目要求，在检索字段“发明名称”中输入检索词“空调”，在检索字段“申请日”中输入检索词“>=20150101”，在检索字段“申请（专利权）人”中输入检索词“美的”，如图 4-27 所示。部分检索结果如图 4-28 所示。

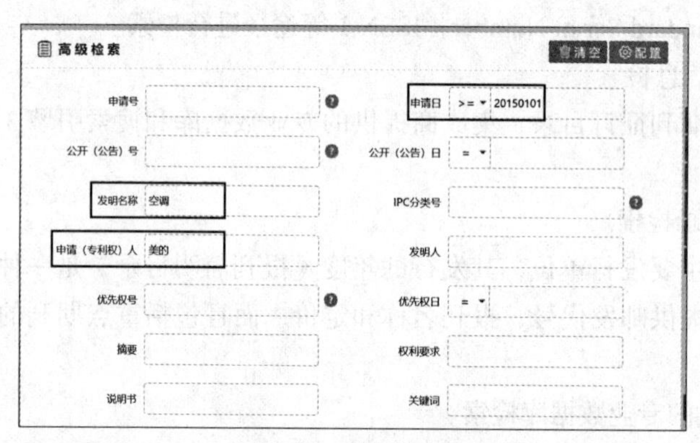

图 4-27 输入检索词

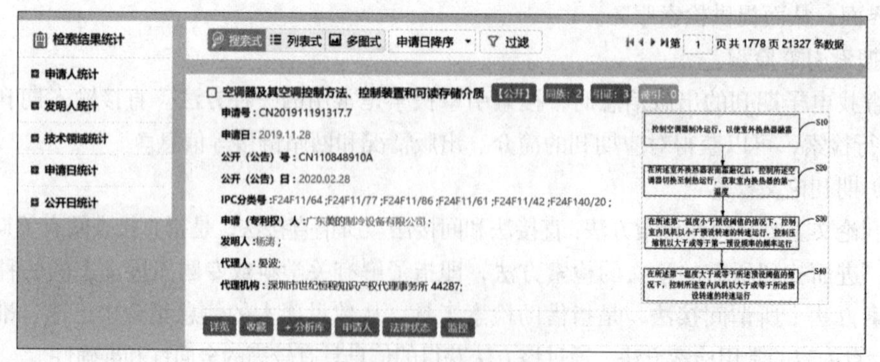

图 4-28 部分检索结果

2. 商标信息的检索

企业要实施商标品牌战略，必须从申请注册商标开始，没有注册商标，实施商标品牌战略就是一句空话。

常用的商标检索网站如下。

中国商标网：http://wcjs.sbj.cn***.gov.cn。

下面以中国商标网为例说明商标信息的检索过程。

进入中国商标网主页，如图 4-29 所示，可以看到主页中有商标近似查询、商标综合查询、商标状态查询、商标公告查询等选项。

图 4-29　中国商标网主页

在商标综合查询中输入商标名称“咱家”，如图 4-30 所示。

图 4-30　输入待查询商标名称

单击“查询”按钮，即可显示查询结果，部分结果如图 4-31 所示。

帮助　当前数据截至：（2021年10月15日）

检索到1309件商标　　仅供参考，不具有法律效力

序号	申请/注册号	国际分类	申请日期	商标名称	申请人名称
1	59725683	30	2021年10月11日	咱家菜	徐利国
2	59404510	30	2021年09月23日	咱家馍	郭实现
3	59385851	35	2021年09月22日	咱家独一味	安徽咱家铺子食品有限公司
4	59176618	33	2021年09月13日	咱家独一味	安徽咱家铺子食品有限公司
5	59084159	43	2021年09月08日	咱家众益 大食堂 OUR CANTEEN	大连神洲众益集团有限公司
6	59068813	29	2021年09月07日	咱家良品	安徽咱家铺子食品有限公司
7	59068763	30	2021年09月07日	咱家优选	安徽咱家铺子食品有限公司
8	59068753	30	2021年09月07日	咱家独一味	安徽咱家铺子食品有限公司
9	59066974	30	2021年09月07日	咱家元华堂	安徽咱家铺子食品有限公司
10	59066334	29	2021年09月07日	咱家优品	安徽咱家铺子食品有限公司
11	59066304	29	2021年09月07日	咱家小吃帮	安徽咱家铺子食品有限公司
12	59065267	29	2021年09月07日	咱家小吃派	安徽咱家铺子食品有限公司
13	59064468	30	2021年09月07日	咱家小吃派	安徽咱家铺子食品有限公司
14	59062855	29	2021年09月07日	咱家一品堂	安徽咱家铺子食品有限公司
15	59062791	30	2021年09月07日	咱家良品	安徽咱家铺子食品有限公司
16	59062642	29	2021年09月07日	咱家枣仁派	安徽咱家铺子食品有限公司
17	59059835	29	2021年09月07日	咱家独一味	安徽咱家铺子食品有限公司
18	59059529	29	2021年09月07日	咱家小吃派	安徽咱家铺子食品有限公司

图 4-31　商标部分查询结果

4.4.3　检索电子商务平台信息

电子商务平台是一个为企业或个人提供网上交易的平台。企业、个人可充分利用电子商务平台提供的网络基础设施、支付平台、安全平台、管理平台等共享资源，从而有效地、低成本地开展自己的商业活动。

本文以淘宝为例，展示电子商务平台信息的检索过程。

在浏览器中输入淘宝网的网址，打开淘宝网首页，如图 4-32 所示。

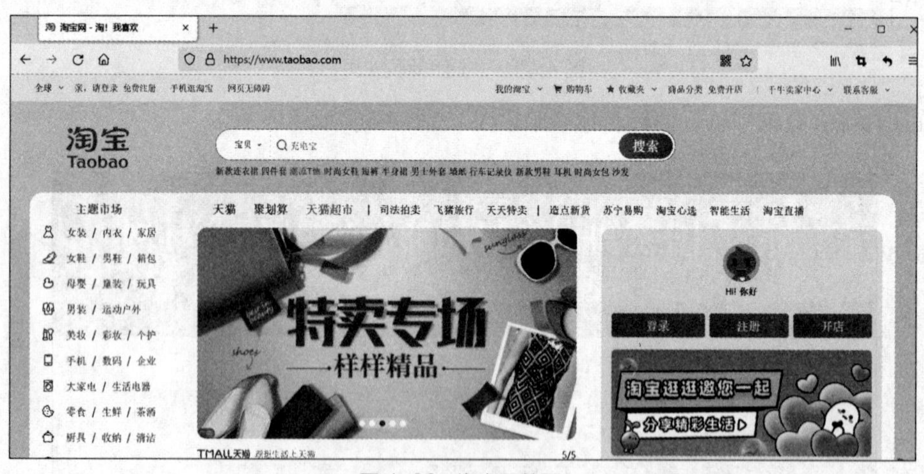

图 4-32　淘宝网首页

登录账号，如图 4-33 所示。该页面左侧为主题市场，用户可根据个人需求选择购物主题；右侧为个人信息，可以显示待收货、待发货、待付款、待评价商品的数量；上面为搜索框，用户可以搜索自己心仪的产品。

用户如果想搜索某一个商品，可以在首页的搜索框中输入商品信息的关键词进行检索，如输入“nova9”（不区分大小写），进入商品搜索结果页面，如图 4-34 所示。搜索引擎会按照商品与关键词的相关性由高到低的顺序展示搜索结果。

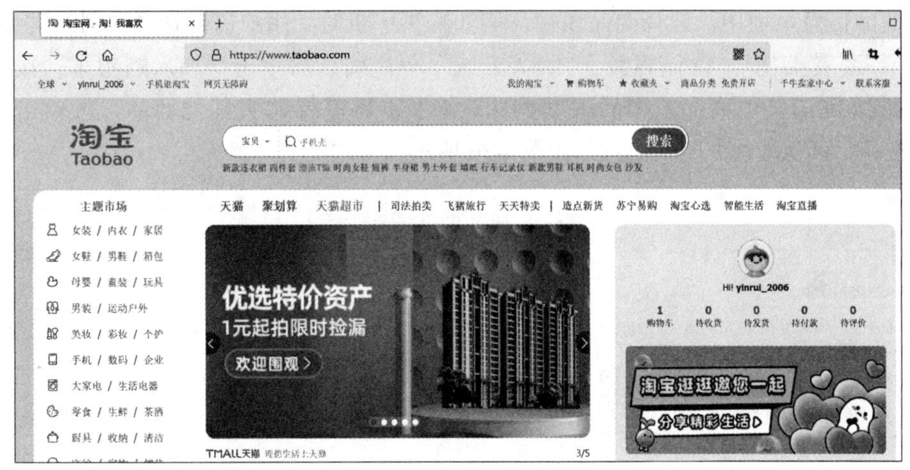

图 4-33　登录账号

图 4-34　指定商品搜索结果页面

选择需要的商品后，单击商品图片或链接，进入商品信息页面，如图 4-35 所示。

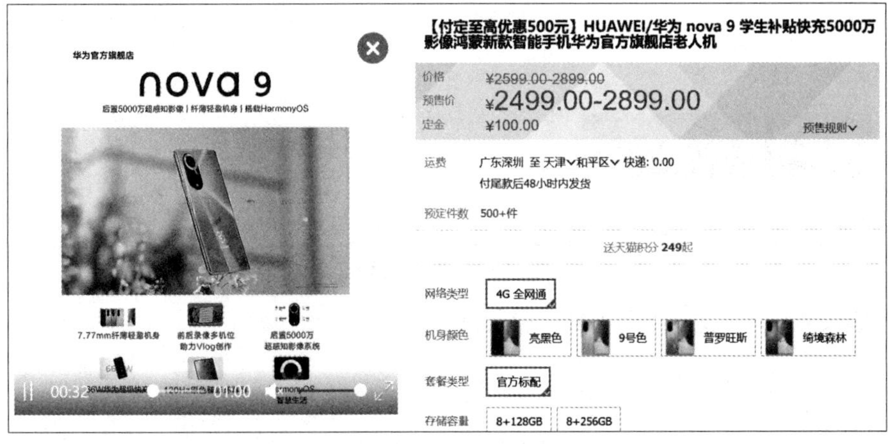

图 4-35　商品信息页面

在商品信息页面中，选择商品属性，例如购买手机时，用户需要选择“网络类型”“机身颜色”“套餐类型”“存储容量”“购买方式”等。确认后单击“加入购物车”按钮，这样可以继续挑选其他商品，最后一起购买；如果不再需要购买其他商品，可单击“立即购买”按钮，确认地址和购买信息，如图 4-36 所示。

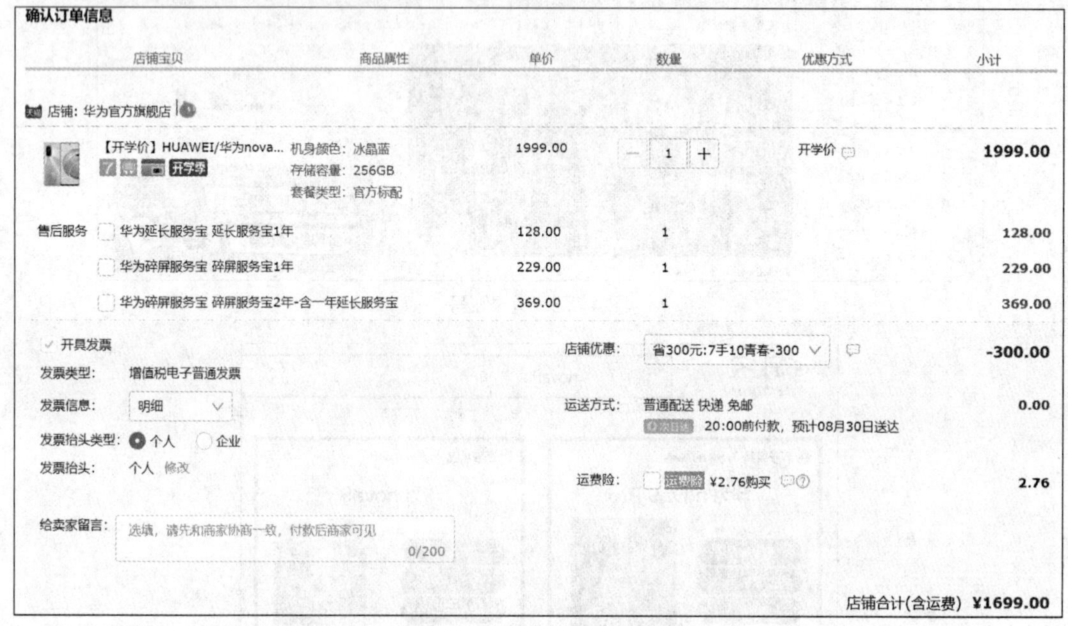

图 4-36　确认地址和购买信息

确认地址及购买信息后，选择运送方式，然后单击“提交订单”按钮，转到图 4-37 所示的交付页面。

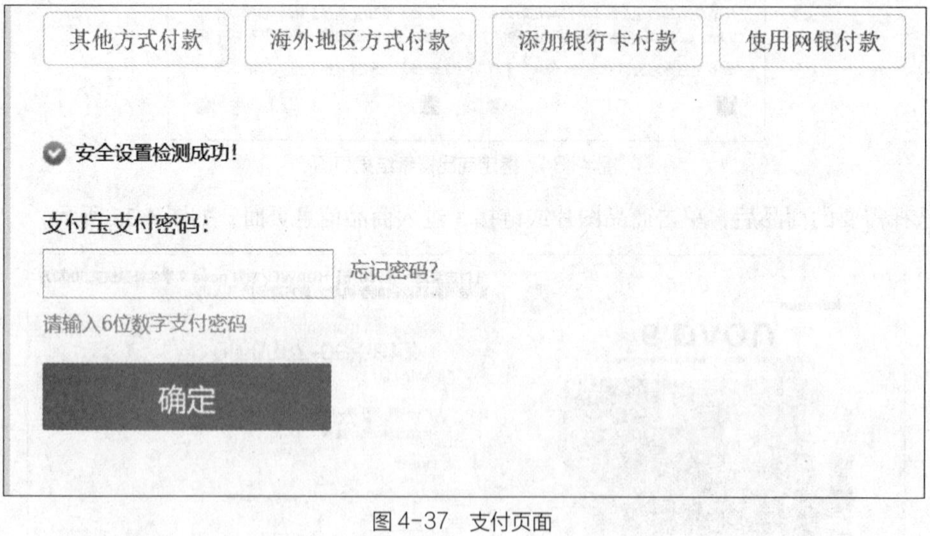

其他方式付款　海外地区方式付款　添加银行卡付款　使用网银付款

安全设置检测成功！

支付宝支付密码：

忘记密码?

请输入6位数字支付密码

确定

图 4-37　支付页面

确认购买商品后，选择支付方式，确认付款。

【学习笔记】

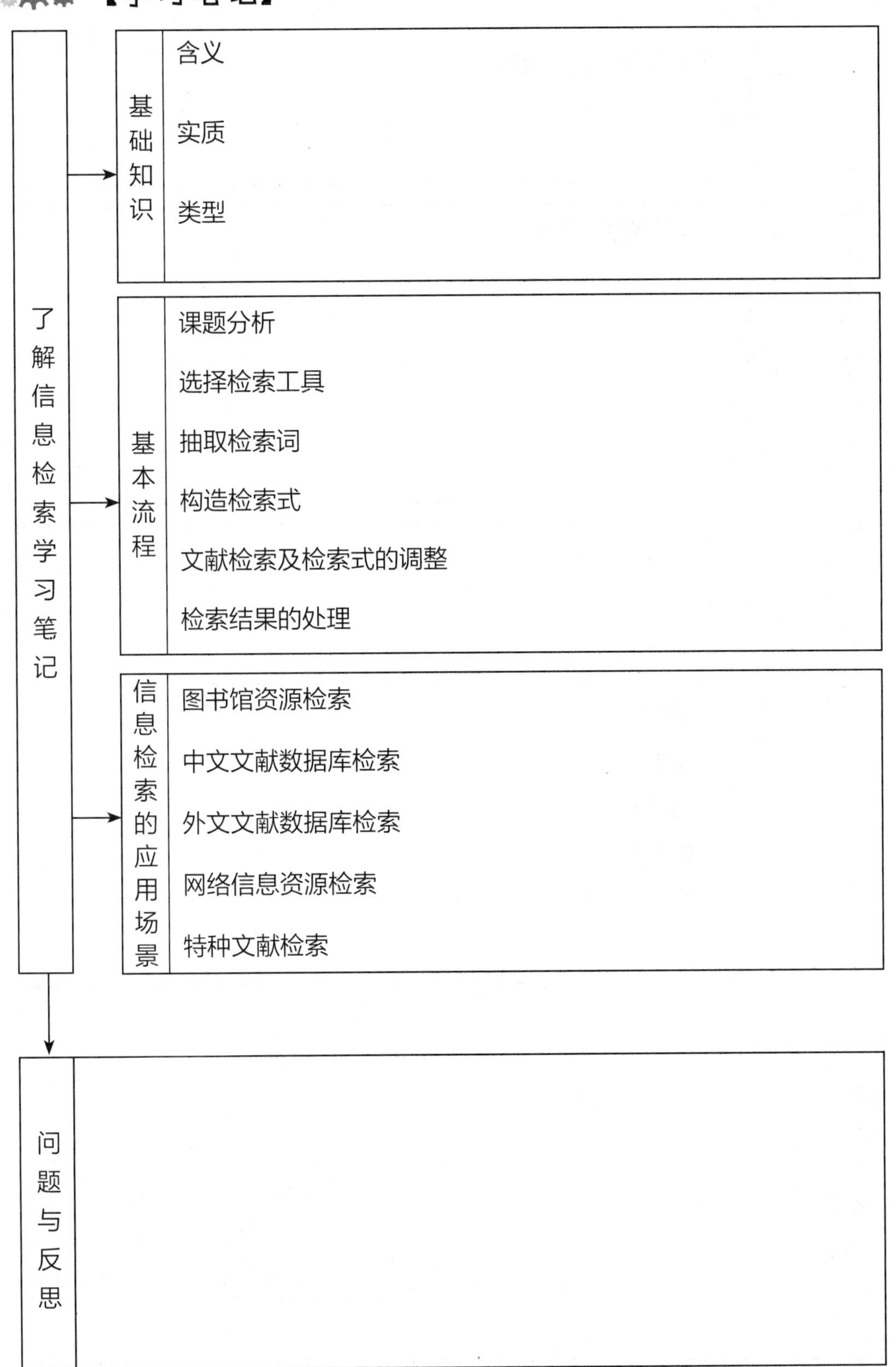
了解信息检索学习笔记
基础知识
含义
实质
类型
基本流程
课题分析
选择检索工具
抽取检索词
构造检索式
文献检索及检索式的调整
检索结果的处理
信息检索的应用场景
图书馆资源检索
中文文献数据库检索
外文文献数据库检索
网络信息资源检索
特种文献检索
问题与反思

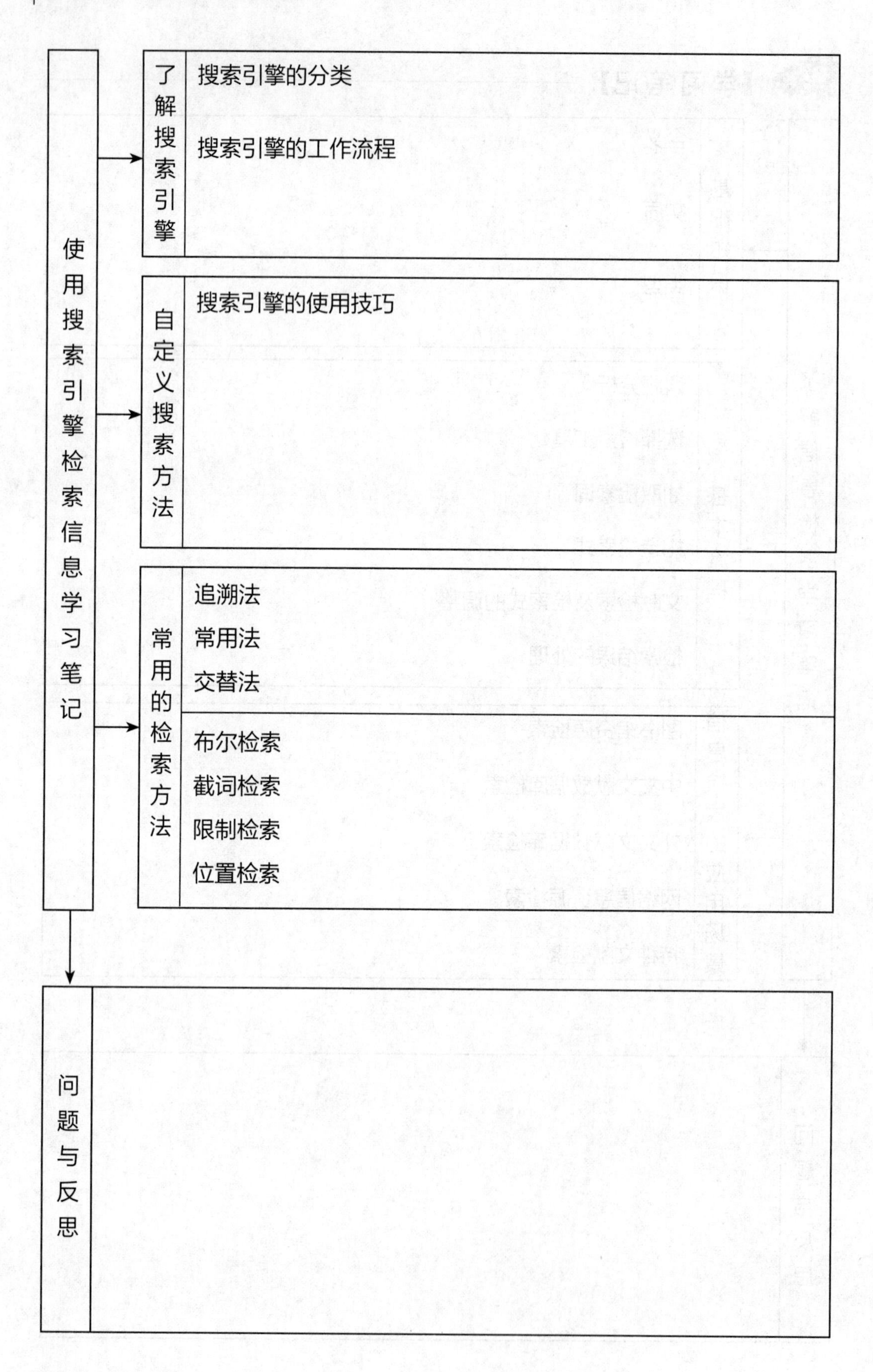
使用搜索引擎检索信息学习笔记
了解搜索引擎
搜索引擎的分类
搜索引擎的工作流程
自定义搜索方法
搜索引擎的使用技巧
常用的检索方法
追溯法
常用法
交替法
布尔检索
截词检索
限制检索
位置检索
问题与反思

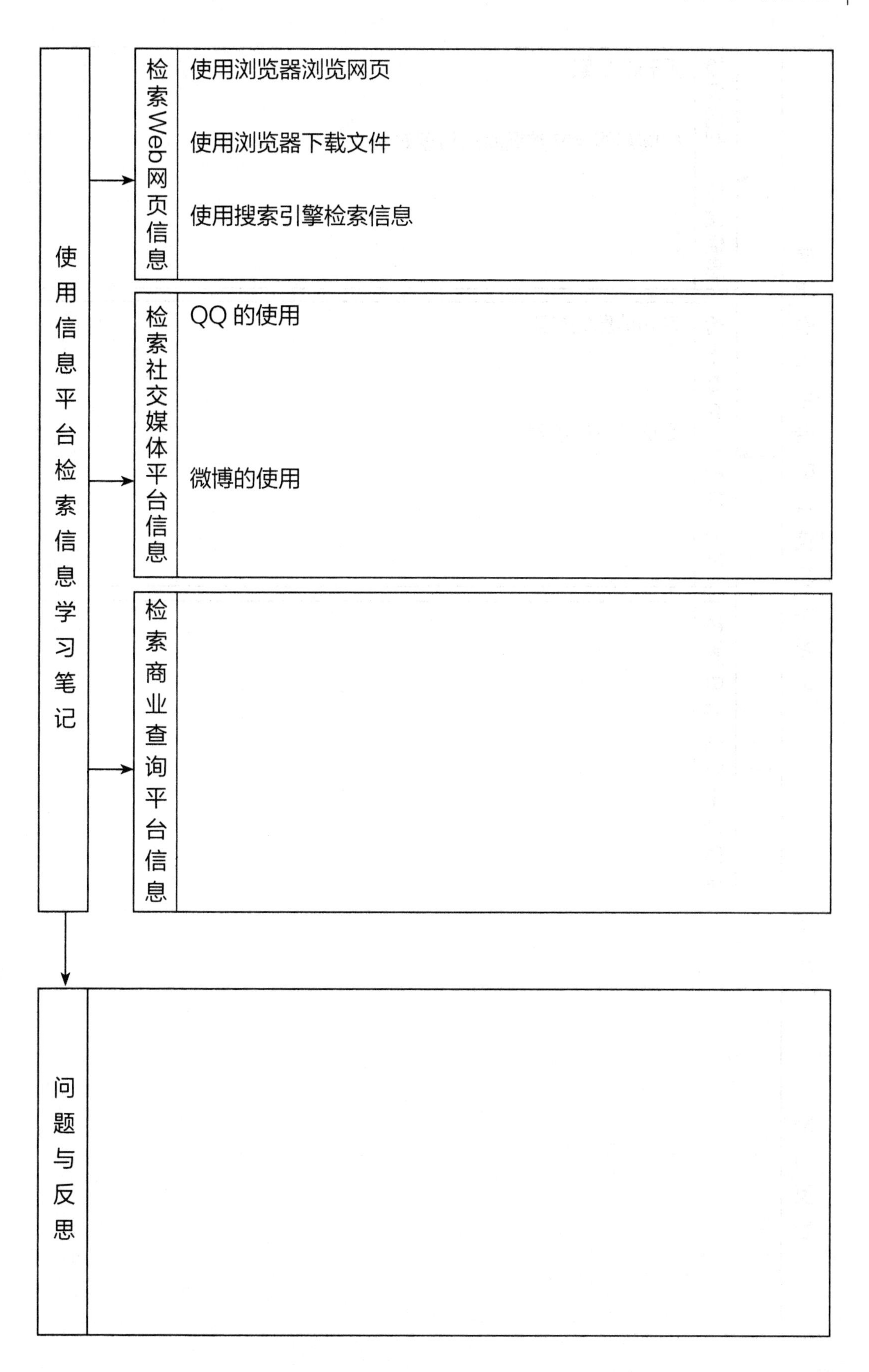
使用信息平台检索信息学习笔记
检索Web网页信息
使用浏览器浏览网页
使用浏览器下载文件
使用搜索引擎检索信息
检索社交媒体平台信息
QQ 的使用
微博的使用
检索商业查询平台信息
问题与反思

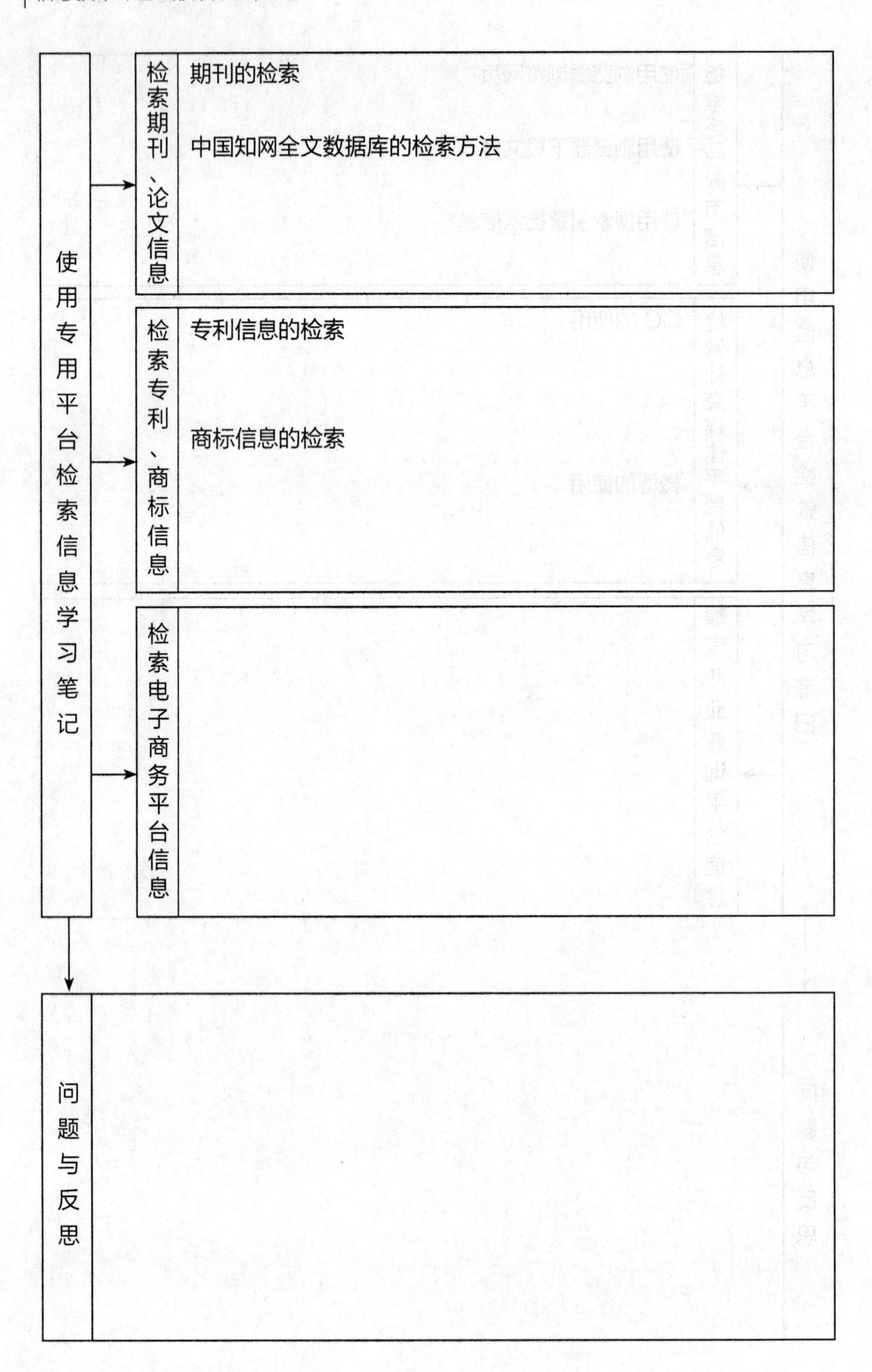
使用专用平台检索信息学习笔记
检索期刊、论文信息
期刊的检索
中国知网全文数据库的检索方法
检索专利、商标信息
专利信息的检索
商标信息的检索
检索电子商务平台信息
问题与反思

考核评价

姓名：________ 专业：________ 班级：________ 学号：________ 成绩：________

一、单选题（每题 4 分，共 52 分）

1. 文献是记录有知识的（　　）。
   A. 载体　B. 纸张　C. 光盘　D. 磁盘
2. 使用逻辑“与”是为了（　　）。
   A. 提高查全率　B. 提高查准率
   C. 减少漏检率　D. 提高利用率
3. 使用逻辑“或”是为了（　　）。
   A. 提高查全率　B. 提高查准率
   C. 缩小检索范围　D. 提高利用率
4. 关于万方数据资源的说法中，正确的是（　　）。
   A. 以科技信息为主，涵盖经济、金融、人文信息
   B. 以经济信息为主，涵盖科技、金融、人文信息
   C. 以金融信息为主，涵盖人文、经济、科技信息
   D. 以人文信息为主，涵盖金融、经济、科技信息
5. 利用文献末尾所附参考文献进行检索的方法是（　　）。
   A. 倒查法　B. 顺查法　C. 追溯法　D. 抽查法
6. 要查找李平老师发表的文章，首选途径为（　　）。
   A. 著者途径　B. 分类途径　C. 主题途径　D. 刊名途径
7. 利用选定的检索工具由近及远地逐年查找，直到查到所需文献的检索方法是（　　）。
   A. 倒查法　B. 顺查法　C. 追溯法　D. 抽查法
8. 大学生或研究生为取得学位资格而提交的学术研究论文称为（　　）。
   A. 学术报告　B. 学术论文　C. 学位论文　D. 教学论文
9. 信息检索根据检索对象不同可分为（　　）。
   A. 二次检索、高级检索　B. 分类检索、主题检索
   C. 数据检索、文献检索　D. 计算机检索
10. （　　）即围绕读者提出的某一个特定问题开展的文献检索服务。它主要针对自然科学、社会科学及人文科学各个学科、各种目的的研究课题，以描述课题的主题词、关键词作为检索入口，开展文献检索服务。
   A. 科技查新　B. 专利检索
   C. 专题检索　D. 辅导性咨询
11. 下列选项中属于特种文献类型的有（　　）。
   A. 报纸　B. 图书　C. 科技期刊　D. 标准文献
12. 以下检索出的文献最少的检索提问式是（　　）。
   A. A AND B　B. A AND B OR C

C. A AND B AND C　　D.（A OR B）AND C

13. 下列信息来源属于文献型信息源的是（　　）。

A. 图书　　B. 同学　　C. 老师　　D. 网络

二、多选题（每题6分，共18分）

1. 万方数据资源包括以下（　　）数据库。

A. 学位论文　　B. 会议论文　　C. 期刊　　D. 科技信息

2. 文献检索途径有（　　）。

A. 分类途径　　B. 主题途径　　C. 著者途径　　D. 索引途径

3. 普通高校图书馆书目检索系统有（　　）检索方式。

A. 简单检索　　B. 全文检索　　C. 多字段检索　　D. 间接检索

三、判断题（每题2分，共10分）

1. 数据库的使用包括检索过程和检索结果的处理过程。（　　）

2. 查全率和查准率的最高点不可能同时出现。（　　）

3. 当数据库提供的"简单检索"不能满足检索需求时，可利用"高级检索"功能进行检索。（　　）

4. 文献检索的查全率和查准率之间存在相反的相互依赖关系，即提高查全率会降低查准率，反之亦然。（　　）

5. 在ScienceDirect数据库中能够按字母顺序和学科分类进行出版物的浏览。（　　）

四、简答题（每题5分，共20分）

1. 想在网络上查找专利信息，可以从哪儿查询？

2. 什么是文献？文献的基本要素有哪些？

3. ScienceDirect 数据库中用作者名检索时，authors 和 specific author 检索的区别是什么?

4. 图书馆电子数据库中有的文献不能下载的原因是什么?

单元5 新一代信息技术概述

05

当前，世界正在进入以新一代信息技术产业为主导的新经济发展时期，信息技术产业的核心技术已成为世界各国战略竞争的制高点，可以说，抓住信息技术，就具备了竞争力和话语权。《国务院关于加快培育和发展战略性新兴产业的决定》（国发〔2010〕32号）中列举了七大国家战略性新兴产业，其中“新一代信息技术产业”被重点推进。

新一代信息技术是指以人工智能、量子信息、移动通信、物联网、区块链等为代表的新兴技术。它既是信息技术的纵向升级，也是信息技术之间及其与相关产业的横向融合，它已成为近年来科技界和产业界的热门话题。

本单元介绍新一代信息技术的基本概念、发展历程、技术特点、应用领域等内容。

学习目标

知识目标 ◎ 了解新一代信息技术及其主要代表技术的基本概念。

◎ 了解新一代信息技术各主要代表技术的发展历程。

能力目标 ◎ 了解新一代信息技术各主要代表技术的技术特点。

◎ 了解新一代信息技术各主要代表技术的应用领域。

素养目标 ◎ 培养积极跟踪和了解新技术发展动向的学习习惯。

知识导图

新一代信息技术概述知识导图如图5-1所示。

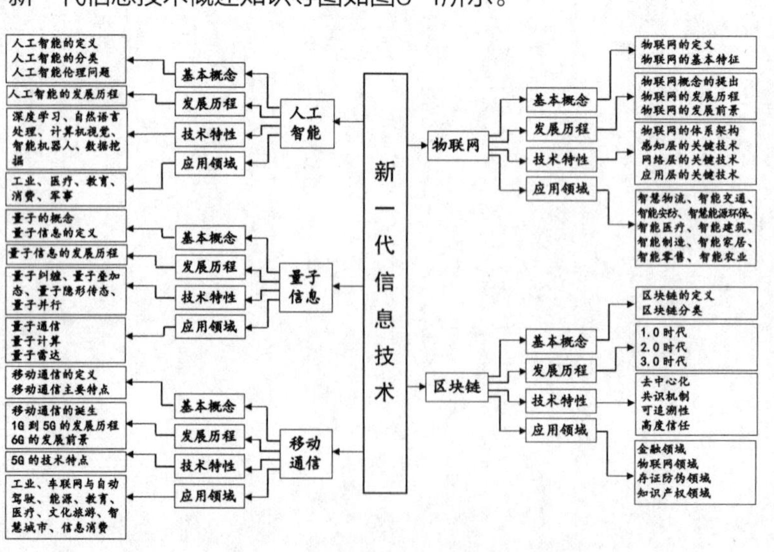

图5-1 新一代信息技术概述知识导图

任务 5.1 了解人工智能技术

21 世纪前二十年，在大规模 GPU（图形处理器）服务器并行计算、大数据、深度学习算法和类脑芯片等技术的推动下，人类社会相继进入互联网时代、大数据时代和人工智能时代。人工智能处于第四次科技革命的核心地位，对国民经济发展具有重要意义。

近年来，我国高度重视人工智能的发展，相继出台多项战略规划，鼓励、指引人工智能的发展。目前，我国人工智能的发展已驶入快车道，我国也在世界人工智能的舞台上扮演了十分重要的角色。

本节主要介绍人工智能的基本概念、发展历程、技术特点、典型应用等内容。

任务描述

通过本节内容的学习，完成下列学习任务。

- 在学习过程中认真复习，梳理记录好学习笔记。
- 了解人工智能的定义、分类、伦理问题等基本概念，初步理解人工智能技术在人们生活中的一些应用。
- 了解人工智能发展的主要历程。
- 初步理解深度学习、自然语言处理、计算机视觉、智能机器人和数据挖掘的技术特点。
- 了解人工智能在产业中的典型应用，能够举例说出人工智能在产业应用中的实例。
- 感受人工智能的魅力，激发学生对人工智能学科的浓厚兴趣，拓宽视野和思维。
- 通过小组学习，培养学生与人沟通、协同工作、表达等能力。
- 完成单元考核评价中的相关任务。

任务实施

5.1.1 了解人工智能的基本概念

扫码观看
微课视频

1. 什么是人工智能

人工智能（Artificial Intelligence，AI）是研究、开发用于模拟、延伸和扩展人的智能的理论、方法、技术及应用系统的一门新的技术科学。其中，人工的含义是人工制造，智能涉及意识、自我、思维等方面。

人工智能力图了解智能的实质，并生产出一种新的、能以与人类智能相似的方式做出反应的智能机器（智能体）。人工智能领域的研究包括机器人、语言识别、图像识别、自然语言处理和专家系统等。

人工智能是对人的意识、思维的信息处理过程的模拟，其研究目的是促使智能机器会听（语音识别、机器翻译等）、会看（图像识别、文字识别等）、会说（语音合成、人机对话等）、会思考（人机对弈、定理证明等）、会学习（机器学习、知识表示等）、会行动（机器人、自动驾驶汽车等）。

在生活中，我们常常会不知不觉地使用人工智能。图 5-2 所示为人工智能在手机上的应用，几乎每个人每天都在使用人工智能。

图 5-2　人工智能在手机上的应用

2. 人工智能的核心是算法

人工智能的定义是让机器完成原来只有人类才能完成的任务，其核心是算法。

算法（Algorithm）是指解题方案的准确而完整的描述，是一系列解决问题的清晰指令，代表着用系统的方法描述解决问题的策略机制。

算法是利用计算机解决问题的处理步骤，简而言之，算法就是解决问题的步骤。

3. 人工智能的分类

按照能力的强弱，人工智能分为弱人工智能、强人工智能和超人工智能 3 种类型。

（1）弱人工智能

弱人工智能是指只擅长单方面能力的人工智能，可以完成基础的、特定场景下的、角色型的任务，如能战胜围棋世界冠军的围棋机器人阿尔法狗（AlphaGo）。阿尔法狗只会下围棋，如果问它其他问题，它就不知道怎么回答了。

（2）强人工智能

强人工智能是指在各方面都能和人类智能比肩的人工智能，人类能干的脑力活它都能干。开发强人工智能比创造弱人工智能难得多，现在的技术还做不到。

（3）超人工智能

超人工智能是指比人类更聪明的人工智能。科学家把超人工智能定义为在几乎所有领域，如科学创新、社交技能等，比人类聪明很多的人工智能。

人工智能不是人类的智能，是能像人类那样思考也可能超过人类智能的智能。

4. 人工智能的伦理问题

关于人工智能伦理问题的讨论一直在进行。在人工智能研究的开始阶段，人们关于人工智能的讨论主要集中在其研究出来的可能性和对人类未来的影响上，对人工智能实际应用的研究较少，对人工智能的伦理问题讨论得也较少。

随着人工智能的应用日益广泛，其引发的伦理问题也逐渐出现。例如，2018 年 3 月 18 日晚上 10 点，伊莱恩·赫茨伯格（Elaine Herzberg）骑着自行车穿过美国亚利桑那州坦佩市的一条街道时，突然被一辆自动驾驶汽车撞倒，最后不幸身亡。这辆自动驾驶汽车上还有一位驾驶员，但汽车完全由自动驾驶系统（人工智能）控制。与其他涉及人与人工智能二者之间交互的事件一样，此事件引发了人们对人工智能道德和法律问题的思考。

人类面临的人工智能伦理问题主要有以下几个方面。

第一是安全。如果人工智能并不能保障安全，如自动驾驶汽车发生交通事故，那么人类应该如何应对。

第二是隐私。由于人工智能的发展需要大量人类的数据作为“助推剂”，因此人类隐私可能暴露在人工智能面前。

第三是偏见。人工智能将最大限度减少技术流程中偶然性的人为因素，在这种情况下，可能将对某些拥有共同特征的人，如某一种族或年龄段的人，造成系统性的偏见。

第四是人工智能取代人类工作的问题。

5.1.2 了解人工智能的发展历程

人工智能自 1956 年诞生以来，历经几次高潮和低谷，目前已经取得了惊人的成就，获得了迅速的发展，它的发展历程如图 5-3 所示。

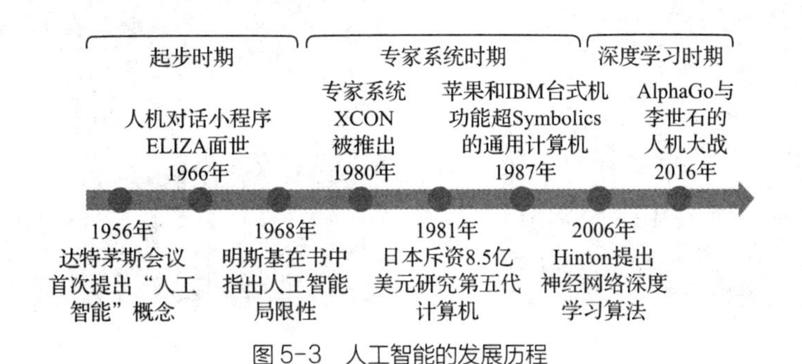

图 5-3 人工智能的发展历程

1. 人工智能的诞生（20 世纪 40—50 年代）

1950 年，著名的图灵测试诞生，按照“人工智能之父”艾伦·麦席森·图灵（Alan Mathison Turing）（见图 5-4）的测试的法则：如果一台机器能够与人类展开对话（通过电传设备）而不能被辨别出其机器身份，那么称这台机器具有智能。同一年，图灵还预言会创造出具有真正智能的机器的可能性。

1954 年，乔治·戴沃尔（George Devol）设计了世界上第一台可编程机器人。

1956 年夏天，美国达特茅斯学院举办了历史上第一次人工智能研讨会，这被认为是人工智能诞生的标志。会上，约翰·麦卡锡（John McCarthy）（见图 5-5）首次提出了“人工智能”这个概念，艾伦·纽厄尔（Allen Newell）和赫伯特·西蒙（Herbert Alexander Simon）则展示了编写的逻辑理论机器。

图 5-4 “人工智能之父”艾伦·麦席森·图灵

图 5-5 约翰·麦卡锡

2. 人工智能的黄金时代（20 世纪 50—70 年代）

1966—1972 年，美国斯坦福国际研究所研制出机器人 Shakey，这是首个采用人工智能的移动机器人，如图 5-6 所示。

1966 年，美国麻省理工学院（MIT）的约瑟夫·魏泽鲍姆（Joseph Weizenbaum）发布了世界上第一个聊天机器人 ELIZA。ELIZA 的智能之处在于它能通过脚本理解简单的自然语言，并能产生类似人类的互动，如图 5-7 所示。

图 5-6 机器人 Shakey

图 5-7 聊天机器人 ELIZA

1968 年 12 月 9 日，美国加州斯坦福研究所的道格·恩格勒巴特（Doug Engelbart）发明了计算机鼠标，构想出了超文本链接概念，超文本链接概念在几十年后成为现代互联网的根基。

1970 年，世界第一个拟人机器人万伯特 -1（WABOT-1）在日本早稻田大学诞生，如图 5-8 所示。

3. 人工智能的低谷（20 世纪 70—80 年代）

图 5-8 拟人机器人 WABOT-1

20 世纪 70 年代初，人工智能的发展遭遇了瓶颈。当时计算机有限的内存和处理速度不足以解决任何实际的人工智能问题。人们要求人工智能程序达到儿童水平的认知，研究者很快发现这个要求太高了，因为 1970 年没人能够做出如此巨大的数据库，也没人知道一个程序怎样才能学到如此丰富的知识。由于缺乏进展，提供资助的机构（如英国政府、美国国防部高级研究计划局和美国国家科学委员会）对无方向的人工智能研究逐渐停止了资助。

4. 人工智能的繁荣期（1980—1987 年）

1981 年，日本经济产业省拨款 8.5 亿美元用于研发第五代计算机项目，该项目在当时被叫作人工智能计算机。随后，英国、美国纷纷响应，开始向信息技术领域的研究提供大量资金。

1984 年，在道格拉斯 • 莱纳特（Douglas B.Lenat）的带领下，大百科全书（Cyc）项目启动，其目标是使人工智能的应用能够以类似人类推理的方式工作。

1986 年，3D 打印机问世。发明家查尔斯 • 赫尔（Charles Hull）制造出了人类历史上首台 3D 打印机。

5. 人工智能的冬天（1987—1993 年）

"AI（人工智能）之冬"一词由经历过 1974 年经费削减的研究者创造。研究者注意到了人们对专家系统的狂热追捧，预计不久后人们将转向失望。事实被研究者不幸言中，专家系统的实用性仅局限于某些特定情景。到了 20 世纪 80 年代晚期，美国国防部高级研究计划局的新任领导认为人工智能并非"下一个浪潮"，把拨款倾向于那些看起来更容易出成果的项目。

6. 人工智能真正的春天（1993 年至今）

1997 年 5 月 11 日，IBM 公司的"深蓝"超级计算机战胜国际象棋世界冠军卡斯帕罗夫，成为首个在标准比赛时限内击败国际象棋世界冠军的计算机系统，如图 5-9 所示。

图 5-9 IBM"深蓝"超级计算机击败国际象棋世界冠军

2011 年，使用自然语言回答问题的人工智能程序发布。沃森（Watson）作为 IBM 公司开发的使用自然语言回答问题的人工智能程序参加了美国智力问答节目，打败了两位人类选手，赢得了 100 万美元的奖金。

2012 年，语义指针架构统一网络（Semantic Pointer Architecture Unified Network，SPAUN）诞生。加拿大神经学家团队创造了一个具备简单认知能力、有 250 万个模拟“神经元”的虚拟大脑，并将其命名为“Spaun”。该虚拟大脑通过了最基本的智商测试。

2013 年，深度学习算法被广泛运用在产品开发中。Facebook 人工智能实验室成立，该实验室探索深度学习领域，借此为 Facebook 用户提供更智能化的产品体验；Google 公司收购了语音和图像识别公司 DNNResearch，推广深度学习平台；百度创立了深度学习研究院等。

2015 年是人工智能的突破之年。Google 公司推出了直接利用大量数据就能训练计算机来完成任务的第二代机器学习平台 TensorFlow；剑桥大学建立人工智能研究所等。

2016 年 3 月 15 日，Google 公司人工智能机器人 AlphaGo 与围棋世界冠军李世石的人机对弈最后一场落下了帷幕。人机对弈第五场经过长达 5 个小时的搏杀，以李世石认输结束，最终李世石与 AlphaGo 总比分定格在 1 : 4。这一次的人机对弈让人工智能正式被世人熟知，整个人工智能市场也像是被引燃了“导火线”，开始了新一轮的爆发。

自 2015 年以来，人工智能在中国获得快速发展，中国政府相继出台一系列政策支持人工智能的发展，推动中国人工智能步入新阶段。2017—2019 年，人工智能连续三年被政府工作报告提及，人工智能迅速从国家层面上升至战略高度。这说明，中国的人工智能产业已经走过了萌芽阶段与初步发展阶段，将进入快速发展阶段，并且更加注重应用落地。

5.1.3 了解人工智能的技术特点与典型应用

扫码观看
微课视频

1. 深度学习

深度学习（Deep Learning）是基于现有的数据进行学习操作，是机器学习研究中的一个新领域，旨在建立、模拟人脑进行分析学习的神经网络。它模仿人脑的机制来解释数据，如图像、声音和文本。

AlphaGo 是第一个击败人类职业围棋选手、第一个战胜围棋世界冠军的人工智能机器人，其主要工作原理是“深度学习”，图 5-10 所示为 AlphaGo 与柯洁对战的场景。

图 5-10　AlphaGo 与柯洁对战的场景

2. 自然语言处理

自然语言处理（Natural Language Processing，NLP）是用自然语言同计算机进行通信的一种技术。自然语言处理是人工智能的分支学科，研究用计算机模拟人的语言交流过程，使计算机能理解和运用人类社会的自然语言，如汉语、英语等，实现人机之间的自然语言通信，以代替人的部分脑力劳动。

自然语言处理的应用如图 5-11 所示。华为手机的“小艺”、小米手机的“小爱同学”、苹果手机的“Siri”、科大讯飞的讯飞翻译机和讯飞智能录音笔等都是自然语言处理的实际应用。

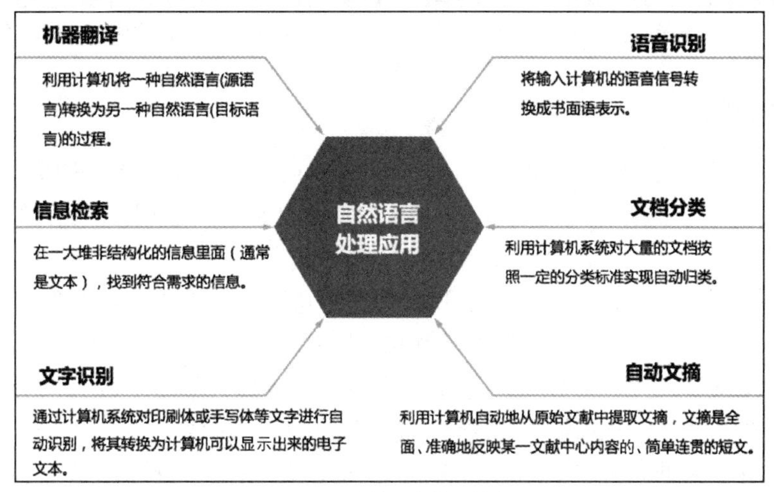

图 5-11　自然语言处理的应用

3. 计算机视觉

计算机视觉（Computer Vision）是使用计算机及相关设备对生物视觉的一种模拟。它的主要任务就是通过对采集的图片或视频进行处理以获得相应场景的三维信息。

计算机视觉是一门关于如何运用照相机和计算机来获取被拍摄对象的数据与信息的学问。形象地说，计算机视觉就是给计算机装上“眼睛”（照相机）和“大脑”（算法），让计算机能够感知环境。

计算机视觉广泛应用于消费、制造、检验、文档分析、医疗诊断和军事等领域中，图 5-12 所示为计算机视觉的典型应用领域，图 5-13 所示为商汤科技发布的智慧餐厨卫生预警系统 SenseKitchen，图 5-14 所示为计算机视觉在汽车装配中的应用。

图 5-12　计算机视觉的典型应用领域

图 5-13 智慧餐厨卫生预警系统 SenseKitchen

图 5-14 计算机视觉在汽车装配中的应用

4. 智能机器人

我们从广泛意义上理解的智能机器人（Smart Robot），它给人最深刻的印象是一个独特的、能进行自我控制的“活物”。其实，这个自控“活物”的主要“器官”并没有像真正的人类那样微妙而复杂。

智能机器人具有各种各样的内部信息传感器和外部信息传感器，如视觉、听觉、触觉和嗅觉。除具有传感器外，它还有效应器，作为作用于周围环境的手段。效应器类似于人类的筋肉，也称为自整步电动机，它们使智能机器人的“手”“脚”“鼻子”“眼镜”等能动起来。由此可知，智能机器人至少要具备 3 个要素：感觉要素、反应要素和思考要素。

智能机器人能够理解人类的语言，能用人类的语言同操作者对话，在它自身的“意识”中单独形成了一种使它得以“生存”的外界环境——实际情况的详尽模式。智能机器人能分析出现的情况；能调整自己的动作以达到操作者提出的全部要求；能拟定希望的动作，并在信息不充分的情况下和环境迅速变化的条件下完成这些动作。

智能机器人广泛应用于消费、医疗、工业、教育、军事等领域，例如中智泓熵的防疫机器人具有人脸识别、喷洒消毒液、智能送餐等功能，如图 5-15 所示。天智航的“天玑”骨科手术机器人已辅助医生完成超过万例的手术，天玑骨科手术机器人如图 5-16 所示。

图 5-15 中智泓熵防疫机器人

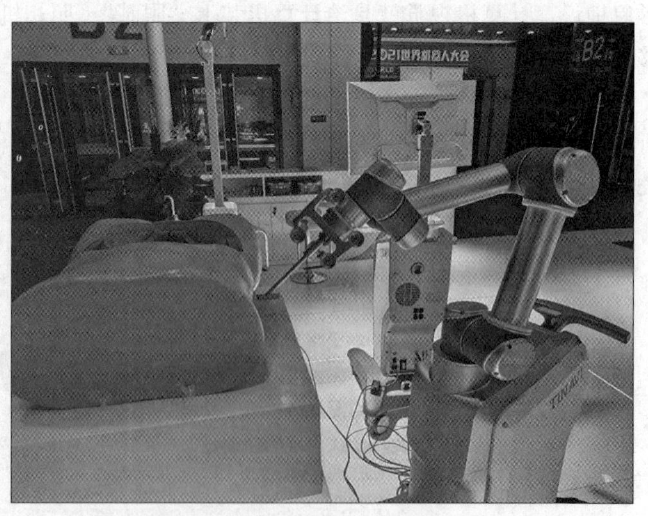

图 5-16 “天玑”骨科手术机器人

5. 数据挖掘

数据挖掘（Data Mining，DM）是指从大量的数据中通过算法搜索隐藏于其中的信息的过程。它分为数据预处理（数据挖掘涉及相对较大的数据量，因此需要对无效的数据进行过滤）、数据挖掘（确定模型）和后处理（模型应用）3 个阶段。数据挖掘的应用如图 5-17 所示。

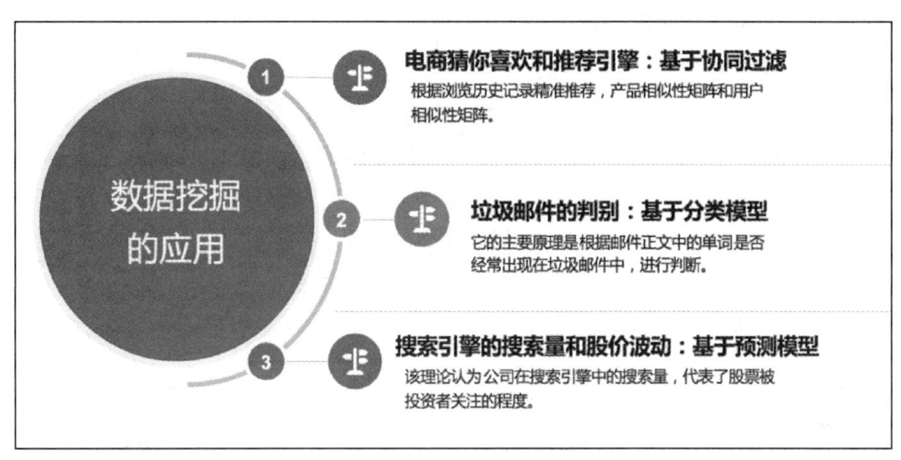

图 5-17　数据挖掘的应用

任务 5.2　了解量子信息技术

量子信息技术是以量子力学基本原理为基础，利用量子系统的各种相干特性进行编码、计算和信息传输的信息科学。它是量子物理与信息技术相结合的战略性前沿科技，主要包括量子计算、量子通信、量子雷达、量子探测等应用领域。目前，量子信息技术迅速发展成为一门新兴交叉学科。量子信息分为量子通信和量子计算，如图 5-18 所示。

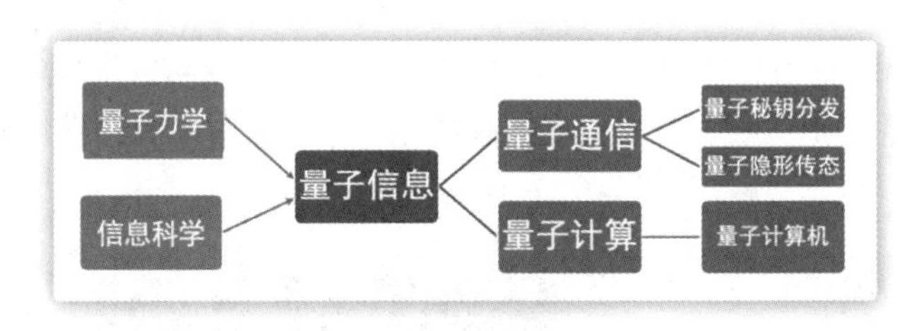

图 5-18　量子信息学科

近年来，量子信息技术发展势头迅猛，其潜力日益显现，各个细分领域均取得若干重大突破。世界各国在此领域的竞争也进入白热化，全球涌现“量子科技”潮。量子技术正从实验室走出来，在传感、通信、信息处理和安全等领域实现前所未有的跨越式发展。量子技术正成为近期科技创新的聚焦点之一，人类社会正逐渐走入“量子信息技术”时代。

本节主要介绍量子信息技术的基本概念、发展历程、技术特点、应用领域等内容。

任务描述

关于量子信息技术的学习，可通过课堂学习、小组讨论等形式，配合图片、视频等教学资源进行，了解量子信息技术的基本概念、发展历程、技术特点和应用领域。

通过本节内容的学习，完成下列学习任务。

- 在学习过程中认真复习，梳理记录好学习笔记。
- 了解量子和量子信息的基本概念。
- 了解量子信息发展的主要历程，知道我国量子信息技术的优势。
- 初步理解量子纠缠、量子叠加态、量子并行等概念，了解量子隐形传态的基本原理。
- 了解量子信息技术在量子通信、量子计算和量子雷达方面的应用。
- 感受量子信息技术的魅力，拓宽视野和拓展思维。
- 通过小组学习，培养与人沟通、协同工作、表达等能力。
- 完成单元考核评价中的相关任务。

5.2.1 了解量子信息的基本概念

1. 什么是量子

量子（Quantum）是现代物理的重要概念，是由德国物理学家马克斯·普朗克（Max Planck）（见图 5-19）在 1900 年提出的。一个物理量如果存在最小的不可分割的基本单位，则这个物理量是量子化的，并把最小单位称为量子。量子一词来自拉丁语“quantus”，意为“有多少”，代表“相当数量的某物质”。在物理学中常用量子指代一个不可分割的基本个体。例如，“光的量子”（光子）是指一定频率的光的基本能量单位。通俗地讲，量子是能表现出某物质或物理量特性的最小单元。

后来的研究表明，不但能量能表现出这种不连续的分离化性质，其他物理量，如角动量、自旋、电荷等也都能表现出这种不连续的量子化现象（见图 5-20）。这与以牛顿力学为代表的经典物理有根本的区别，量子化现象主要表现在微观物理世界。描写微观物理世界的物理理论称为量子力学。

图 5-19 物理学家普朗克

图 5-20 量子化现象

2. 什么是量子信息

在量子力学中，量子态是由一组量子数所确定的微观状态，量子数是表征微观粒子运动状态的一些特定数字。量子是最小化、不可分割的基本个体（如光量子，即光子）。量子化就是存在非连续，呈现离散数值的量子个体。

5.2.2 了解量子通信的发展历程

近年来，量子通信技术取得了长足的进展，其发展历程如下。

1. 首次提出量子通信的概念

在量子纠缠理论的基础上，1993 年，美国科学家查尔斯・本内特（Chorles.H.Bennett）（见图 5-21）提出了量子通信（Quantum Communication）的概念。量子通信是由量子态携带信息的通信方式，可以利用光子等基本粒子的量子纠缠原理实现保密通信。

1993 年，在本内特提出量子通信概念以后，6 位来自不同国家的科学家，基于量子纠缠原理，提出了利用经典通道与量子相结合的方法实现量子隐形传态的方案，如图 5-22 所示，即将某个粒子的未知量子态传送到另一个地方，把另一个粒子制备到该量子态上，而原来的粒子仍留在原处。这就是量子通信最初的基本方案。量子隐形传态不仅在物理学领域对人们认识与揭示自然界的神秘规律具有重要意义，而且可以用量子态作为信息载体，通过量子态的传送完成大容量信息的传输，实现原则上不可破译的量子保密通信。

图 5-21 美国科学家查尔斯・本内特

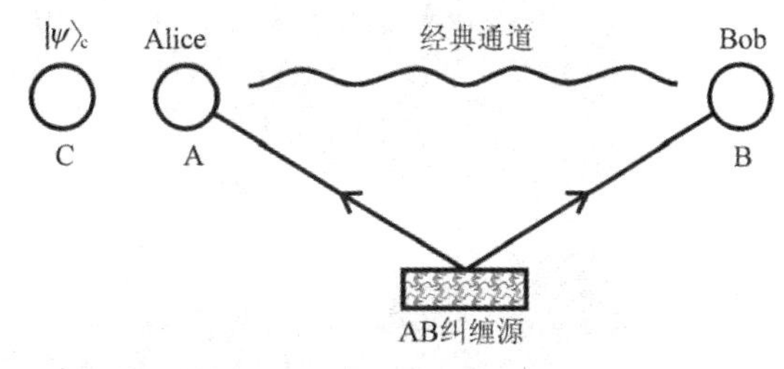

图 5-22 量子隐形传态方案

2. 首次实现未知量子态的远程传输

1997 年在奥地利留学的中国科学院院士潘建伟（见图 5-23）与荷兰学者波密斯特（Baumeister）等人合作，首次实现了未知量子态的远程传输。这是国际上首次在实验中成功地将一个量子态从甲地的光子传送到乙地的光子上。实验中传输的只是表达量子信息的“状态”，作为信息载体的光子本身并不被传输。图 5-24 所示为量子态的远程传输。

图5-23　中国科学院院士潘建伟

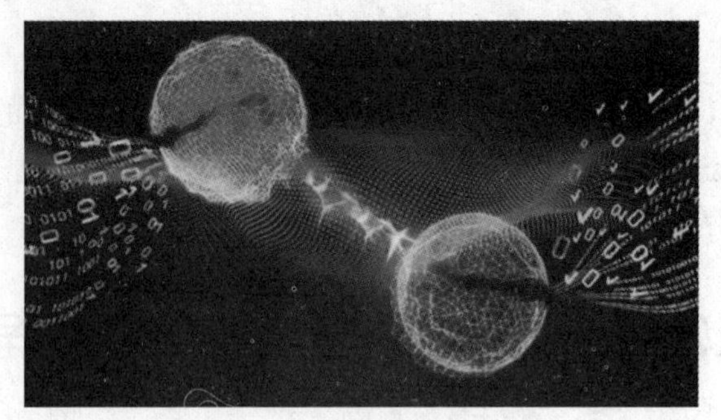

图5-24　量子态的远程传输

3．首次成功实现百公里量级的自由空间量子隐形传态和纠缠分发

我国科学家经过多次实验，在国际上首次成功实现了百公里量级的自由空间量子隐形传态和纠缠分发，为发射全球首颗“量子通信卫星”奠定技术基础。量子通信因其传输高效和绝对安全等特点，被认为是下一代IT的支撑性研究，并成为全球物理学研究的前沿与焦点领域。

4．世界第一颗量子科学实验卫星“墨子号”成功发射

2016年8月16日1时40分，我国在酒泉卫星发射中心用长征二号丁运载火箭成功将世界首颗量子科学实验卫星“墨子号”发射升空，图5-25所示为“墨子号”发射升空。这意味着我国在世界上首次实现了卫星和地面之间的量子通信，构建了天地一体化的量子保密通信与科学实验体系。

图5-25　“墨子号”发射升空

5．世界首个大型商用量子通信专网在济南测试成功

2017年7月13日，世界上首个大型商用量子通信专网在济南完成第一阶段的测试，在8月底覆盖济南全城。未来商用量子通信专网还将推广到国防、金融、电力等多个领域。

2017年8月10日凌晨，中国科学技术大学潘建伟、彭承志团队联合中国科学院上海技术物理研究所等单位宣布，“墨子号”在国际上首次成功实现了从卫星到地面的量子密钥分发和从地面到卫星的量子隐形传态。

6. 世界首条量子保密通信“京沪干线”建成

世界首条量子保密通信干线——“京沪干线”于 2017 年 9 月 29 日正式开通。结合“京沪干线”与“墨子号”，我国科学家成功实现了洲际量子保密通信。这标志着我国已构建出天地一体化的广域量子通信网络雏形，为未来实现覆盖全球的量子保密通信网络打下坚实的基础。

可以说，量子通信的发展速度非常快。从城域到城际、从陆地到卫星，量子通信的实验和落地在不断取得进展。

5.2.3 了解量子信息技术的特点

扫码观看
微课视频

1. 量子纠缠

在量子力学里，当几个粒子在相互作用后，由于各个粒子所拥有的特性已综合成为整体性质，因此无法单独描述各个粒子的性质，只能描述整体系统的性质。这种现象叫作为量子纠缠（Quantum Entanglement），基于这种纠缠，某个粒子的作用将会瞬时影响另一个粒子。如一对纠缠粒子，如果改变其中一个粒子的属性，另一个粒子不管相距多远都会瞬间改变，这种信息的传递不需要时间，图 5-26 所示为一对纠缠量子。

图 5-26 一对纠缠量子

通俗地讲，就是两个相距遥远的陌生人不约而同地想做同一件事，好像有一根无形的线绳牵着他们，这种神奇的现象可以叫作“心灵感应”。量子通信就是利用量子纠缠效应进行信息传递的一种新型通信方式。

量子纠缠是一种纯粹发生于量子系统中的现象，在经典力学里，找不到类似的现象。爱因斯坦称其为“幽灵般的超距作用”。

2. 量子叠加态

量子叠加态就是指一个量子系统可以处在不同量子态的叠加态上。科学家在观测量子时发现量子状态无法确定，量子在同一时间可能出现在 A 地，也可能出现在 B 地，还可能同时出现在不同的地方。量子在某个位置出现是概率性的，并没有确定性，这就称为量子叠加态，如图 5-27 所示。当不观测量子时，量子处于叠加态；当观测量子时，量子表现出的唯一状态，就称为量子塌缩。

著名的“薛定谔的猫”理论曾经形象地表述为“一只猫可以既是活的又是死的”。

有一个非常有名的“薛定谔的猫”的思维实验。把一只猫和一个放射源一起装进一个看不见内部的盒子，放射源会随机放射出粒子触发盒子里的机关从而释放出毒气，如果放射源没有放射出粒子，猫就是活着的，反之猫就是死的。当我们不打开盒子时，猫是一种不知道生死，即所谓的既死又活的叠加状态，当我们打开盒子的那一瞬间，猫的生死才确定下来，如图 5-28 所示。这个思维实验是对量子叠加状态的通俗比喻，这只既死又活的猫体现出了量子无比怪异的行为（叠加态）。开箱之后，猫由生死叠加的状态坍塌为确定的状态，不是死就是活。

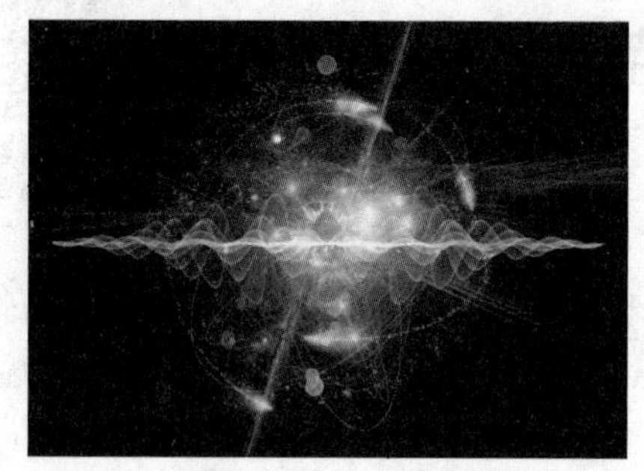

图 5-27 量子叠加态

图 5-28 薛定谔的猫

3. 量子隐形传态

量子隐形传态（Quantum Teleportation）是利用量子纠缠的不确定特性，将某个量子的未知量子态通过 EPR 对（纠缠量子对）的一个量子传送到另一个地方（EPR 对中的另一个量子），而原来的量子仍留在原处。

例如 Alice 想和 Bob 通信，具体流程如下，如图 5-29 所示。

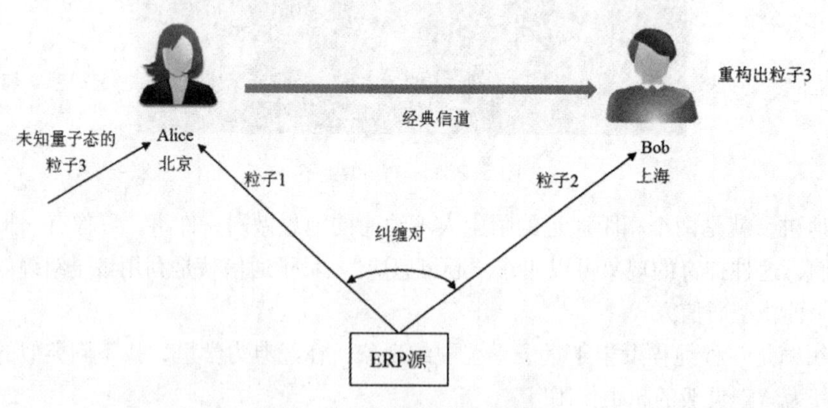

图 5-29 量子隐形传态原理图

① 制备两个有纠缠的 EPR 量子（粒子）对，然后将其分开，Alice 和 Bob 各持一个，分别是粒子 1 和粒子 2。

② Alice 将粒子 1 和某一个未知量子态的粒子 3 进行联合测量，然后将测量结果通过经典信道传送给 Bob。

此时，神奇的事情发生了: Bob 持有的粒子 2 将随着 Alice 进行的联合测量同时发生改变，由一个旧的量子态变成新的量子态。这是量子纠缠的作用，粒子 2 和粒子 1 之间如同有一根无形的线相连。

③ Bob 根据接收到的信息和粒子 2 做相应的幺正变换（一种量子计算变换），根据这些信息，可以重构出粒子 3 的全貌。

4. 量子并行

普通计算机的比特单位就是 0 或 1，要么是低电平，要么是高电平。与普通计算机不同，量子最重要的特点就是它的叠加态的不确定性，就好像薛定谔的猫一样，既是死的也是活的。量子比特也如此，量子比特可以制备在两个逻辑态 0 和 1 的相干叠加态，换句话说，它可以同时存储 0 和 1。考虑一个 N 个物理比特的存储器，若它是经典存储器，则它只能存储 2^N 个可能数据当中的任意一个；若它是量子存储器，则它可以同时存储 2^N 个数据，而且随着 N 的增加，其存储信息的能力将量指数级提高。例如，一个 250 个量子比特的存储器（由 250 个原子构成）可以存储的数达 2^{250} 个，比现有已知的宇宙中的全部原子数目还要多。

5.2.4 了解量子信息的应用领域

1. 量子通信

量子通信是指利用量子纠缠效应进行信息传递的一种新型通信方式，是 21 世纪发展起来的新型交叉学科，是量子论和信息论相结合的新研究领域。

量子通信主要基于量子纠缠的理论，使用量子隐形传态的方式实现信息传递。

中国科学技术大学郭光灿院士的团队在量子通信实验方面取得了重要进展。其团队李传锋、黄运锋研究组与暨南大学李朝晖教授、中山大学余思远教授等合作，首次实现了千公里级三维轨道角动量的纠缠分发。图 5-30 所示为中国科学家实现的千公里级高维量子纠缠分发。

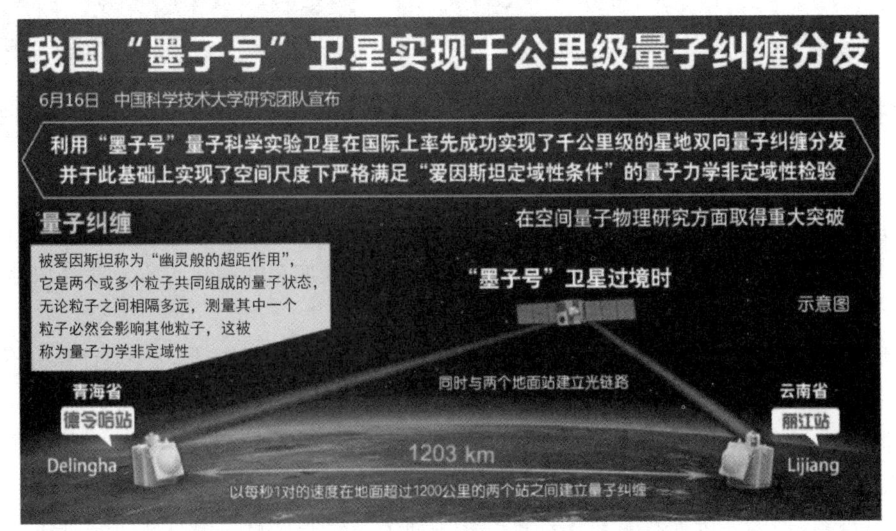

图 5-30 中国科学家实现的千公里级高维量子纠缠分发

量子通信与传统通信相比，具有如下优势。一是时效性高，量子通信的线路时延近乎为零；二是抗干扰性能强，量子通信中的信息传输不通过传统信道，与通信双方之间的传播介质无关，不受空间环境的影响，具有良好的抗干扰性能；三是保密性能好，根据量子不可克隆定理，量子信息一经检测就会产生不可还原的改变，如果量子信息在传输中途被窃取，接收者必定能发现；四是隐蔽性能好，量子通信没有电磁辐射，第三方无法进行无线监听或探测；五是应用广泛，量子通信与传播介质无关，传输不会被任何障碍阻隔，量子隐形传态通信还能穿越大气层，因此，量子通信应用广泛，既可在太空中通信，又可在海底通信，还可在光纤等介质中通信。

量子通信是面向未来的全新通信技术，在安全性、高效性上具有传统通信无法比拟的优势。如今，发展量子通信技术已经成为事关提升国家信息技术水平、增强网络空间安全保障能力的战略事项。在相关产业背景下，量子保密通信，尤其是量子密钥分发网络及其融合应用部署，已成为国际行业竞争的战略技术热点。

2. 量子计算

量子计算巧妙地操纵量子叠加态，用量子力学原理作为计算逻辑，超出了经典计算使用的布尔代数的范畴。我们目前用的计算机虽然在硬件上用到了半导体，也用到了量子力学，但是它的计算逻辑没有用到量子力学，因此叫作经典计算机。

量子计算机是一类遵循量子力学规律进行高速数学和逻辑运算、存储及处理量子信息的物理装置。当某个装置处理和计算的是量子信息，运行的是量子算法时，它就是量子计算机。图 5-31 所示为量子计算示意图。

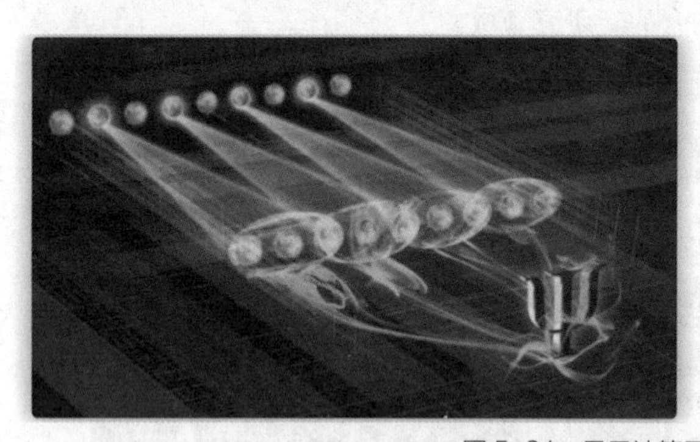

图 5-31　量子计算示意图

量子力学的基本原理显示，量子叠加态中的每一个基本状态都在演化。所以一种说法是，量子计算过程实现了量子并行。通过巧妙地设计、操作叠加态的演化过程，能够快速解决某些计算问题。

量子计算机最基本的数据单位依然是比特（有 0 和 1 两个状态）。但与经典计算机不同，构成一个量子的量子比特，可以同时表现为 0 和 1，两个量子比特就有 00、01、10、11 这 4 种状态。以此类推，300 个量子比特承载的数据量便可达到 2 的 300 次方，超过整个宇宙的原子数量总和。同时，量子计算机的运算速度极快，无论是在基础理论上，还是在具体算法上，量子计算都是具有超越性的。因此，对量子计算的相关研究及量子计算机的具体研制已成为世界科学领域十分闪亮的“明珠”之一。

3. 量子雷达

量子雷达属于一种新概念雷达，它将量子信息技术引入了经典雷达探测领域。这种雷达基于量子力学原理，依靠量子纠缠特性来探测外界。

量子雷达可以大幅提升对目标的探测性能，同时提高雷达的抗干扰和抗欺骗能力。量子雷达具有探测距离远、可识别和分辨隐身平台及武器系统等突出特点，具有极其广阔的应用前景和重大现实价值。

2008 年美国麻省理工学院的劳埃德(Lloyd)教授首次提出了量子远程探测系统模型。2013 年意大利的罗帕耶娃（Lopaeva）博士在实验室中实现了量子雷达成像探测，证明其有实战价值的可能。2016 年，中国首部基于单光子检测的量子雷达系统由中国电子科技集团公司第十四研究所研制成功，达到国际先进水平，如图 5-32 所示，并且在外场完成真实大气环境下目标探测试验，其拥有百公里级探测能力，探测灵敏度极高，探测指标均达到预期效果，取得阶段性重大研究进展与成果。图 5-33 所示为量子雷达探测隐身飞行器。

图 5-32 量子雷达系统

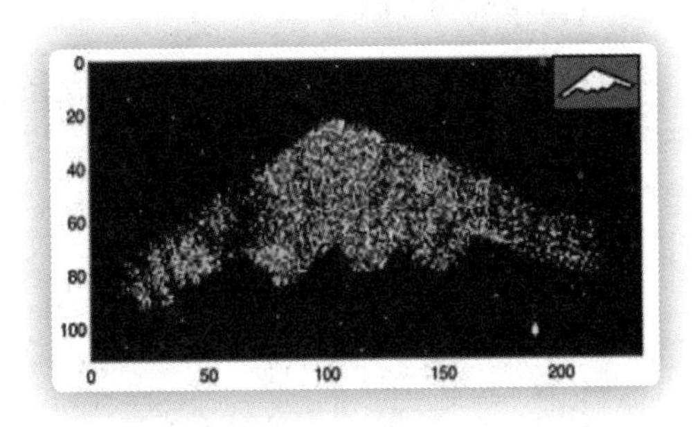

图 5-33 量子雷达探测隐身飞行器

任务 5.3 了解移动通信技术

近年来，随着移动通信技术的飞速发展，移动通信在人们生活中的地位越来越重要，在学习、工作、生活等方面发挥了重要作用。随着 5G 应用的普及，移动通信在工业、农业、能源、交通、医疗等领域得到了广泛的应用。

本节主要介绍移动通信技术的基本概念、发展历程、技术特点、应用领域等内容。

任务描述

关于移动通信技术的学习，可采用知识讲解、小组讨论等形式，配合图片、视频等教学资源进行，理解移动通信技术及主要代表技术的概念、产生原因和发展历程。

通过本节内容的学习，完成下列学习任务。

- 在学习过程中认真复习，梳理记录好学习笔记。

- 了解移动通信的定义、特点和 5G 的技术特点。
- 了解移动通信发展的主要历程，知道我国在 5G 和 6G 方面的优势。
- 了解 5G 在工业、车联网与自动驾驶、能源、教育、医疗、文化旅游、智慧城市、信息消费领域的典型应用，能够举例说出 5G 在产业应用上的实例。
- 感受 5G 的魅力，激发对移动通信技术的兴趣，拓宽视野和拓展思维。
- 通过小组学习，培养与人沟通、协同工作、表达等能力。
- 完成单元考核评价中的相关任务。

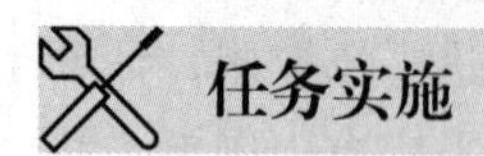

5.3.1 了解移动通信的基本概念

1. 什么是移动通信

移动通信（Mobile Communication）是指通信双方或至少有一方处于移动（或暂时停止）状态下的通信，包括移动体与固定体的通信、移动体之间的通信等，如图 5-34 所示。简单地说，就是在移动过程中的信息交换，包括陆、海、空的移动通信。

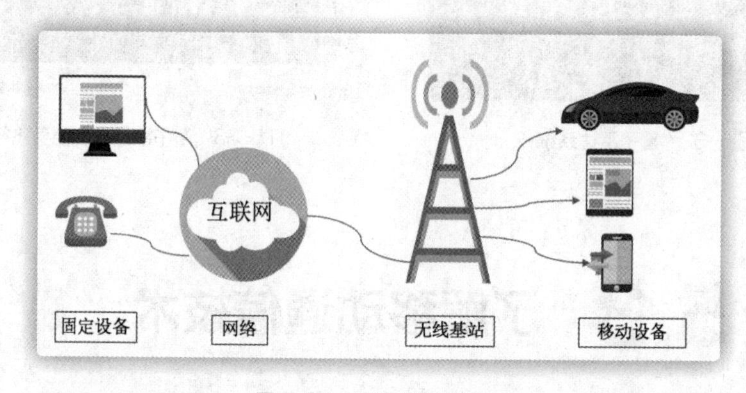

图 5-34 移动通信示意图

2. 移动通信的主要特点

移动通信的主要特点如下。

① 移动通信是有线、无线相结合的通信方式。

② 电磁波的传播条件恶劣，存在严重的多径衰落现象。

③ 能在强干扰条件下工作。

④ 具有多普勒效应。当运动的物体达到一定速度时，固定点接收到的载波频段将随相对运动速度的不同而产生不同的频率偏移，通常把这种现象称为多普勒效应。

⑤ 存在阴影区（盲区）。

⑥ 用户经常移动，与基站无固定联系。

3. 5G 移动通信的技术特点

第五代移动通信技术（5G）是最新一代蜂窝移动通信技术，是 4G（LTE-A、WiMax）、3G（UMTS、LTE）和 2G（GSM）的延伸。5G 的性能目标是有高传输速率、减少延迟、节省能源、降低成本、提高系统容量和大规模设备连接，5G 的技术特点如图 5-35 所示。

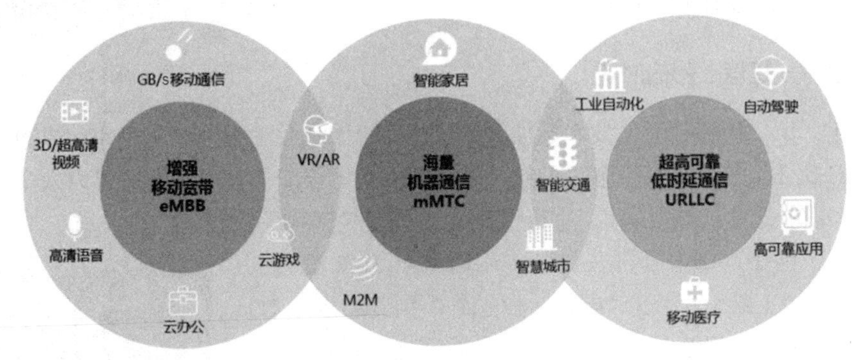

图 5-35 5G 的技术特点

5.3.2 了解移动通信的发展历程

扫码观看微课视频

1897 年，伽利尔摩 • 马可尼（Guglielmo Marconi）在相距 18 海里的陆地固定站和一只拖船之间用无线电完成了无线通信试验，这标志着移动通信的诞生，如图 5-36 所示。20 世纪 20 年代移动通信开始应用于军事和某些特殊领域，40 年代在民用方面逐步得到应用。图 5-37 所示为摩托罗拉公司生产的无线通信仪。

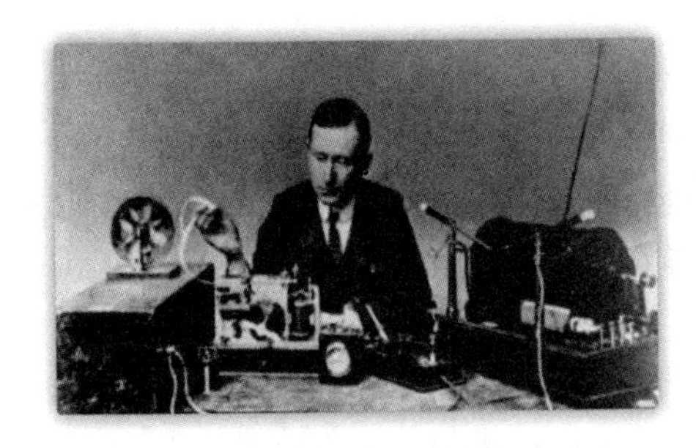

图 5-36 马可尼首次完成移动通信试验

图 5-37 摩托罗拉公司生产的无线通信仪

1965 年美国发射了第一颗用于通信业务的对地静止卫星。这样，即使是漂泊在大洋中的人，也可以与陆地上的人通话。陆地移动通信虽然最早出现于 1921 年，却在 60 年代后期才取得长足的发展；到了 80 年代，移动通信开始在全世界普及。

直到最近二三十年移动通信才真正得到迅猛发展、广泛应用。在这短短几十年里，移动通信经历了第一代移动通信技术（1G）、第二代移动通信技术（2G）、第三代移动通信技术（3G）、第四代移动通信技术（4G），现正在逐步普及的第五代移动通信技术（5G）。

1. 1G——只能传输语音

1986 年，第一代移动通信技术（1G）在美国芝加哥诞生。第一代移动通信系统是以模拟技术为基础的蜂窝无线电话系统，例如现在已经淘汰的模拟移动网。1G 在设计上只能传输语音，并受到网络容量的限制。最能代表 1G 时代特征的，是美国摩托罗拉公司在 20 世纪 90 年代推出并风靡全球的大哥大，即移动手提式电话，如图 5-38 所示。

图 5-38　摩托罗拉 1G 手机

2. 2G——短信、彩信时代

1992 年，第二代移动通信技术标准开始执行，第二代移动通信系统采用的是数字语音传输技术。2G 比 1G 多了数据传输的服务，这样手机就不仅能接打电话，还可以发送短信。发短信成为时髦的交流方式，彩信、手机报、壁纸和铃声等也成了热门。

1994 年，前中国邮电部部长吴基传用诺基亚 2110 拨通了中国移动通信史上第一个 GSM 电话，标志着中国开始进入 2G 时代，图 5-39 所示为诺基亚 2G 手机 2110。在这之后的时间里，诺基亚带给了我们无数经典的手机，可以说，2G 时代是诺基亚崛起的时代。

图 5-39　诺基亚 2G 手机 2110

3. 3G——图片、视频、海量 App

2001 年，3G 正式登上了历史的舞台。相比于 1G，2G 虽然大大提升了效率，但仍满足不了人们对图片和视频传输的要求，因为 2G 的网速不能满足这一要求。于是，3G 应运而生。

3G 开辟新的电磁波频谱、制定新的通信标准，其传输速度是 2G 的 140 倍。3G 对于非移动设备，最大网络速度约为 3Mbit/s，由于采用更宽的频带，传输的稳定性也大大提高，数据的传输更为普遍和多样，有了更多样化的应用。

这个阶段，移动通信出现了新的“玩家”——中国，除了北美和欧洲，中国也开发了自己的标准。与此同时，一个重要的公司——苹果上线了，而一代巨头诺基亚则黯然退场。

2007 年，乔布斯发布第一代 iPhone，使得智能手机的浪潮席卷全球。2008 年，支持 3G 网络的 iPhone 3G 发布，人们可以从手机上直接浏览网页、收发邮件、视频通话等，人类正式进入多媒体时代。图 5-40 所示为乔布斯发布的第一代 iPhone。以前在计算机上才可以使用的网络服务，在手机上就有了更好的体验。

图 5-40　乔布斯发布的第一代 iPhone

4. 4G——移动互联网时代

2008 年发布了 4G 标准，中国是 4G 标准的制定者之一。4G 网络在移动设备中的最大网络速度为 100Mbit/s。在低移动通信情况下，4G 网络速度可达 1Gbit/s，可以满足游戏服务、高清移动电视、视频会议、3D 电视及很多其他需要高速网络的领域。

随着 4G 时代的来临，中国迅速崛起了一批世界级的产业，包括移动支付领域的支付宝和微信支付，设备、终端领域的华为和小米，移动互联网领域的字节跳动（头条、抖音）、美团外卖，移动电商领域的淘宝、京东、拼多多等。各种各样的产业如雨后春笋般争相出现，图 5-41 所示为华为手机发布会及手机中的移动应用。

图 5-41 华为手机发布会及手机中的移动应用

4G 时代，人们已经离不开手机，从前绝对没想过的事情一一发生，人们的生活被彻彻底底改变，生活越来越便捷，更加智能化的生活已经悄悄来临。

5. 5G 时代——万物互联

2018 年 2 月 27 日，华为在 MWC2018 大会上发布了首款 3GPP 标准的 5G 商用芯片巴龙 5G01 和 5G 商用终端，其支持全球主流 5G 频段。

2018 年 6 月 13 日，3GPP 5G NR 标准独立组网（Standalone，SA）方案在 3GPP 第 80 次 TSG RAN 全会正式完成并发布，这标志着首个真正完整意义的国际 5G 标准正式出炉。

2018 年 12 月 10 日，工业和信息化部正式对外公布，已向中国电信、中国移动、中国联通发放了 5G 系统中低频段试验频率使用许可。

2021 年年底，我国千兆光纤网络具备覆盖 2 亿户家庭的能力，万兆无源光网络（10G-PON）及以上端口规模超过 500 万个，千兆宽带用户突破 1000 万户；5G 网络基本实现县级以上区域、部分重点乡镇覆盖，新增 5G 基站超过 60 万个。世界即将进入万物互联时代，如图 5-42 所示。

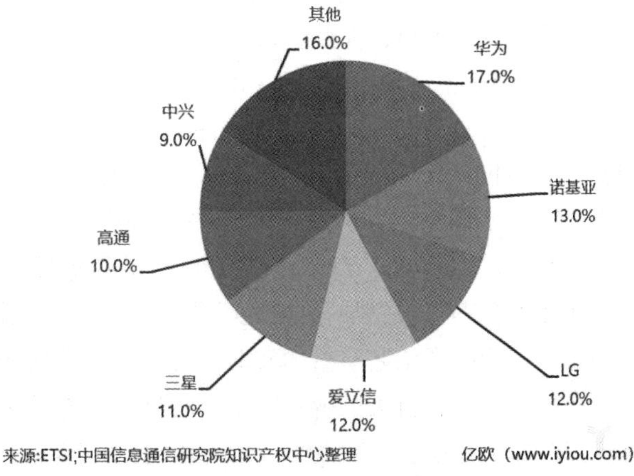

图 5-42 5G 万物互联时代

来自中国互联网络信息中心（China Internet Network Information Center，CNNIC）发布的一份报告显示，在全球 6G 通信领域，国产 6G 的专利申请数量达到了 13449 项，占比高达 35%，远远领先第二位美国的 18%，高居全球第一位。可见国产 6G 在专利储备上再次走在了世界前列，如图 5-43 所示。此前，国产 6G 已经在星间激光通信领域获得全球第一；国产航天发射的“行云二号”卫星，实现了双向通信，随后航天五院的卫星激光终端速率提升到 10 Gbit/s，让国产 6G 获得第二个全球第一。

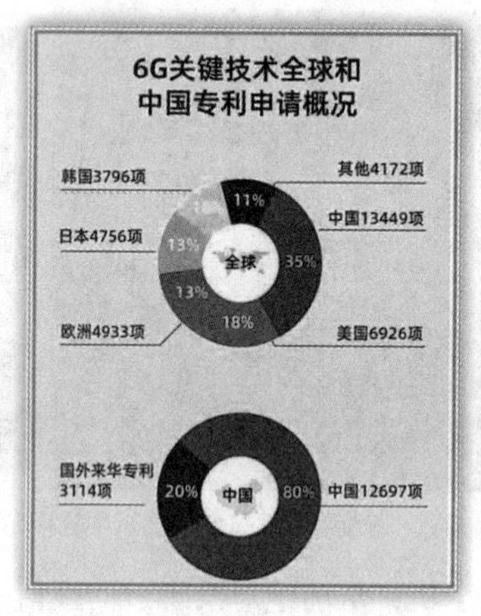

图 5-43　6G 专利申请概况

5.3.3　了解 5G 的应用领域

扫码观看
微课视频

1. 工业领域

以 5G 为代表的新一代信息通信技术与工业经济深度融合，为工业乃至产业数字化、网络化、智能化发展提供了新的实现途径。5G 在工业领域的应用涵盖研发设计、生产制造、运营管理及产品服务 4 大工业环节，主要包括 16 类应用场景，分别为：AR/VR 研发实验协同、AR/VR 远程协同设计、远程控制、AR 辅助装配、机器视觉、AGV 物流、自动驾驶、超高清视频、设备感知、物料信息采集、环境信息采集、AR 产品需求导入、远程售后、产品状态监测、设备预测性维护、AR/VR 远程培训。

以钢铁行业为例，5G 帮助钢铁行业实现智能化生产、智慧化运营及绿色发展。在智能化生产方面，5G 网络低时延特性可实现远程实时控制机械设备，在提高运维效率的同时，促进厂区向无人化转型，如图 5-44 所示；借助 5G+AR 眼镜，专家可在后台对传回的 AR 图像进行文字、图片等多种形式的标注，实现对现场运维人员的实时指导，提高运维效率，如图 5-45 所示；5G+大数据可对钢铁生产过程的数据进行采集，实现钢铁制造主要工艺参数的在线监控、在线自动质量判定，实现生产工艺质量的实时掌控。在智慧化运营方面，5G+ 超高清视频可实现钢铁生产流程及人员生产行为的智能监管，帮助及时判断生产环境及人员操作是否存在异常，提高生产安全性。在绿色发展方面，5G 的广连接特性帮助钢铁企业采集钢铁各生产环节的能源消耗和污染物排放数据，可协助钢铁企业找出问题严重的环节并进行工艺优化和设备升级，降低能耗成本和环保成本，实现清洁低碳的绿色化生产。

图 5-44 远程控制

图 5-45 5G 助力 VR 制造

2. 车联网与自动驾驶

5G 车联网助力汽车、交通应用服务的智能化升级。5G 网络具有大带宽、低时延等特性，支持实现车载 VR 视频通话、实景导航等实时业务。借助车联网，车辆可实时对外广播自身定位、运行状态等基本安全消息，交通灯或电子标志等可广播交通管理与指示信息，支持实现路口碰撞预警、红绿灯诱导通行等应用，显著提升车辆行驶安全和出行效率。车联网还可以支持复杂场景的自动驾驶服务，如图 5-46 所示。5G 网络可支持港口岸桥区的自动远程控制、装卸区的自动码货及港区的车辆无人驾驶应用；可显著降低自动导引运输车控制信号的时延，以保障无线通信质量与作业的可靠性；可使智能理货数据传输系统实现全天候、全流程的实时在线监控。

图 5-46 5G 助力车联网和自动驾驶

3. 能源领域

在电力领域，能源电力生产包括发电、输电、变电、配电、用电 5 个环节。目前 5G 在电力领域的应用主要面向输电、变电、配电、用电 4 个环节开展，应用场景主要涵盖了采集监控类业务及实时控制类业务，包括输电线无人机巡检、变电站机器人巡检、电能质量监测、配电自动化、配网差动保护、分布式能源控制、高级计量、精准负荷控制、电力充电桩等。图 5-47 所示为输电线无人机巡检。

图 5-47 输电线无人机巡检

在煤矿领域，5G 应用涉及井下生产与安全保障两大部分，应用场景主要包括作业场所视频监控、环境信息采集、设备数据传输、移动巡检、作业设备远程控制等。当前，煤矿领域利用 5G 实现地面操作中心对井下综采工作面采煤机、液压支架、掘进机等设备的远程控制，大幅减少了原有线缆维护的工作量也保障了井下作业人员的安全；在井下机电硐室等场景部署 5G 智能巡检机器人，实现机电硐室自动巡检，极大提高检修效率；在井下关键场所部署 5G 超高清摄像头，实现环境与人员的精准实时管控。煤矿领域利用 5G 的智能化改造能够有效减少井下作业人员数量，降低井下事故发生概率，遏制重特大事故的发生，实现煤矿的安全生产。图 5-48 所示为华为 5G 煤矿。

图 5-48　华为 5G 煤矿

4．教育领域

5G 在教育领域的应用主要围绕智慧课堂及智慧校园两方面。5G+ 智慧课堂凭借 5G 低时延、高速率的特性，结合 VR/AR/ 全息影像等技术，可实时传输影像信息，提供全息、互动的教学服务，提升教学体验。通过 5G 网络收集教学过程中的场景数据，结合大数据及人工智能技术，构建学生的学情画像，为教学等提供全面、客观的数据分析，提升教育、教学的精准度。5G+ 智慧校园，基于超高清视频的安防监控可为校园提供远程巡考、校园人员管理、学生作息管理、门禁管理等应用，解决陌生人进校、危险探测不及时等安全问题，提高校园管理效率和水平，让家长及时了解学生在校的位置及表现，打造安全的学习环境。

5．医疗领域

5G 通过赋能现有智慧医疗服务体系，提高远程医疗、应急救护等服务能力和管理效率，并催生 5G+ 远程超声检查、重症监护等新型应用场景。

5G+ 超高清远程会诊、远程影像诊断、移动医护等应用，可以在现有智慧医疗服务体系上，叠加 5G 网络能力，极大提升远程会诊、医学影像、电子病历等数据的传输速度。在抗击新冠肺炎疫情期间，解放军总医院联合相关单位快速搭建 5G 远程医疗系统，提供远程超高清视频多学科会诊、远程阅片、床旁远程会诊、远程查房等应用，支援救治湖北新冠肺炎危重症患者，有效缓解抗疫一线医疗资源紧缺问题，如图 5-49 所示。

5G+ 应急救护等应用，可以在急救人员、救护车、应急指挥中心、医院之间快速构建 5G 应急救援网络，在救护车接到患者的第一时间，将患者体征数据、病情图像、急症病情记录等以毫秒级速度无损、实时地传输到医院，帮助医院内的医生做出正确指导并提前制定抢救方案，实现患者“上车即入院”的愿景，如图 5-50 所示。

医院里，导诊台是人流量最大、最拥挤的区域。5G 导诊机器人进入后，可以在医院大厅导诊，这将在很大程度上分担导诊台工作人员的工作量。5G 导诊机器人如图 5-51 所示。

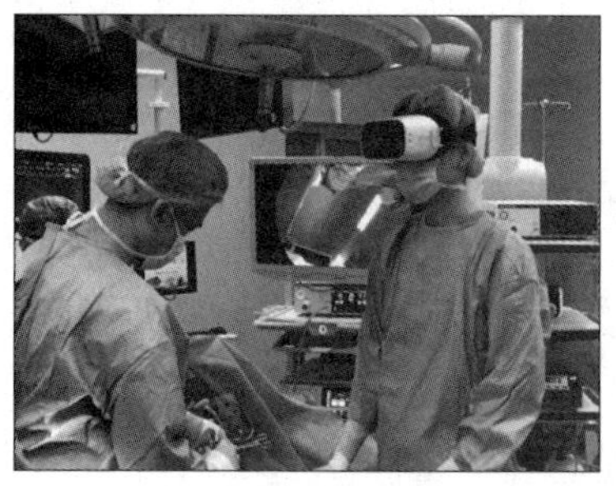

图 5-49 远程医疗

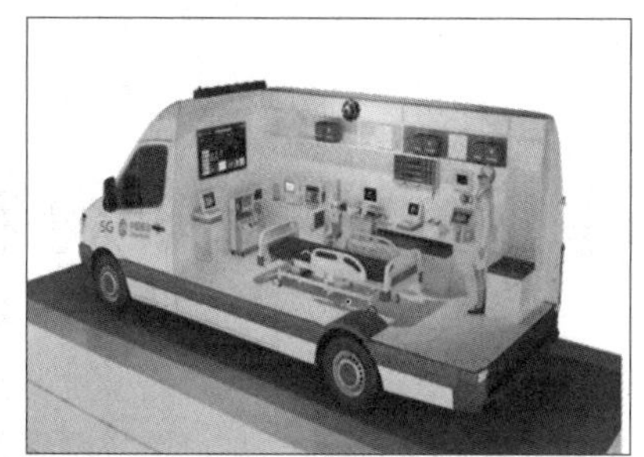

图 5-50 5G 救护车

图 5-51 5G 导诊机器人

6. 文化旅游领域

5G 在文化旅游领域的创新应用将助力文化和旅游行业步入数字化转型的快车道。5G 智慧文化旅游应用场景主要包括景区管理、游客服务、文博展览、线上演播等环节。5G 智慧景区可实现景区实时监控、安防巡检和应急救援，同时可提供 VR 直播观景、沉浸式导览及 AI 智慧游记等创新体验，大幅提升景区管理和服务水平，解决景区同质化发展等问题。5G 智慧文博可支持文物全息展示、5G+VR 文物修复、沉浸式教学等应用，赋能文博数字化发展，深刻阐释文物的多元化价值。5G 云演播融合 4K/8K、VR/AR 等技术，可以实现线上线下高清直播，多屏多角度沉浸式观赏，让传统演艺产业焕发新生。

7. 智慧城市领域

5G 助力智慧城市在安防、巡检、救援等方面提升管理与服务水平。在城市安防监控方面，还结合了大数据及人工智能技术，5G+ 超高清视频监控可实现对人脸、行为、特殊物品、车辆等的精确识别，形成对潜在危险的预判能力和紧急事件的快速响应能力；在城市安全巡检方面，5G 结合无人机、无人车、机器人等安防巡检终端，可实现城市立体化智能巡检，提高城市日常巡检的效率；在城市应急救援方面，5G 通信保障车与卫星回传技术可实现救援区域海陆空一体化的 5G 网络覆盖，帮助应急调度指挥人员直观、及时地了解现场情况，以便更快速、更科学地制定应急救援方案，提高应急救援效率。

8. 信息消费领域

5G 给垂直行业带来变革与创新的同时，也孕育了新兴信息产品和服务，而且还改变了人们的生活方式。在 5G+ 云游戏方面，5G 可将云端服务器上渲染压缩后的视频和音频传送至用户终端，解决本地计算力不足的问题，解除游戏优质内容对终端硬件的束缚和依赖，对消费端的成本控制和产业链的降本增效起到了积极的推动作用。在 5G+4K/8K VR 直播方面，5G 可解决网线组网烦琐、传统无线网络带宽不足、专线开通成本高等问题，可满足大型活动现场海量终端的连接需求，并带给观众超高清、沉浸式的视听体验。在 5G+ 多视角视频方面，5G 可同时向用户推送多个独立的视角画面，用户可自行选择视角观看，给用户带来更自由的观看体验。在智慧商业综合体方面，5G+AI 智慧导航、5G+AR 数字景观、5G+VR 电竞娱乐空间、5G+VR/AR 全景直播、5G+VR/AR 导购及互动营销等应用已开始在商圈及购物中心落地应用，并逐步规模化推广。未来随着5G网络的全面覆盖及网络能力的提升，5G+沉浸式云XR、5G+数字孪生等应用场景也将实现，让购物消费更具活力。

任务5.4 了解物联网技术

物联网是新一代信息技术之一，简单地说，物联网就是物和物互联的网络。它利用融合感知技术、识别技术、网络技术、通信技术和云计算技术等，把控制器、传感器、人和物等连接起来，实现物与物、人与物的连接，最终得到智能化的网络。物联网被认为是继计算机、互联网之后，世界信息产业的第三次浪潮。

物联网应用涉及国民经济和人类社会生活的方方面面，其应用正在迅速向各个领域蔓延，涉及家居、医疗、物流、交通、零售、金融等。从工业到农业，物联网的应用无处不在。了解和学习物联网知识不仅是工作的需要，而且是现代生活的需要。

本节主要介绍物联网技术的基本概念、发展历程、技术特点、应用领域等内容。

任务描述

通过本节内容的学习，完成下列学习任务。

- 在学习过程中认真复习，梳理记录好学习笔记。
- 了解物联网的定义和基本特征，初步接触物联网在生活中的一些运用。
- 了解物联网发展的主要历程，知道我国物联网的发展态势。
- 初步理解物联网的体系架构，理解感知层、网络层和应用层的关键技术特点。
- 了解物联网在智慧物流、智能交通、智能安防、智慧能源环保、智慧医疗、智慧建筑、智能制造、智能家居、智能零售和智能农业等典型场景的应用，能够举例说出物联网的应用实例。
- 感受物联网的魅力，激发对物联网的兴趣，拓宽视野和拓展思维。
- 通过小组学习，培养与人沟通、协同工作、表达等能力。
- 完成单元考核评价中的相关任务。

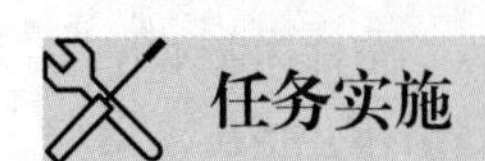

扫码观看
微课视频

5.4.1 了解物联网的基本概念

1. 什么是物联网

物联网（Internet of Things，IoT）指的通过射频识别（Radio Frequency Identification，RFID）

（RFID+ 互联网）、红外感应器、全球定位系统、激光扫描器、气体感应器等信息传感设备，按约定的协议，把任何物品与互联网连接起来，进行信息交换和通信，以实现智能化识别、定位、跟踪、监控和管理的一种网络。简而言之，物联网就是“物物相连的互联网”，如图 5-52 所示。

图 5-52 物联网就是“物物相连的互联网”

物联网就是“物物相连的互联网”。这有两层意思：其一，物联网的核心和基础仍然是互联网，是在互联网的基础上延伸和扩展的网络；其二，物联网的用户端延伸和扩展到了任何物品与物品之间，使之可以进行信息交换和通信，也就是物物相连。

2. 物联网的基本特征

从通信对象和过程来看，物与物、人与物之间的信息交互是物联网的核心。物联网的基本特征可概括为全面感知、可靠传输和智能处理。

全面感知指的是利用射频识别、二维码、智能传感器等感知设备随时随地感知（获取和采集）物体的各类信息。

可靠传输指的是通过对互联网和无线网络的融合，将物体的信息实时、准确地传送，以便进行信息交流、分享。

智能处理指的是使用各种智能技术，对感知和传送到的海量数据和信息进行分析处理，实现监测与控制的智能化。

5.4.2 了解物联网的发展历程

“物联网”的概念最早出现于比尔·盖茨的《未来之路》一书中。

1998 年，美国麻省理工学院创造性地提出了当时被称作 EPC 系统的“物联网”的构想。

1999 年，美国麻省理工学院 Auto-ID 实验室的 Ashton 教授在美国召开的“移动计算和网络国际会议”上提出了物联网的概念，该实验室在计算机互联网的基础上，利用 RFID 技术、无线数据通信技术等，构造了一个实现全球物品信息实时共享的实物互联网。与此同时，中国科学院开始研究传感网。

2005 年 11 月 17 日，在突尼斯举行的“信息社会世界峰会”上，国际电信联盟发布了

《ITU 互联网报告 2005：物联网》，正式提出了“物联网”的概念。报告指出，无所不在的“物联网”通信时代即将来临，世界上所有的物体从轮胎到牙刷、从房屋到纸巾都可以通过互联网主动进行信息交换。

2006 年，中国将传感网列入重点研究领域，将“射频识别技术与应用”列入“863 计划”。

2008 年 11 月，IBM 提出“智慧的地球”概念，即“互联网 + 物联网 = 智慧地球”，以此作为经济振兴战略。如果在基础建设的过程中，植入“智慧”的理念，不仅能够在短期内有力地刺激经济、促进就业，而且能够在短时间内为中国打造一个成熟的智慧基础设施平台。

2009 年 6 月，欧盟委员会提出物联网行动计划。

2009 年 8 月，时任国务院总理的温家宝在无锡考察传感网产业发展时明确指示，要早一点谋划未来，早一点攻破核心技术，并且明确要求尽快建立中国的传感信息中心，即“感知中国”。

2010 年，物联网上升为中国的国家战略。

2013 年，我国发布《物联网发展专项行动计划（2013—2015 年）》。

2015 年，我国实施制造强国战略的第一个十年行动纲领——《中国制造 2025》正式发布。“中国制造 2025”的核心是物联网与制造业的有机结合，也就是中共十七大提出的“工业化与信息化的融合（两化融合）”。“物联网”代表了第四次工业革命的核心，成为全球的热点词汇。

2016 年，基于蜂窝的窄带物联网（Narrow Band Internet of Things，NB-IoT）规模商用。

2017 年，中国国家标准化管理委员会颁布 30 余项涉及物联网技术的相关标准。

图 5-53 所示为中国物联网发展的主要历程。

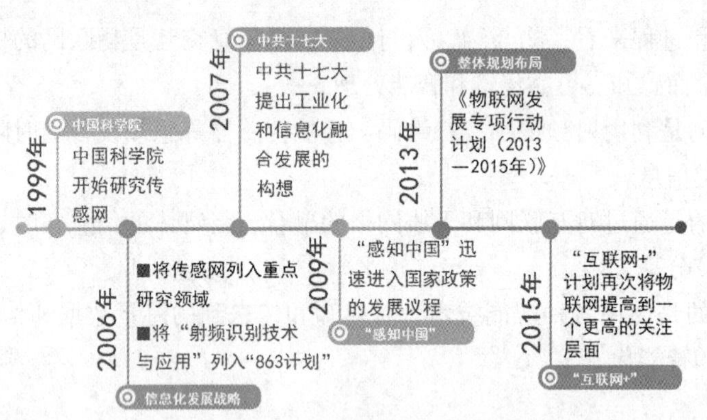

图 5-53　中国物联网发展的主要历程

中国互联网协会主办的“2021 中国互联网大会”在北京举行。会上发布的《中国互联网发展报告（2021）》显示，2020 年我国物联网产业迅猛发展，产业规模突破了 1.7 万亿元；预计到 2022 年，产业规模将超过 2 万亿元；预测到 2025 年，我国移动物联网连接数将达到 80.1 亿，年复合增长率 14.1%。

5.4.3　了解物联网技术的特点

扫码观看微课视频

物联网核心技术包括射频识别技术、WSN 网络技术、红外感应技术，定位技术、互联网与移动互联网技术、网络服务技术及行业应用软件技术。在这些技术中，底层嵌入式设备芯片的开发最为关键，它引领整个行业的发展。

1. 物联网的体系架构

物联网共分为 3 层，分别是感知层、网络层和应用层。物联网的体系结构如图 5-54 所示。

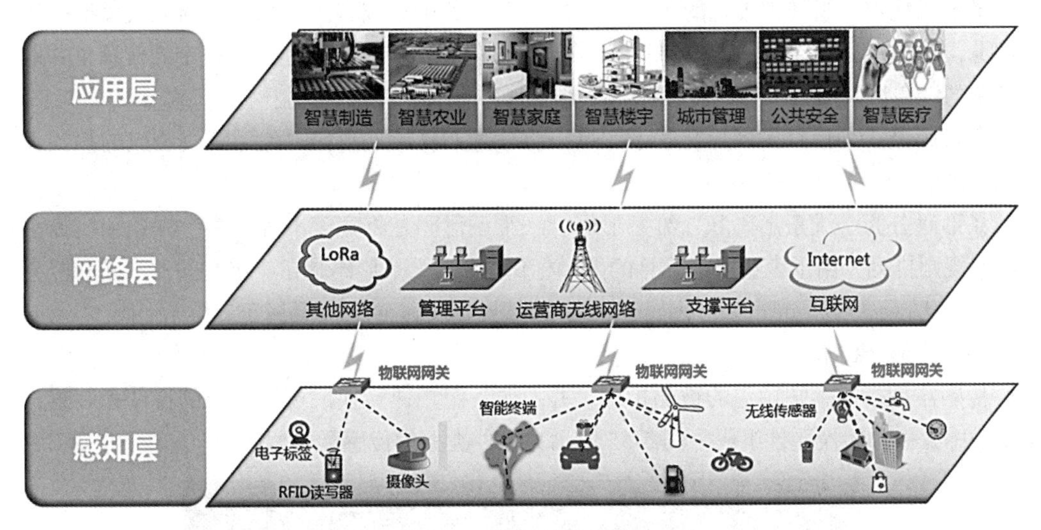

图 5-54 物联网的体系结构

① 感知层实现对物理世界的智能识别、信息采集处理和自动控制，并通过通信模块将物理实体连接到网络层和应用层。感知层的主要作用是识别物体和采集信息。

② 网络层主要实现信息的传递、路由和控制。网络层可以依托公众电信网和互联网，也可以依托行业专用的通信网络。网络层的主要作用是沟通感知层和应用层。

③ 应用层将物联网技术与专业技术相互融合，利用分析处理的感知数据为用户提供丰富的特定服务，与行业需求结合，实现行业智能化管理。物联网的应用层可分为控制型、查询型、管理型和扫描型等，可通过现有的手机、计算机等终端实现广泛的智能化应用解决方案。

2. 物联网的核心技术

物联网涉及的核心技术包括 IPv6 技术、云计算技术、传感技术、RFID 技术、无线通信技术等。因此，从技术角度讲，物联网主要涉及的专业有计算机科学与工程、电子与电气工程、电子信息工程、通信工程、自动控制、遥感与遥测、精密仪器、电子商务等。欧盟于 2009 年 9 月发布的《欧盟物联网研究战略路线图》中列出了 13 类关键技术，包括标识技术、物联网体系结构技术、通信与网络技术、数据和信号处理技术、软件和算法、发现与搜索引擎技术、电源和能量存储技术等。

3. 物联网感知层的关键技术

（1）RFID 技术

RFID 是一种非接触式的自动识别技术，可识别高速运动的物体并可同时识别多个标签，操作快捷方便。RFID 技术通过射频信号自动识别对象并获取相关数据，完成信息的采集工作，是物联网中非常关键的技术之一，它为物体贴上电子标签，实现了高效、灵活的管理。RFID技术由标签和读写器两部分组成，每个标签具有唯一的电子编码，读写器是读取（有时还可以写入）标签信息的设备，如电子收费（Electronic Toll Collection，ETC）系统、地铁卡等都是RFID技术的典型应用。

（2）条形码技术

条形码是由一组规则排列的条、空及相应的字符组成的标记，“条”指对光线反射率较低的部分，“空”指对光线反射率较高的部分，这些条和空组合在一起表达一定的信息，并能够用特定的设备识别读取，将其转换成与计算机兼容的二进制和十进制信息。

条形码是一种信息的图形化表示，可以将信息制作成条形码，然后通过相应的扫描设备将其中的信息输入计算机中。

条形码分为一维条形码和二维条形码。一维条形码是将宽度不等的多个黑条和空按一定的编码规则排列，用于表达一组信息的图形标识符；二维条形码是在二维空间的水平和竖直方向存储信息的条形码。超市条形码属于一维条形码，手机上的二维码属于二维条形码。

（3）传感器技术

传感器是指能感知预定的被测指标，并按照一定规律转换成可用信号的器件和装置，通常由敏感元件和转换元件组成。图5-55所示为各种类型的传感器。

图5-55　各种类型的传感器

传感器是一种检测装置，能检测到被测量的信息，并能将检测到的信息按一定规律转换为电信号或其他所需形式的信息输出，以满足信息的传输、处理、存储、显示、记录和控制等要求。例如，楼道里的声控灯用到了光学传感器和声音传感器，空调温度的调节用到了温度传感器，自动门用到了红外传感器，电子秤用到了力学传感器，手机背光亮度的自动调节用到了手机正前方的环境光传感器。

物联网中，在传感器基础上增加了协同、计算、通信功能，构成了具有感知、计算和通信能力的传感器节点。智能化是传感器的重要特点，嵌入智能技术是实现传感器智能化的重要手段。

（4）无线传感器网络技术

无线传感器网络是由部署在监测区域内的大量微型传感器节点组成，通过无线通信方式形成的一个多跳的自组织网络系统。

无线传感器网络是传感器、网络通信和微电子等技术结合的产物。随机分布的大量传感器节点以无线自组织的方式构成网络，通过节点中内置的各种类型的传感器，对网络区域内的各种环境对象进行探测、感知，并通过多跳路由的方式，将采集到的数据传输到数据处理中心，将逻辑上的信息世界和真实世界融合在一起，改变人与自然的交互方式。

4．物联网网络层的关键技术

（1）ZigBee 技术

紫蜂（ZigBee）是一种近距离、低复杂度、低功耗、低速率、低成本的双向无线通信技术。其名称来源于蜜蜂的八字舞，蜜蜂靠飞翔和抖动翅膀的“舞蹈”来给同伴传递花粉所在方位的信息，也就是说，蜜蜂依靠这样的方式构成了群体中的通信网络。

ZigBee 技术主要适用于自动控制和远程控制领域，可以嵌入各种设备。

（2）Wi-Fi 技术

Wi-Fi 是一种无线网络通信技术，可以将计算机、手持设备（如 PDA、手机）等终端以无线方式互相连接。Wi-Fi 由 Wi-Fi 联盟负责运营和维护，其目的是改善基于 IEEE 802.11 标准的无线网络产品之间的互通性。

IEEE 802.11 是电气电子工程师学会最初制定的一个无线局域网标准，主要用于解决办公室局域网和校园网中用户与用户终端的无线接入问题，业务主要限于数据存取。

Wi-Fi 具有覆盖范围广、传输速度快、厂商进入该领域的门槛较低等优势。

（3）蓝牙技术

蓝牙是一种支持设备短距离通信（一般 10 米以内）的无线电技术，能够在移动电话、掌上计算机、无线耳机、笔记本电脑、相关外设等众多设备之间进行无线信息交换。

蓝牙技术的优势是稳定、全球可用、设备范围广、易于使用并且采用了通用规格。

（4）卫星导航系统

卫星导航系统是利用定位卫星，在全球范围内进行实时定位、导航的系统。全球四大卫星导航系统包括美国的全球定位系统（Global Positioning System，GPS）、俄罗斯的“格洛纳斯”系统（GLONASS Navigation System，GLONASS）、欧盟的“伽利略”系统（Galileo Satellite Navigation System，GSNS）和中国的北斗卫星导航系统（BeiDou Navigation Satellite System，BDS）。

（5）近场通信技术

近场通信（Near Field Communication，NFC）是一种新兴的技术，使用了 NFC 技术的设备（如移动电话）可以在彼此靠近的情况下进行数据交换。NFC 技术是由非接触式射频识别及互联互通技术整合演变而来的，通过在单一芯片上集成感应式读卡器、感应式卡片和点对点通信的功能，利用移动终端实现移动支付、电子票务、门禁、移动身份识别、防伪等应用。

（6）无线传感器网络

无线传感器网络（Wireless Sensor Network，WSN）是由部署在监测区域内的大量廉价的微型传感器节点组成，通过无线通信方式形成的一个多跳自组织网络。无线传感器网络作为一种全新的信息获取平台，能够实时监测和采集网络区域内的各种检测对象的信息，并将这些信息发送到网关节点，以实现复杂的指定范围内目标的检测与跟踪。无线传感器网络具有快速展开、抗毁性强等特点，有着广阔的应用前景。无线传感器网络将能扩展人们与现实世界进行远程交互的能力。

5．物联网应用层的关键技术

物联网应用层的关键技术主要包含云计算所涉及的关键技术，主要分为最底层的基础设施即服务（Infrastructure as a Service，IaaS）、中间层的平台即服务（Platform as a Service，PaaS）和最顶层的软件即服务（Software as a Service，SaaS）。

① 基础设施即服务位于最底层，该层提供最基本的计算和存储能力，其中，自动化和虚拟化是核心技术。

② 平台即服务位于 3 层服务的中间，该层涉及两个关键技术：基于云的软件开发、测试及运行技术和大规模分布式应用运行环境技术。

③ 软件即服务位于最顶层，该层涉及的关键技术有 Web 中的混搭应用、应用多租户、应用虚拟化等。

5.4.4 了解物联网的典型应用场景

物联网在工作和生活中的应用随处可见，已经逐步开启人类智慧的新生活。物联网的应用领域主要有物流、交通、安防、能源、医疗、建筑、制造、家居、零售和农业等，下面分别讲述物联网技术如何应用于这十大领域。

扫码观看
微课视频

1．智慧物流

智慧物流指的是以物联网、大数据、人工智能等信息技术为支撑，在物流的运输、仓储、运输、配送等各个环节实现系统感知、全面分析及信息处理等功能。当前，物流领域应用物联网技术主要体现在 3 个方面——仓储、运输监测及快递终端等，通过物联网技术实现对货物的监测及运输车辆的监测，包括货物车辆位置、状态、货物温湿度、油耗及车速等。物联网技术的使用能提高运输效率，提升整个物流行业的智能化水平。图 5-56 所示为京东智能配送机器人和智慧物流仓库。

图 5-56　京东智能配送机器人和智慧物流仓库

2．智能交通

智能交通是物联网的一种重要体现形式，利用信息技术将人、车和路紧密结合起来，可以改善交通运输环境、保障交通安全及提高资源利用率。物联网在智能交通中的应用包括车辆定位与调度、交通状况感知、交通智能化管控、智能公交车、共享单车、车联网、充电桩监测、智能红绿灯及智能停车等，如图 5-57 所示。

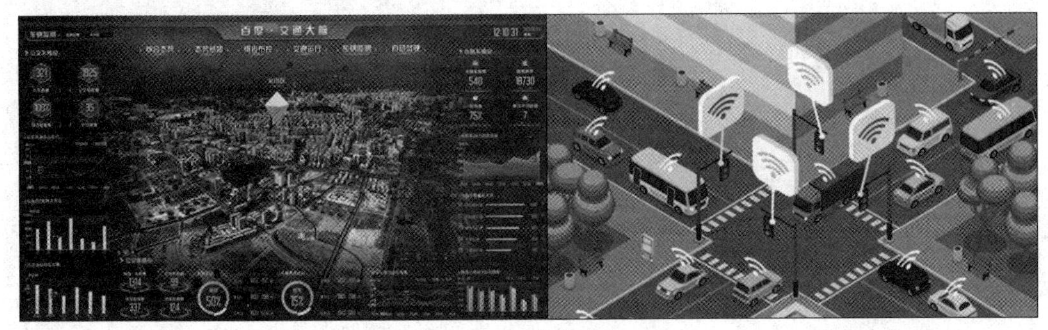

图 5-57　智能交通

3. 智能安防

安防是物联网的一大应用市场，因为安全永远都是人们最基本的需求。传统安防对人员的依赖性比较强，非常耗费人力，而智能安防能够通过设备实现智能判断。目前，智能安防最核心的部分在于智能安防系统，该系统可以对拍摄的图像进行传输与存储，并对其进行分析与处理。一个完整的智能安防系统主要包括三大部分：门禁、报警和监控，行业中主要以视频监控为主，如图 5-58 所示。

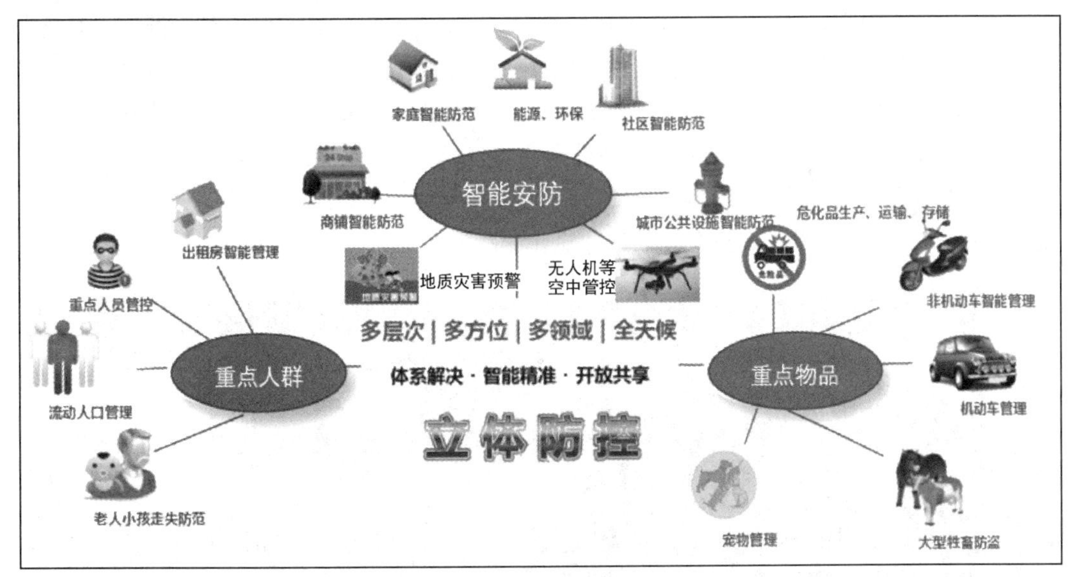

图 5-58　智能安防

4. 智慧能源环保

智慧能源环保属于智慧城市的一部分，其物联网技术的应用主要集中在水能、电能、燃气、路灯等能源及井盖、垃圾桶等环保装置方面。例如智慧井盖监测水位及其状态、智慧水电表实现远程抄表、智慧垃圾桶进行自动感应等。将物联网技术应用于传统的水、电、光能设备，通过监测，提升能源的利用率，减少能源损耗。图 5-59 所示为智慧能源监控数据大屏。

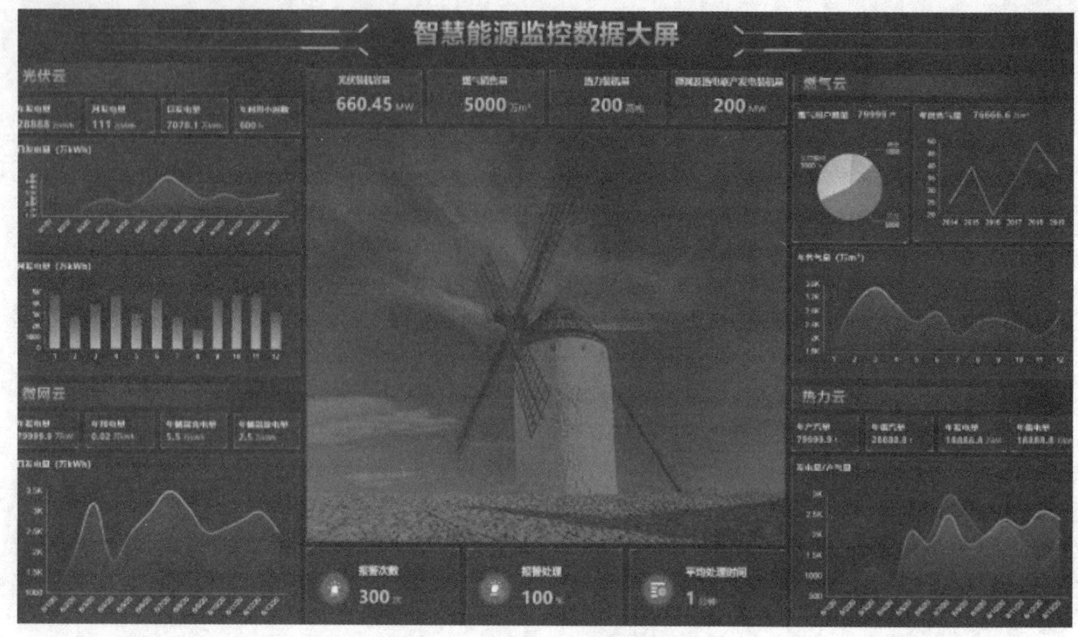

图 5-59　智慧能源监控数据大屏

5. 智慧医疗

物联网在智慧医疗中的应用包括远程监控、家庭医疗、健康咨询管理等。例如，通过在病人身上安装医疗传感设备，医生可以通过手机、平板电脑等实时掌握病人的各项生理指标数据，从而更科学、合理地制定诊疗方案或者进行远程诊疗，如图 5-60 所示。此外，在医院看病时利用就诊卡挂号、分诊、付费、取化验单、取药等，也是利用物联网技术（就诊卡中内嵌有电子标签芯片）实现的。除此之外，通过 RFID 技术还能对医疗设备、物品进行监控与管理，实现医疗设备、物品可视化，建成数字化医院。

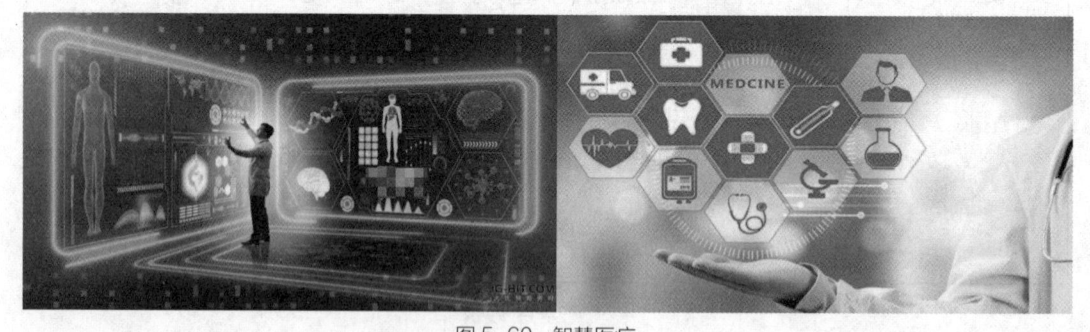

图 5-60　智慧医疗

6. 智慧建筑

建筑是城市的基石，技术的进步促进了建筑的智能化发展，以物联网等新技术为主的智慧建筑越来越受到人们的关注。当前的智慧建筑主要体现在节能方面，对设备进行感知并实现远程监控，不仅能够节约能源，同时还能减少楼宇运维人员的数量，如图 5-61 所示。

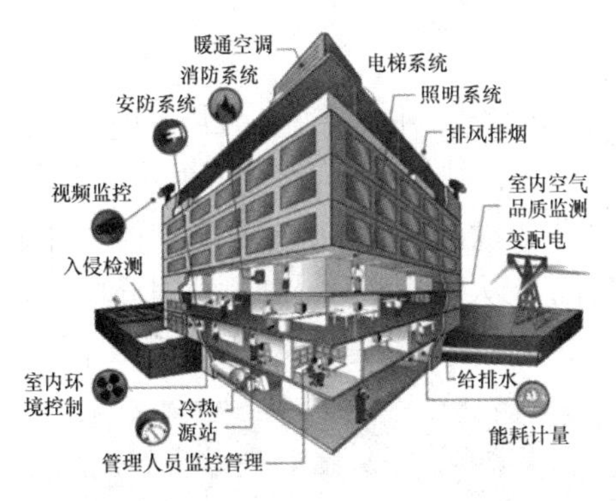

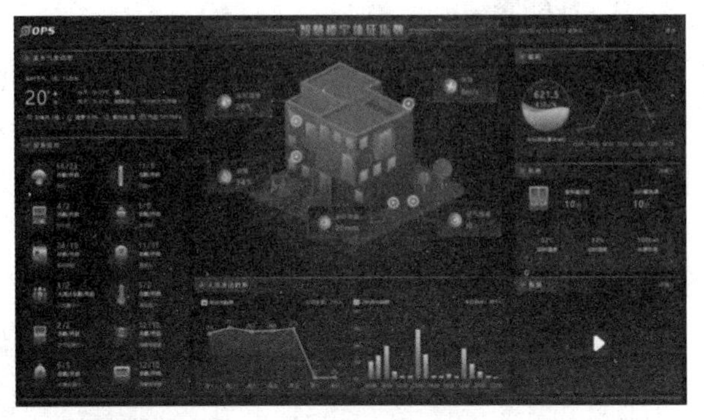

图 5-61 智慧建筑

7. 智能制造

智能制造的概念范围很广，涉及很多行业。制造领域的市场体量巨大，是物联网的一个重要应用领域。物联网在智能制造中的应用包括生产过程控制、供应链跟踪、产品质量检测、生成设备监控、生产环境监测等。例如，钢铁企业利用传感器和通信网络在生产过程中对产品的宽度、厚度、温度等进行实时监控，可以提高产品质量，优化生产流程，如图 5-62 所示。

图 5-62 钢铁企业智能制造

8. 智能家居

智能家居利用不同的方法和设备来提高人们的生活品质，使家变得更舒适、安全。将物联网应用于智能家居领域，能够对家居类产品的位置、状态、变化进行监测，分析其变化特征，同时根据人的需要，在一定程度上进行反馈，如图 5-63 所示。智能家居行业的发展主要分为 3 个阶段：单品连接、物物联动和平台集成。目前，知名智能家居企业都在向平台集成方向发展。

图 5-63 智能家居

9. 智能零售

行业内将零售按照距离，分为了3种不同的形式：远场零售、中场零售、近场零售。三者分别以电商，商场、超市，便利店、自动售货机为代表。物联网技术可以用于近场和中场零售，且主要应用于近场零售，即无人便利店和自动（无人）售货机，如图5-64所示。智能零售通过对传统的便利店和售货机进行数字化升级、改造，打造无人零售模式。通过数据分析，智能零售可以充分运用门店内的客流和活动，为用户提供更好的服务，提高商家的经营效率。

图5-64　无人便利店

10. 智能农业

智能农业是以物联网技术为基础，在农业生产过程中通过传感器收集数据并进行量化分析和智能决策，实现农业生产全过程的信息感知、精准管理和智能控制的一种全新的农业生产方式。其具有农业可视化诊断、远程控制及灾害预警等功能。物联网在农业中的应用包括自动灌溉、自动施肥、自动喷药、异地监控、环境监测等，其目的是确保农作物的生长环境最优，从而提高农作物的产量和品质，如图5-65所示。

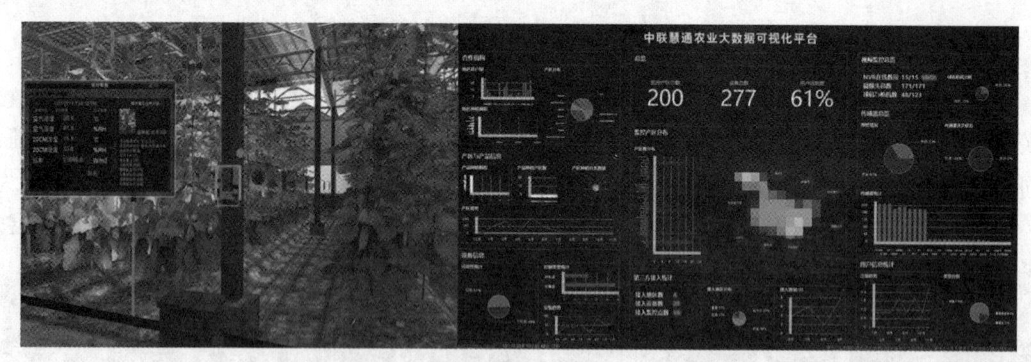

图5-65　智能农业

在上述十大行业中，采用物联网技术的主要作用是获取数据，而后根据获取的数据运用云计算、边缘计算及人工智能等技术进行处理，帮助人们更好地进行决策。物联网等相关技术作为获取数据的主要技术，在未来的发展中至关重要。物联网是一个大的产业，涉及日常工作、生活的方方面面。面对新一轮的科技革命和产业革命，物联网正孕育着巨大的潜能，物联网产业正迎来蓬勃发展的新时代。

任务 5.5　了解区块链技术

2018 年 5 月，习近平总书记在中国科学院第十九次院士大会、中国工程院第十四次院士大会上的讲话中指出，“以人工智能、量子信息、移动通信、物联网、区块链为代表的新一代信息技术加速突破应用”。区块链凭借其独有的信任建立机制，成为金融和科技深度融合的重要方向。在政策、技术、市场的多重推动下，区块链技术正在加速与实体经济融合，助力高质量发展，对我国探索共享经济新模式、建设数字经济产业生态、提升政府治理和公共服务水平具有重要意义。

本节主要介绍区块链技术的基本概念、发展历程、技术特点、应用领域等内容。

任务描述

通过对本节内容的学习，完成下列学习任务。

- 在学习过程中认真复习，梳理记录好学习笔记。
- 了解区块链的定义，知道区块和链的概念，了解区块链的分类。
- 了解区块链发展的主要历程。
- 理解去中心化、共识机制、可追溯性及高度信任 4 个区块链的主要特征。
- 了解区块链在金融、物联网、存证防伪、知识产权等领域的典型应用。
- 感受区块链的魅力，激发对区块链的兴趣，拓宽视野和拓展思维。
- 通过小组学习，培养与人沟通、协同工作、表达等能力。
- 完成单元考核评价中的相关任务。

任务实施

扫码观看
微课视频

5.5.1　了解区块链的基本概念

1. 什么是区块链

从狭义上来讲，区块链是一种按照时间顺序，将数据区块以顺序相连的方式组合成的一种链式数据结构，并以加密的方式保证其不可篡改和不可伪造的分布式账本；从广义上来讲，区块链是利用块链式数据结构来验证与存储数据，利用分布式节点共识算法来生成和更新数据，利用密码学的方式保证数据传输和访问的安全，利用由自动化脚本代码组成的智能合约来编程和操作数据的一种全新的分布式基础架构与计算范式。

区块链是由现代密码学保护，并以串联的方式衔接在一起的交易记录。可以把它理解成 N 个账本，每个用户手里都有一个账本，内容随时更新，但只能添加信息，不能修改信息。

简单来说，区块链就是一套“加密的、分布式的、多方参与的记账技术”，是分布式数据存储、点对点传输、共识机制、加密算法等计算机技术的新型应用模式。该模式有 3 个关键词。

第一个关键词是记账技术（记账本）。这个账本其实就像我们的银行账户一样，你在某一个银行里面有多少钱，今天花了多少钱等，这些都是有记录的。这个账本不是普通的账本，它前面有一个定语，叫多方参与。多方参与意味着这个账本不是一个人去记的，也不是一个中心机构去记的，而是借助互联网，由分散在全球各个角落的人一起记的。

第二个关键词是加密。加密的意思就是通过密码学手段，保证账户不会被别人篡改。这就和我们的银行账户密码类似。

第三个关键词是分布式。分布式的意思是说区块链这个多方参与的节点，实际上可能分布在全球的任何一个网络节点里面，它不属于一个特定的机构。

总之，区块链就是记录信息和数据的分布式数字账本，该账本存储于对等网络的多个参与者之间，参与者可以使用加密签名将新的交易添加到现有交易链中，形成安全、连续、不变的链式数据结构。区块链并不是一项单一的创新技术，而是点对点网络技术、智能合约、共识机制、链上脚本、密码学等多种技术深度整合后实现的分布式账本技术。

2. 区块链的区块和链

区块链本质上是一个去中心化的分布式账本，那么构成区块链的每一个区块就是账本的每一页，这个账本在网络中各个节点的“手”里，而不是统一放在某个中心机构里，并且是任何人都可以看得到的公开账本。

区块链简单来说就是：区块（Block）+ 链（Chain）= 区块链（Blockchain），如图 5-66 所示。

图 5-66　区块链的区块和链

3. 区块链的分类

根据节点的加入或退出是否需要批准，可以把区块链分为公有链、私有链和联盟链 3 类，如图 5-67 所示。

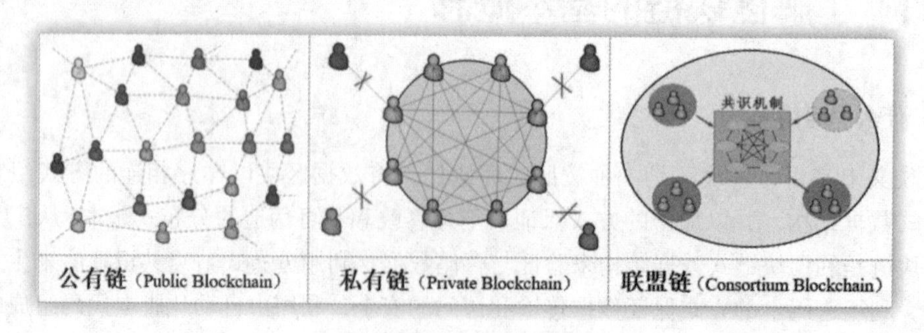

图 5-67　区块链的分类

（1）公有链

公有链（Public Blockchain）即公开的区块链，所有人都可以作为网络中的一个节点自由地加入或退出，节点之间基于共识机制开展工作，是完全意义上的去中心化区块链。公有链通常适用于虚拟货币、面向大众的电子商务、互联网金融的 B2C、C2C 或 C2B 等应用场景。

（2）私有链

私有链（Private Blockchain）是指其写入权限由某个组织和机构控制的区块链，加入节点的资格会被严格限制。私有链一般用在企业内部，系统的运作规则根据企业要求进行设定，修改甚至是读取权限仅有少数节点拥有，同时仍保留着区块链的真实性和部分去中心化的特性。

私有链一般在企业内部应用，如数据库管理、审计等；在政府行业也会有一些应用，如政府的预算和执行，或者政府的行业统计数据，这些数据一般由政府登记，但公众有权利监督。

（3）联盟链

联盟链（Consortium Blockchain）是一种多中心化或者部分去中心化的区块链，其共识机制受某些指定节点控制，一般由若干机构联合发起，如行业内部。它介于公有链和私有链之间，兼具部分去中心化的特性。联盟链与公有链相比，可以看成"部分去中心化"的区块链。同时，因为节点得到了精简，联盟链具有更快的交易速度、更低的成本。一般来说，联盟链适合于机构间的交易、结算或清算等 B2B 场景。

5.5.2 了解区块链的发展历程

区块链诞生至今已有十余年，概括起来讲可以分为区块链 1.0 时代、区块链 2.0 时代、区块链 3.0 时代 3 个阶段，如图 5-68 所示。

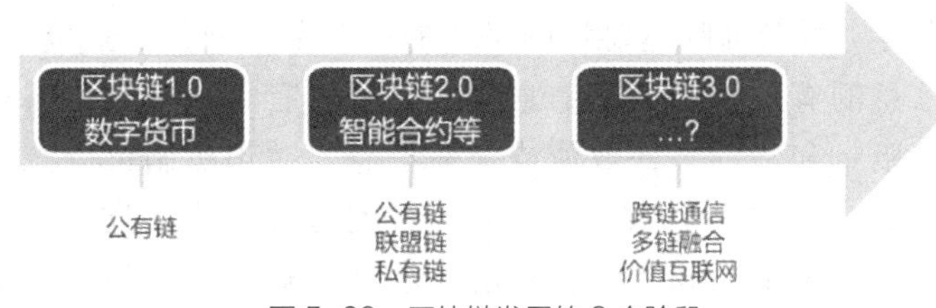

图 5-68 区块链发展的 3 个阶段

1. 区块链 1.0 时代

区块链 1.0 时代的区块链技术主要应用在数字货币的兑换、转移和支付方面，主要是为了解决货币和支付手段的去中心化管理。

2. 区块链 2.0 时代

区块链 2.0 时代也称区块链合约时代。该时期的区块链技术以智能合约为代表，更宏观地为整个互联网应用市场去中心化，而不仅是货币的流通，利用区块链技术实现更多数字资产的转换，从而创造数字资产的价值。所有的金融交易、数字资产都可以被改造后在区块链上使用，包括股票、私募股权、众筹、债券、对冲基金、期货、期权等金融产品，或者数字版权、证明、专利等数字记录。区块链技术在 2.0 时代得到快速发展，2015 年经济学人发布《重塑世界的区块链技术》后，区块链技术在全球掀起一股金融科技狂潮。

3. 区块链 3.0 时代

区块链 3.0 时代是一个信息互联网向价值互联网转变的时代，是区块链技术和实体经济、实体产业相结合的时代。通过将链式记账、智能合约和实体领域结合，实现去中心化的自治，发挥区块链的价值。区块链技术在这一时代的应用将超出金融领域，可以广泛应用于政务、物流、医疗等各个领域。

5.5.3 了解区块链技术的特点

区块链中的交易信息以一个个块的形式记录，这些块以链条的方式，按时间顺序连接起来。新生成的交易信息记录块，不断地被加到区块链中。

扫码观看
微课视频

区块链是一个分布式去中心化的账本，是一个不断增长的文件。区块链中的记录是永久性的，一旦交易信息被记入区块链，它将永久存在，不会被删除；区块链中的记录是不可修改的，一旦交易信息被记入区块链，就不能被修改。区块链技术使用密码学技术将交易信息锁定在区块链中，以确保记录是安全的。

区块链技术具有 4 个主要特点：去中心化、共识机制、可追溯性、高度信任。

第一，去中心化。区块链是由众多节点共同组成的点对点网状结构，不依赖第三方平台或硬件设施，没有中心管制。通过分布式记录和存储的形式，各个节点之间实现数据信息的自我验证、传递和管理。数据在每个节点中都有备份，各节点的地位平等，它们共同维护系统的功能，因此不会因为任意节点的损坏或异常而影响系统的正常运行。这使得基于区块链的数据存储具有较高的安全性、可靠性。

第二，共识机制。共识机制主要指网络中的所有节点间如何达成共识的认证原则，去认定一份交易信息的有效性，保证信息真实可靠。有了该机制，区块链的应用便无须依赖中心机构来鉴定和验证某一数值或交易信息。共识机制可以减少伪冒交易的发生，只有超过 51% 的节点成员达成共识，数据交易才会发生。这有利于保持每份副本信息的一致性，建立适用于不同应用场景的交易验证规则，从而在效率与安全之间取得平衡。

第三，可追溯性。区块链中的数据信息全部存储在带有时间戳的链式区块结构里，具有极强的可追溯性和可验证性。区块链中任意两个区块间都通过加密的方式关联，因此可以追溯到任何一个区块的数据信息。

第四，高度信任。区块链是建立信任关系的新技术，这种信任依赖算法的自我约束，任何恶意欺骗系统的行为都会遭到其他节点的排斥和抑制。区块链技术具有开源、透明的特性，系统参与者能够知晓系统的运作规则和数据内容。任意节点间的数据交换通过数字签名技术进行验证，按照系统既定的规则运行，保证数据的可信度。

5.5.4 了解区块链的典型应用

区块链自诞生以来，其应用领域日趋广泛。目前，区块链的应用已延伸到物联网、智能制造、供应链管理、数字资产交易、企业金融等多个领域，将为云计算、大数据、移动互联网等新一代信息技术的发展带来新的机遇，有能力引发新一轮的技术创新和产业变革。

本小节将介绍区块链在金融、物联网、存证防伪和知识产权等领域的应用，带领读者体会区块链技术的价值。区块链应用的生态图如图 5-69 所示。

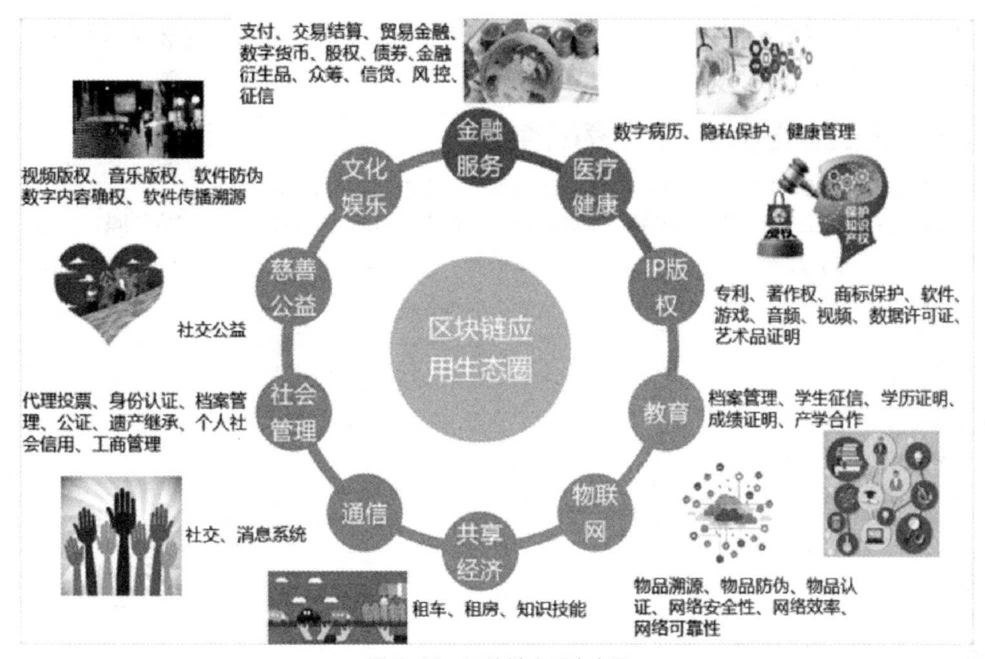

图 5-69　区块链应用生态圈

1. 区块链在金融领域的应用

在金融领域，区块链技术已在数字货币、支付清算、票据与供应链、信贷融资、金融交易、证券、保险、租赁等细分领域从理论探索走向实践应用。

在企业级市场，区块链技术当前主要应用于企业间的关联交易、对账等活动。

2017 年，腾讯发布《腾讯区块链方案白皮书》，其中介绍了腾讯区块链的应用场景，如图 5-70 所示，腾讯金融“全牌照”布局逐步完成，在完成金融生态闭环建设后，腾讯金融未来将应用区块链技术挖掘自身数据资源及搭建应用场景。

图 5-70　腾讯区块链的应用场景

目前，我国金融领域主要利用区块链的去中心化、交易公开透明、不可篡改和共识机制的特点，在区块链数字票据交易平台、区块链 ABS、贷款清算、跨境支付等领域取得了典型的应用成果，如图 5-71 所示。

国内现有的区块链技术在金融领域的应用

- 目前我国金融领域主要利用区块链去中介化、交易公开透明、不可篡改和共识机制的特点。
- 区块链金融应用的典型成果包括：区块链数字票据交易平台、区块链ABS、贷款清算、跨境支付等领域。

银行机构	供应链金融	贸易融资、贸易结算	跨境支付	数字票据	公益扶贫	房屋租赁
中国人民银行	√	√	√	√		
中国银行	√	√	√	√	√	√
中国建设银行		√	√			√
中国工商银行	√		√	√	√	
中国农业银行		√	√	√		
中国邮政储蓄银行		√	√			
交通银行	√	√	√			
招商银行		√	√	√		
民生银行	√		√			
中信银行	√	√				
光大银行	√	√	√			
平安银行	√	√	√		√	
江苏银行			√	√		
浙商银行	√			√		

图 5-71　区块链在金融领域的应用

2．区块链在物联网领域的应用

区块链在物联网领域的应用始于 2015 年左右，主要集中在物联网平台建设、设备管理和安全等应用领域，比较典型的应用领域包括工业物联网、智能制造、车联网、农业、供应链管理及能源管理等，如图 5-72 所示。

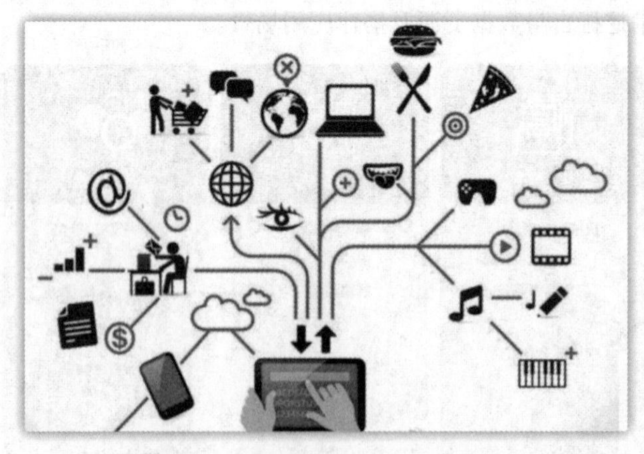

图 5-72　区块链在物联网领域的应用

通过区块链技术可以降低物流成本，追溯物品的生产和运送过程，并且提高管理的效率。目前，国内外在智能制造、供应链管理等领域有一些比较成熟的应用。

2017 年 6 月 8 日，京东成立“京东品质溯源防伪联盟”，运用区块链技术搭建“京东区块链防伪追溯开放平台”，其方案如图 5-73 所示。

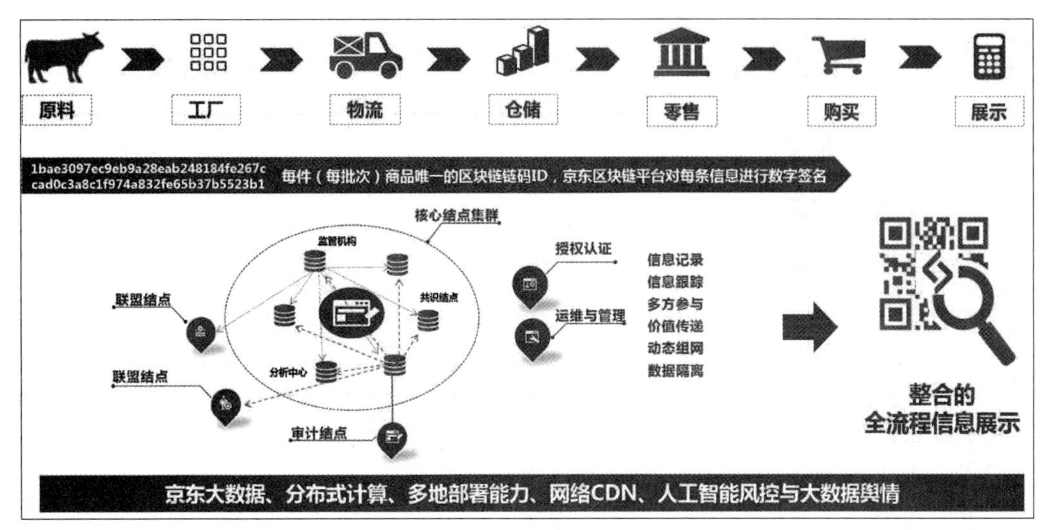

图 5-73 “京东品质溯源防伪联盟”方案

3. 区块链在存证防伪领域的应用

在存证防伪领域，区块链可以通过哈希时间戳证明某个文件或者数字内容在特定时间的存在，加之其公开、不可篡改、可溯源等特性，为司法鉴证、身份证明、产权保护、防伪溯源等提供了完美的解决方案。在防伪溯源领域，区块链技术可以被广泛应用于食品医药、农产品、酒类、奢侈品等各领域。

4. 区块链在知识产权领域的应用

在知识产权领域，通过区块链技术的数字签名和链上存证可以对文字、图片、音频、视频等进行确权，通过智能合约创建执行交易，创作者可以重掌定价权，实时保证数据形成证据链，同时覆盖确权、交易和维权三大场景。

纸贵科技自主打造了纸贵科技区块链版权存证平台的业务场景主要涵盖了版权存证、侵权取证和在线公证三大部分，可以为包含音频、视频、图文在内的各类型互联网作品提供确权存证服务，如图 5-74 所示。在确权存证的基础上，针对国内互联网版权行业盗版猖獗、侵权易维权难等痛点，纸贵科技以区块链技术为支撑，开发了侵权取证工具，并与杭州之江公证处建立了战略合作，推出了在线公证服务 。

图 5-74 纸贵科技区块链版权存证平台

【学习笔记】

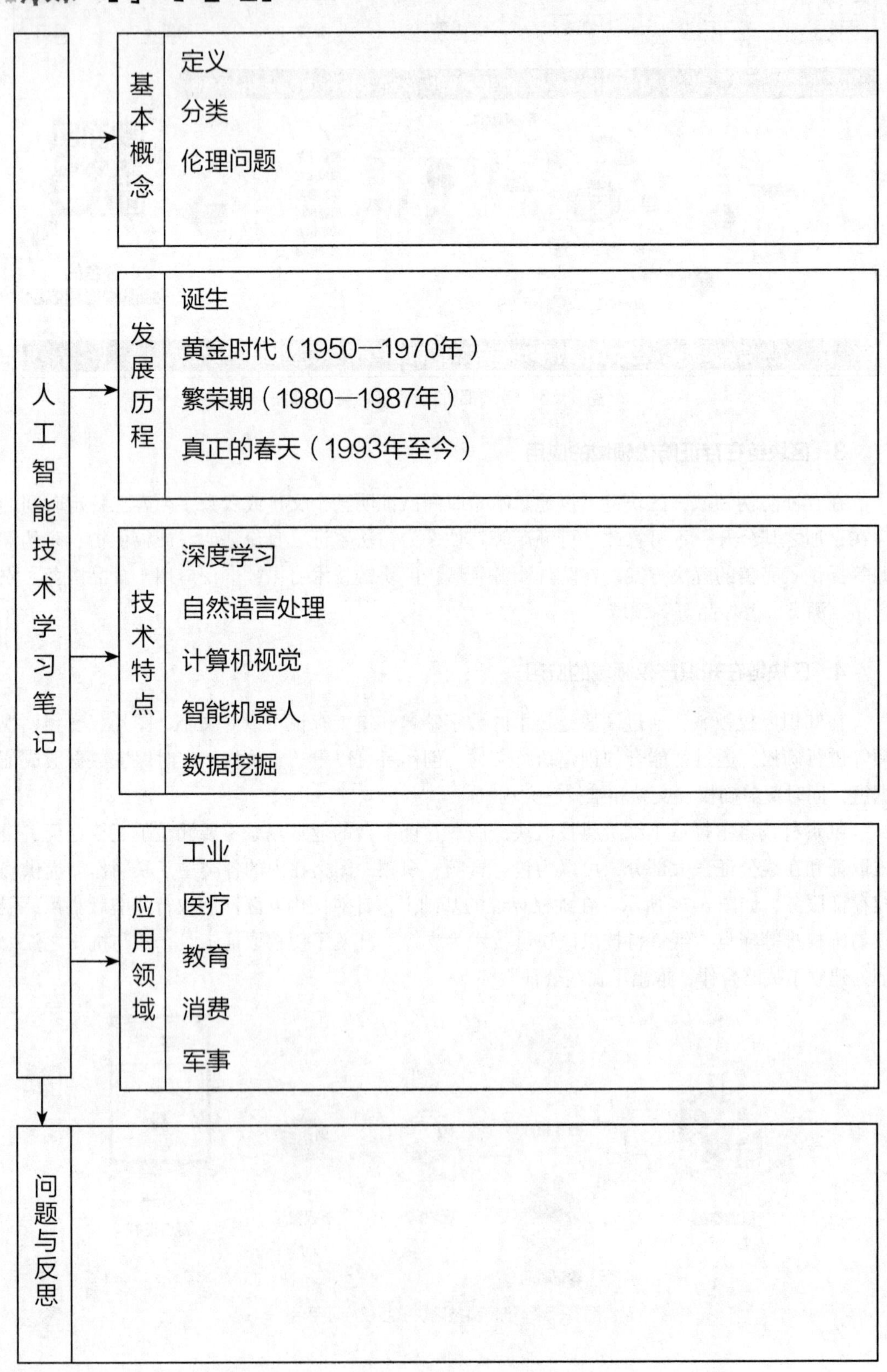

人工智能技术学习笔记
基本概念
定义
分类
伦理问题
发展历程
诞生
黄金时代（1950—1970年）
繁荣期（1980—1987年）
真正的春天（1993年至今）
技术特点
深度学习
自然语言处理
计算机视觉
智能机器人
数据挖掘
应用领域
工业
医疗
教育
消费
军事
问题与反思

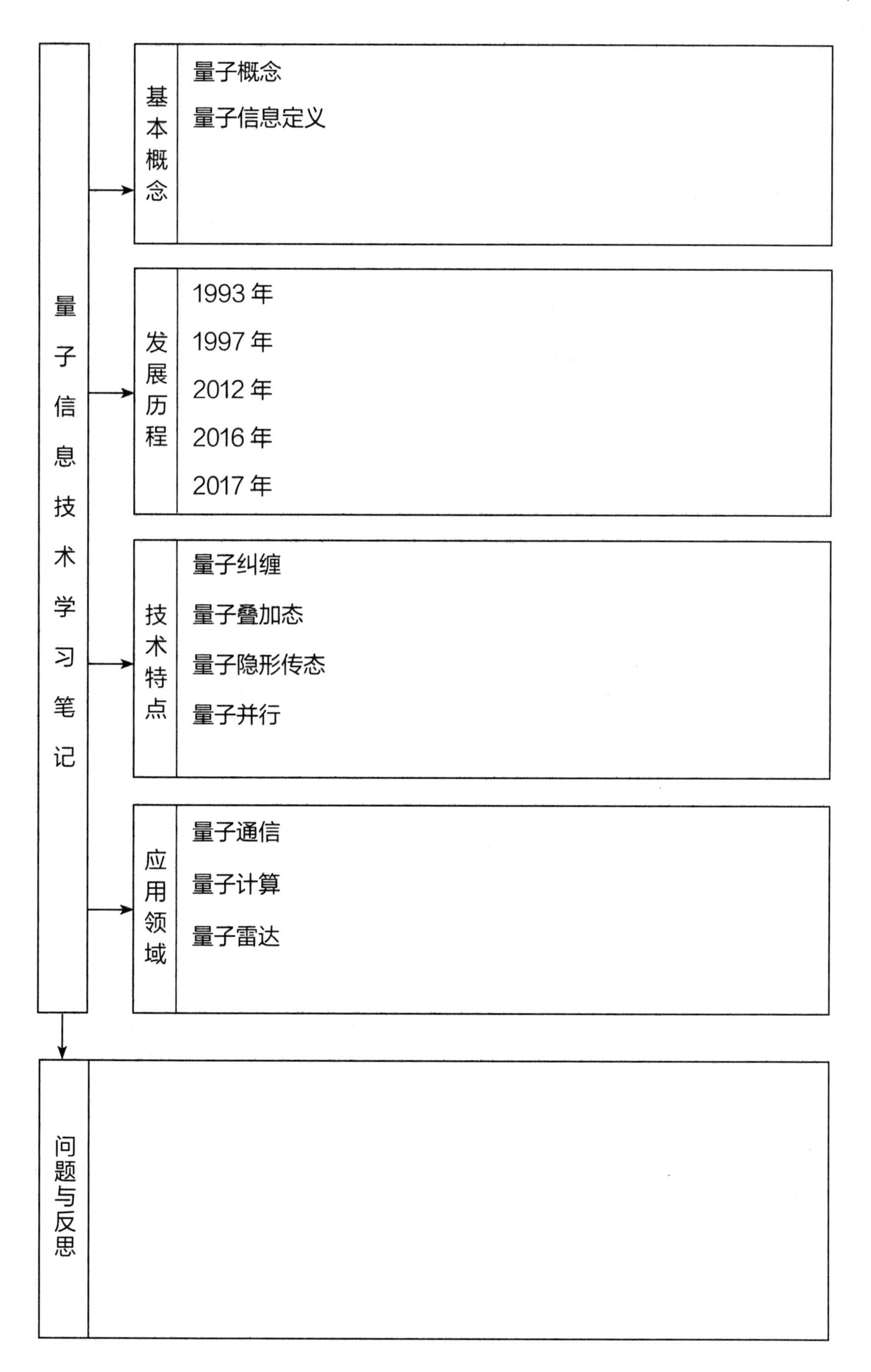
量子信息技术学习笔记
基本概念
量子概念
量子信息定义
发展历程
1993 年
1997 年
2012 年
2016 年
2017 年
技术特点
量子纠缠
量子叠加态
量子隐形传态
量子并行
应用领域
量子通信
量子计算
量子雷达
问题与反思

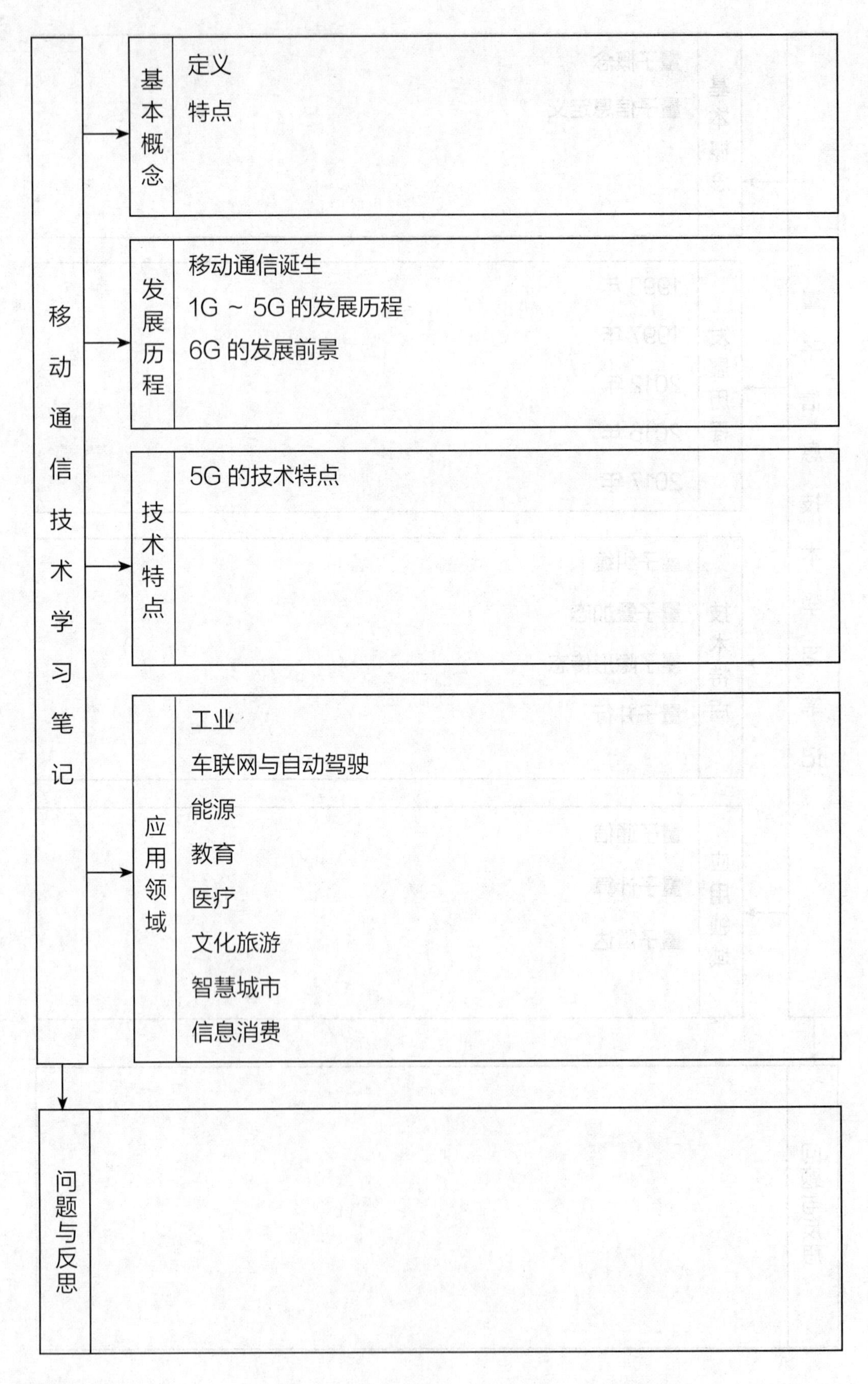
移动通信技术学习笔记
基本概念
定义
特点
发展历程
移动通信诞生
1G ~ 5G 的发展历程
6G 的发展前景
技术特点
5G 的技术特点
应用领域
工业
车联网与自动驾驶
能源
教育
医疗
文化旅游
智慧城市
信息消费
问题与反思

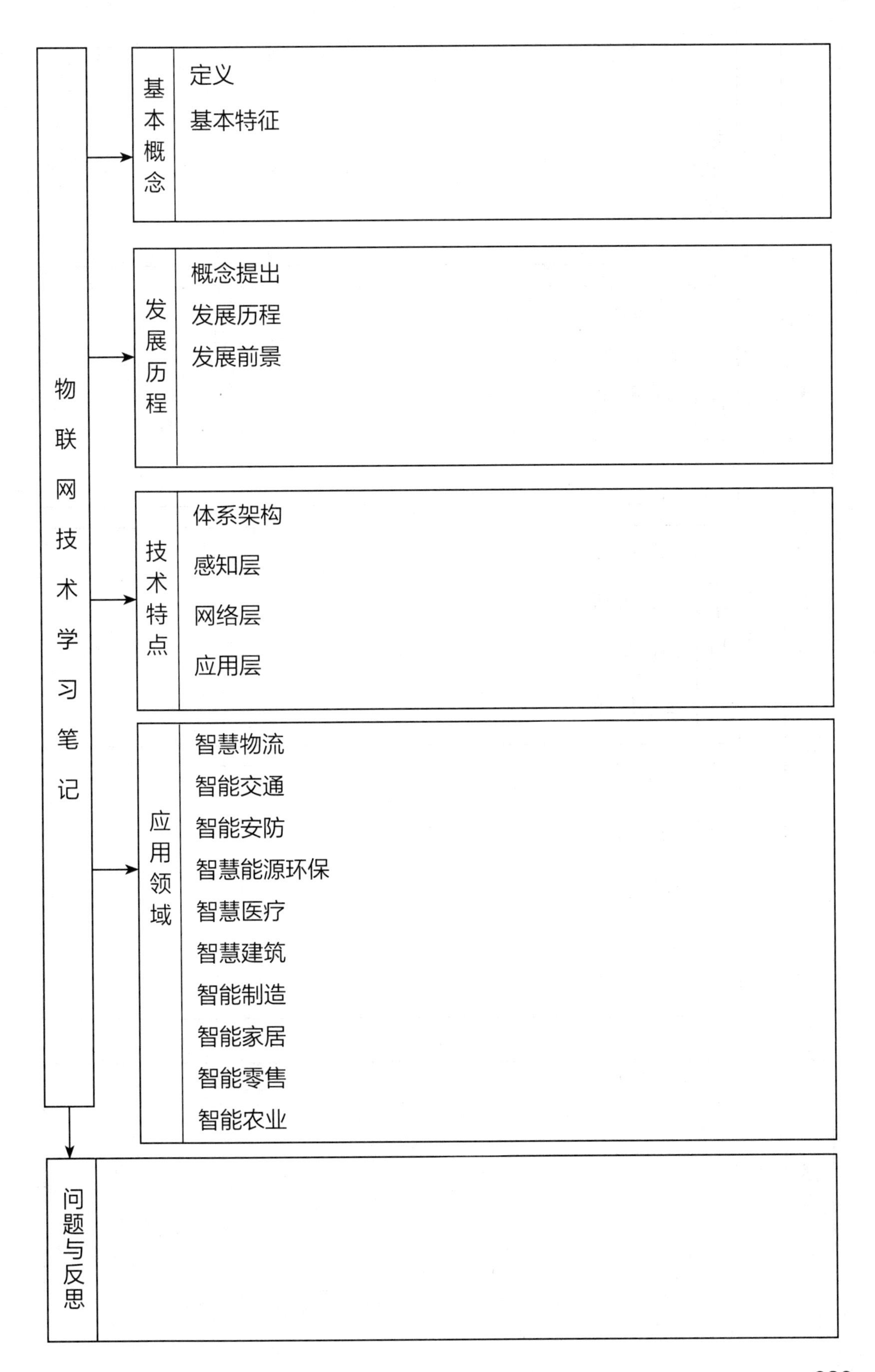
物联网技术学习笔记
基本概念
定义
基本特征
发展历程
概念提出
发展历程
发展前景
技术特点
体系架构
感知层
网络层
应用层
应用领域
智慧物流
智能交通
智能安防
智慧能源环保
智慧医疗
智慧建筑
智能制造
智能家居
智能零售
智能农业
问题与反思

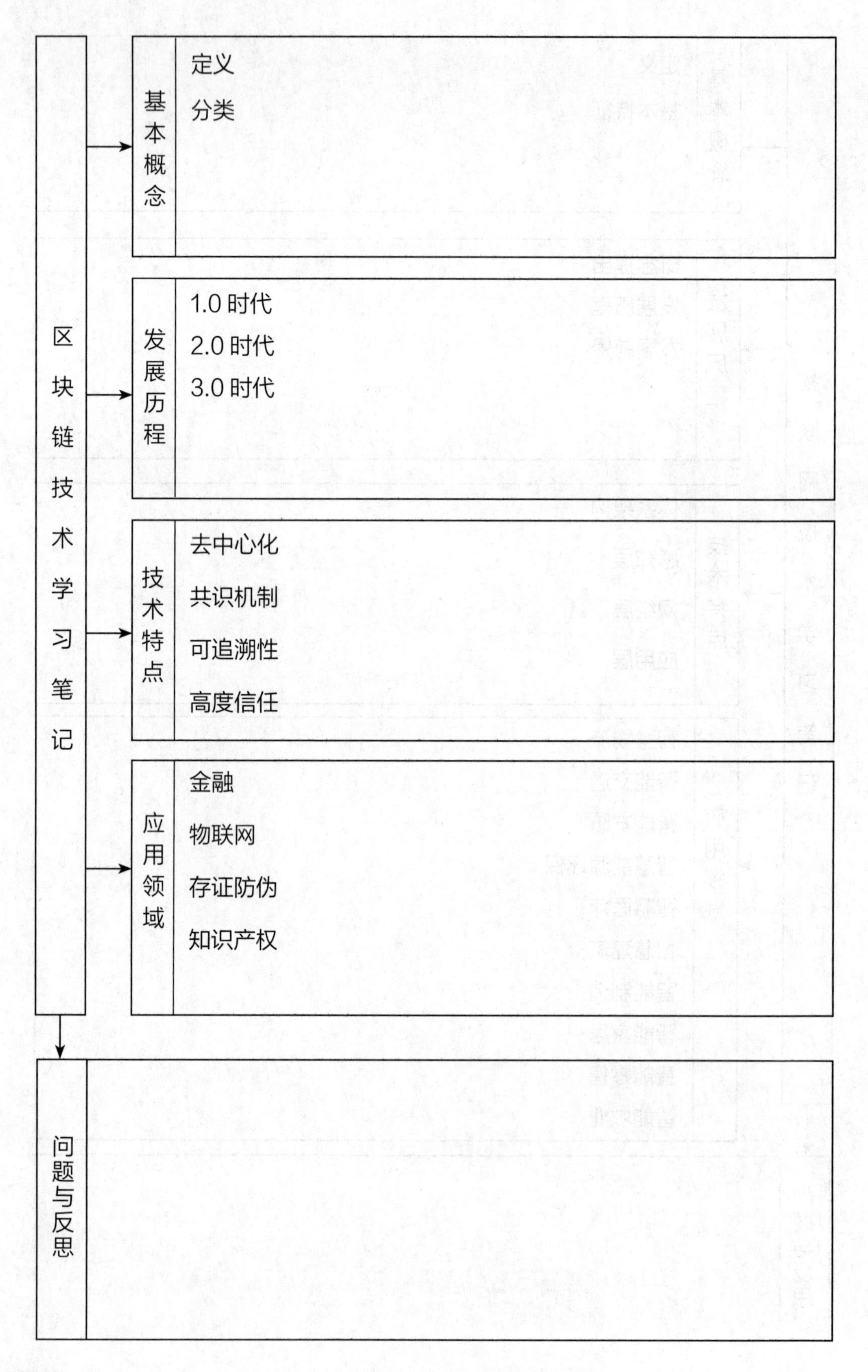
区块链技术学习笔记
基本概念
定义
分类
发展历程
1.0 时代
2.0 时代
3.0 时代
技术特点
去中心化
共识机制
可追溯性
高度信任
应用领域
金融
物联网
存证防伪
知识产权
问题与反思

考核评价

姓名：________ 专业：________ 班级：________ 学号：________ 成绩：________

一、单选题（每题 2 分，共 24 分）

1. 1956 年夏天，美国达特茅斯学院举办了历史上第一次人工智能研讨会，会上（ ）首次提出了“人工智能”这个概念。

A. 约翰·冯·诺依曼　B. 约翰·麦卡锡
C. 唐纳德·赫布　D. 亚瑟·塞缪尔

2. 下列应用中，体现人工智能技术的有（ ）。

①机器人通过语音与人交流。
②饮水机根据水温自动加热。
③通过专用系统进行人脸识别，核实住宿人员身份。
④计算机程序根据输入的 3 条边长自动计算三角形面积。
⑤停车管理系统通过拍摄识别车牌号码，并用语音进行播报。

A. ①②④　B. ②④⑤　C. ③④⑤　D. ①③⑤

3. 人工智能时代，最有可能消失的行业是（ ）。

A. 电话销售　B. 教师　C. 心理治疗师　D. 艺术家

4. 墨子号量子科学实验卫星（简称“墨子号”）于（ ），在酒泉卫星发射中心用长征二号丁运载火箭成功发射升空。

A. 2013 年 6 月 16 日　B. 2012 年 8 月 16 日
C. 2016 年 8 月 16 日　D. 2017 年 7 月 16 日

5. 2017 年，我国成功构建的世界上首条量子保密通信干线是（ ）。

A. 北京至上海　B. 上海至合肥
C. 合肥至济南　D. 济南至北京

6. 2009 年，时任国务院总理的温家宝提出了“（ ）”的发展战略。

A. 智慧中国　B. 和谐社会　C. 感动中国　D. 感知中国

7. 感知层是物联网体系架构的（ ）。

A. 第一层　B. 第二层　C. 第三层　D. 第四层

8. 区块链第一个区块诞生的时间是（ ）年。

A. 2008　B. 2009　C. 2010　D. 2011

9. 以下是区块链的技术特征的是（ ）。

A. 融合性　B. 去中心化　C. 开放性　D. 匿名性

10. 区块链的本质是（ ）。

A. 去中心化的分布式账本　B. 计算机技术
C. 金融产品　D. 互联网产品

11. 区块链根据节点的加入或退出是否需要批准分为公有链、联盟链和（ ）。

A. 区域链　B. 社会链　C. 私有链　D. 数据链

12. 以下不是区块链的核心技术的是（　　）。

A. 分布式账本　B. 人工智能　C. 共识机制　D. 智能合约

二、多选题（每题2分，共16分）

1. 下列应用中，体现人工智能技术的是（　　）。

A. 门禁系统通过指纹识别确认身份

B. 某软件将输入的语音自动转换为文字

C. 机器人导游回答游客的问题，并提供帮助

D. 通过键盘输入商品编码，屏幕上显示出相应价格

2. 量子信息技术的应用分类主要包括（　　）。

A. 量子通信　B. 量子计算

C. 量子模拟　D. 量子传感与测量

3. 在5G时代（　　）应用需要超低延时。

A. 车辆通信　B. 工业控制　C. 增强现实　D. 移动宽带

4. 以下属于5G在医疗领域应用的是（　　）。

A. 远程会诊　B. 远程影像诊断

C. 远程心电诊断　D. 远程培训

5. 5G可以应用在以下（　　）行业领域。

A. 工业　B. 农业　C. 医疗　D. 交通

6. 区块链的特征包括（　　）。

A. 去中心化　B. 不可篡改　C. 共识机制　D. 匿名性

7. 区块链的应用领域包括（　　）。

A. 金融　B. 征信和权属管理　C. 数据共享　D. 物联网

8. 区块链与5G、物联网、工业互联网、人工智能、云计算等结合，推动新的（　　）等产生。

A. 生产模式　B. 消费模式

C. 商业模式　D. 投融资模式

三、判断题（每题1分，共10分）

1. 深度学习在人工智能领域的表现并不突出。（　　）

2. 现在的人工智能系统都是专用人工智能而非通用人工智能。（　　）

3. 智能时代，有些工作岗位会消失，同时也会增加新的工作岗位。（　　）

4. 所谓移动通信，是指通信双方或至少有一方处于运动中进行信息交换的通信方式。（　　）

5. 中国从3G跟随、4G并跑，到5G时代，已经进入全球第一阵营。（　　）

6. 由于5G的频率比4G的频率高，所以，同等覆盖需要的基站数量比4G更多。（　　）

7. 全世界任何人都可以参与到公有链中。（　　）

8. 从狭义上讲，区块链是指一种按照时间顺序，将数据组合成特定数据结构，并以加密的方式保证不可篡改和不可伪造的去中心化分布式账本。（　　）

9. 私有链是非公开连，它比公有链的隐私性更好、安全性更高。(　　)
10. 对于传统数据库，每个节点都存储完整的账本数据。(　　)

四、简答题（每题 10 分，共 50 分）

1. 简述什么是人工智能，它在我们日常生活中有什么应用。

2. 简述什么是物联网及其主要的应用领域。

3. 简述什么是移动通信及 5G 的主要应用领域。

4. 简述什么是区块链及其在金融领域的应用。

5. 简述新一代信息技术给你的生活带来了怎样的改变。

单元6 信息素养与社会责任

06

在信息经济与数字经济时代，经济社会中每一个个体在享受着新一代信息技术发展变革带来的红利与便利的同时，理所当然地，也应该承担起一名新时代合格公民应尽的责任和义务。信息素养的水平影响一个民族乃至一个国家的高质量发展能力和发展潜力，而只有提升了每一名公民的信息素养才能提升一个民族乃至一个国家的高质量发展水平。从本质来看，信息素养包含许多层次和多种方面的内涵。本单元主要包含信息素养、信息技术发展史、信息伦理与职业行为自律等内容。

学习目标

知识目标 ◎ 了解信息素养的概念、内涵、层次、标准等。

◎ 了解信息技术的发展历史，特别是我国信息技术的发展历史。

能力目标 ◎ 了解我国知名信息技术企业的发展历程。

◎ 了解信息安全相关知识及计算机病毒的防治。

◎ 了解信息伦理相关知识及其法律法规。

◎ 了解信息道德内涵与职业行为自律规范。

素养目标 ◎ 树立正确的价值观，认识到信息技术在社会发展中的重要作用。

知识导图

信息素养与社会责任知识导图，如图6-1所示。

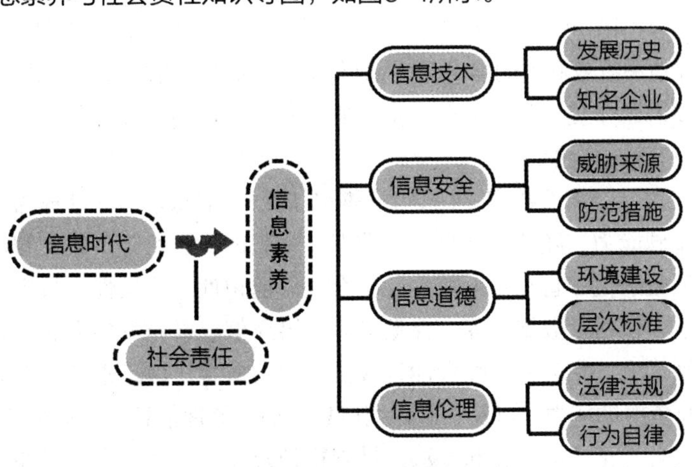

图6-1 信息素养与社会责任知识导图

任务 6.1 认识信息素养

进入 21 世纪，人类社会的各个领域都进入了信息化与数字化的转型阶段，对学习、工作、生活等方方面面都提出更多的挑战，信息素养已成为每个个体的必备素养。为此我们需要提升个体和整体的信息素养，从而更好地应对未来持续进行的数字化社会迭代。

任务描述

通过对本任务的学习，完成以下任务。

- 了解信息素养的发展历史。
- 了解信息素养的概念及其内涵。
- 了解信息素养的构成要素。
- 了解信息素养的标准。
- 制订针对自身特点的信息素养提升计划并付诸行动。
- 完成单元考核中的相关任务。

任务实施

扫码观看
微课视频

6.1.1 信息素养的提出

信息素养（Information Literacy）是全球信息化发展的背景下人们需要具备的一种基本能力。“信息素养”这一概念最早是由美国信息产业协会主席保罗·柯斯基（Paul Zurkowski）于 1974 年提出的，他提出“信息素养是人们在解决问题时利用信息的技术和技能”。此后，世界各国及各类研究机构都对信息素养这一概念进行关注和研究。随着对信息素养研究的不断深入，不同时期、不同主体对信息素养的界定也存在一定的差别。从比较权威的定义来看，1989 年美国图书馆协会提出：“信息素养是个体能够认识到需要信息，并且能够对信息进行检索、评估和有效利用的能力。”从对象来看，最初的信息素养概念是针对信息从业人员提出的，其主要着眼于提升信息从业人员的职业素养，从而指导并帮助信息从业人员做出并实现对全社会更有益的决策。

在数字经济及数字化社会的不断发展下，信息素养逐渐成为广大人民终身学习和全面发展的基础能力。随着云计算、大数据、物联网、区块链、人工智能等技术的不断创新，信息素养的概念范围也在不断扩展。至今，以通识性、广泛性、自主性、实用性、深刻性等为显著特点，包括了数据素养、视觉素养、媒介信息素养等多方面综合素养的新型信息素养框架已逐渐形成。作为一个综合性且含义广泛的概念，信息素养一方面要体现高效利用信息工具和信息资源的能力，以及获取识别信息、加工处理信息、创造传播信息的能力；另一方面要具备独立自主学习的态度和方法、批判精神及强烈的社会责任感和参与意识，并能够主动将这些能力用于解决生活中的实际问题。

信息素养是一种了解、搜集、评估和利用信息的综合能力。其表现为参与主体能够高效、准确地获取目标信息，且具备一定批判性思维的、能熟练地评价目标信息的能力；能够得体地创造并传播目标信息，并且跟踪并持续获取与个人兴趣有关的目标信息；能够针对目标信息产品提出具有创造性和价值的评判标准，最终在信息获取和信息创造等各个环节和完整流程中实现平衡。

信息素养已成为21世纪全世界各国公民的必备素养，而信息素养教育是提升一个国家广大公民社会影响力最重要的手段之一。为此，我国教育部于1984年2月印发《关于在高等学校开设文献检索与利用课的意见》，为以高等学校为代表的中国各类相关部门机构开展以文献检索课为核心的信息素养教育提供了政策依据和规范要求。自此，我国各类高校先后开设了文献检索类的必修或选修课程，从根本上提升了我国学生的信息素养水平。长久以来，我国持续关注提升我国广大公民的信息素养水平，并且注重实时更新和完善信息素养的新时代意义和内涵。为此，我国各级政府、行业协会、科研院所通过各类计算机等级考试等渠道持续提升我国公民的信息素养水平，如图6-2所示。在未来的数字经济时代，如何进一步提高信息素养教育的质量，如何提升广大公民的信息素养水平，值得我们进行深入的思考。

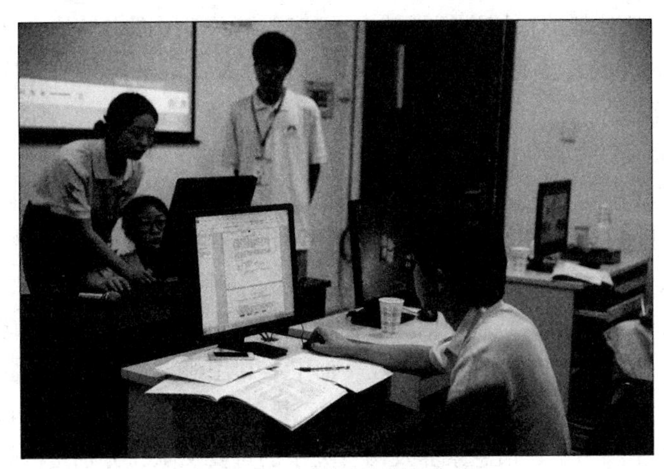

图6-2 全国计算机等级考试

6.1.2 信息素养的内涵

扫码观看
微课视频

信息素养的内涵包含信息素养的定义和信息素养的构成要素两部分，下面将分别介绍这两部分的内容。

1. 信息素养的定义

随着20世纪70年代的信息技术发展，“信息素养”这一概念也随之产生，并于20世纪80年代到90年代持续丰富，直至21世纪才逐步趋于完善，它的内涵与外延随着社会的发展不断地丰富与扩展。下面分别介绍20世纪不同年代及21世纪关于信息素养的定义。

（1）20世纪70年代关于信息素养的定义

1974年，“信息素养”这一概念被正式提出。1976年，罗伯特·泰勒（Robert W.Taylor）在一篇论述图书馆事业的文章中首次明确了信息素养的定义，即许多问题可凭借信息的获取来进行处理和解决，参与主体能够了解和自主使用各种信息资源且具有获取所需目标信息的策略和方法。通过剖析 70 年代关于信息素养的定义，可以发现此时许多学者和专家开始普遍认可信息要素在经济社会发展过程中的重要作用，由此产生了信息素养的相应概念，但是鉴于当时对信息素养的定义主要围绕着需要获得信息的技能，对信息素养这一概念的理解仍然处于浅层次阶段，尚未从深度和广度上对信息素养的定义进行剖析。

（2）20 世纪 80 年代关于信息素养的定义

① 与技术相关的信息素养的定义。

到了 20 世纪 80 年代初期，信息技术的发展已经渗透到国家经济、社会、生活的方方面面，以计算机为核心的信息技术的发展极大地丰富了“信息素养”这一概念的内涵。因此，这一阶段的信息素养概念的相关研究呈现出强烈的技术因素特征。1982 年，福斯特·霍顿（Forest W.Horton）在讨论计算机作为信息时代重要核心资源的基础上，提出了基于使用计算机解决问题能力的“计算机素养”。“计算机素养”由硬件素养和软件素养两方面组成，其内涵与信息素养的内涵有一定的相似部分但又有显著的差异。福斯特·霍顿提出计算机素养概念标志着信息素养的定义的研究视角在 20 世纪 70 年代到 20 世纪 80 年代从信息获取向计算机辅助信息处理的领域进行了转变。1989 年，美国图书馆协会《关于信息素养的总结报告》给出的信息素养的定义是：能认识到何时需要信息，并具有检索、评价和有效使用必要信息的能力。

② 与图书馆界及教育界相关的信息素养的定义。

20 世纪 80 年代中期，美国的学术图书馆在回顾历史和展望未来的基础上确立了以实现信息素质教育为目标的长远方向。1982 年，在对社会环境及其内部信息资源结构进行综合分析的基础上，美国图书馆协会提出将信息素养视为一种异质性技能特征，即一部分社会参与主体因自身善于获取、加工与利用信息，从而能实现更高水平的社会贡献和自身能力的提升；另一部分社会参与主体因其不善于获取、加工与利用信息，从而导致其自身不能充分发挥其主观能动性，最终因信息素养的差异产生了潜在的社会分层问题。20 世纪 80 年代末，美国出版了两部关于图书馆、信息素养及两者关系的重要文献，分别是由帕特里夏·布雷维克（Patrlcia Breivk）和戈登·李（Gordon Lee）合作出版的《信息素质：图书馆中的革命》，以及从属于美国图书馆协会的信息素质主席委员会于 1989 年发表的年度报告。《信息素质：图书馆中的革命》把信息素养当作图书馆和教育问题的关键，其核心理念是高质量教育帮助学生成为终身学习者，而具备信息素养是个体成为有效信息获取者和创造者的必要条件，具备信息素养的学生，能在任何个人和组织需要时找到目标信息，从而实现个体自主与独立学习。而信息素养主席委员会发布的报告则侧重关注信息素质对于个人、企业乃至整个社会的重要性，提出了“信息素质是信息社会人的生存能力之一”的重要论断。这两部 20 世纪 80 年代关于信息素养的纲领性文献中对于信息素养的强调与重视至今仍然影响着全世界各个国家，且被广泛认可。

通过剖析 20 世纪 80 年代关于信息素养的定义，可以发现此时以美国为代表的世界各国以信息素养为主线，将教育领域与图书出版领域的各类问题与研究热点进行了深度融合，从而确立了信息素养对各类个体、组织等社会参与主体自主学习、持续增长迭代产生了主导性作用。此时，社会各界对于信息素养定义的理解与剖析有了突破性的进展。

（3）20 世纪 90 年代关于信息素养的定义

到了 20 世纪 90 年代，全球各国针对信息素养的研究与探索日益丰富。1994 年，澳大利亚格里菲斯大学信息服务处的工作人员在归纳总结当时各国关于信息素养定义的基础上，提出了信息素养可能包含的 7 个关键特征：独立学习的能力，完成信息过程的能力，运用不同信息技术和系统的能力，信息价值的内化能力，拥有关于信息世界的充分知识，批判性地处理信息的能力，个性化处理信息的能力。1998 年，美国图书馆协会和教育传播与技术协会在《信息能力：创建学习的伙伴》一书中，将信息素养的概念范畴界定为信息素养、独立学习和社会责任 3 个方面。通过剖析 20 世纪 90 年代关于信息素养的定义，可以发现此时关于信息素养的概念认知已经与个体的终身学习及全面发展进行了全面挂钩。

（4）21 世纪关于信息素养的定义

自 21 世纪以来，信息素养的定义随着时代的不断发展逐渐趋于完善。2000 年 1 月美国大学与研究图书馆协会根据多年来的持续跟踪研究，从 5 个方面全面定义了信息素养：第一，能明确所需信息的类型和范围的信息素养能力；第二，能有效又高效地评估所需信息的信息素养能力；第三，能批判性地评估信息和它的来源，并能将挑选的信息纳入自己的知识基础和价值系统中去的信息素养能力；第四，无论是个人还是作为一个小组的成员，能有效地利用信息来完成一项特殊研究的信息素养能力；第五，了解经济、法律和社会问题，能够合乎伦理道德合法地获取和利用信息的信息素养能力。通过剖析 21 世纪关于信息素养的定义，可以发现进入 21 世纪以来，信息素养的概念内涵由最初的“利用信息解决问题的技术、技能”逐渐发展，最后成为包括信息意识、信息技能、信息伦理道德等涉及社会政治、经济、法律等各个领域的综合性概念。总的来看，信息素养是社会经济发展到一定阶段的产物，也是一个仍在持续迭代的动态概念，其内涵与外延随着社会经济的不断发展而丰富和扩大。信息素养的范畴如图 6-3 所示。

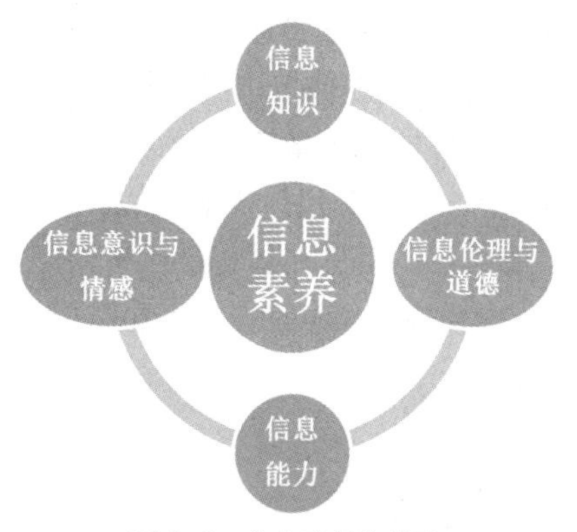

图 6-3 信息素养的范畴

基于以上定义的梳理和总结，我们可以对信息素养进行如下界定：信息素养为个体对信息活动的态度及对信息的获取、分析、加工、评价、创新、传播等方面的能力。信息素养是一种对目前任务需要什么样的信息，在何处获取信息，如何获取信息，如何加工信息，如何传播信息的意识和能力。

2. 信息素养构成要素

（1）信息知识

信息素养包括基础知识和信息知识。信息素养的基础知识是指学习者平日积累的学习知识和生活知识。信息素养涉及的信息知识是指与信息技术有关的知识,包括信息技术基本常识、信息系统的工作原理、信息技术的新发展等。

（2）信息意识

信息意识指个人平时具备的自我积累知识的意识，包括信息需求的意识，对信息价值敏感的意识，有寻求信息的意识，具有利用信息为个人和社会发展服务的愿望并具有一定创新的意识。从个体来看，意识将决定其自身的各类行动，因此，信息意识的提高是具备信息素养的先决条件。具体来看，信息意识主要体现在以下 4 个方面。

第一，积累知识的意识。具备积累知识意识的个体会有意识地在日常学习和生活中积累各方面自己感兴趣的、有价值的知识来丰富自己的头脑，而这样积累的知识也包括各类信息知识。

第二，对信息的需求意识。信息的不完全性与不对称性决定了个体对信息只能从某个侧面或多个侧面去认识。个体想要更加全面、及时地了解信息，就必须有意识地去运用身边的各种先进的科学技术，帮助其更加全面地认识周围的环境和事物。

第三，对信息价值敏感的意识。具备对信息价值敏感的意识的个体能够主动意识到哪些信息对自己的学习和生活乃至社会经济发展具有价值及潜在价值，从而能够保证其在纷繁且海量的信息中获取自己需要的目标信息。

第四，主动创新的意识。伴随着信息技术的飞速发展，各类新技术特别是颠覆性的创新技术的更新速度持续加快，掌握一种信息技术已经不再是一劳永逸的事情了，这就要求学习者主动地尝试应用一些新技术、新方法、新算法来帮助自己解决特定的目标问题。

（3）信息能力

信息素养中的信息能力隐含着对问题的解决能力，无论我们如何研究信息素养，最终的核心目的和落脚点都应该是使学习者能利用信息技术来提高自己解决问题的能力，而这种能力具体包括：信息技术使用能力、信息获取能力、信息分析能力、信息综合表达能力。

在我国，信息素养以其极为重要的地位塑造了每一名中华儿女的完整个体。基于此，华南师范大学的李克东教授提出信息素养应当包括 3 个最基本的要点：信息技术的应用技能、对信息内容的批判与理解能力、能够运用信息并具有融入信息社会的态度和能力。南京大学的桑新民教授从 3 个层次共 6 个方面描述了信息素养的内在结构与目标体系。

第一层次：驾驭信息的能力。

- 高效获取信息的能力。
- 熟练、批判性地评价信息的能力。
- 有效地吸收、存储、提取信息的能力。
- 运用多媒体形式表达信息、创造性地使用信息的能力。

第二层次：运用信息技术高效学习与交流的能力。

- 将以上一整套驾驭信息的能力转化为自主、高效地学习与交流的能力。

第三层次：信息时代公民的人格教养。

- 培养和提高信息时代公民的道德、情感、法律意识与社会责任。

总的来看，具有了以上 3 个层次的能力，个体就具备了在信息时代实现自主学习的能力和基本条件。

6.1.3 信息素养的标准

当前国际上主流的信息素养标准包括美国颁布的大学与研究图书馆协会标准、澳大利亚和新西兰联合颁布的澳大利亚与新西兰的高校信息素质联合工作组（Australian and New Zealand Institute for Information Literacy，ANZIIL）标准及英国颁布的国立及高校图书馆协会（Society of Colleges，National and University Libraries，SCONUL）标准。从信息素养评价标准的层次来看，信息素养通常应当包含信息知识、信息技能、信息意识、信息道德 4 个方面，具体来讲主要可以通过以下几个方面的能力进行培养：运用信息工具的能力、获取信息的能力、理解信息的能力、处理信息的能力、表达信息的能力、创新信息的能力。通过借鉴 1998 年美国图书馆协会和教育传播与技术协会制定的关于学生学习的九大信息素质标准，可以将信息素质的评价标准分为以下 3 个部分。

扫码观看
微课视频

1. 素养层次

标准一：能够高效地获取信息。
标准二：能够熟练地、批判性地评价信息。
标准三：能够精确地、创造性地使用信息。

2. 独立学习

标准四：能探求与个人兴趣有关的信息。
标准五：能欣赏作品和其他对信息进行创造性表达的内容。
标准六：能力争在信息查询和知识创新中做得更好。

3. 社会责任

标准七：能认识信息对社会的重要性。
标准八：能实行与信息和信息技术相关的符合伦理道德的行为。
标准九：能积极参与活动来探求和创建信息。

任务 6.2 了解信息技术发展史

随着社会经济的发展，信息技术革命为我们的生活带来越来越多的便利，相比我们的祖辈和父辈，我们使用的沟通方式和通信习惯都有了很大的改变，那些我们习以为常的通信方式其实是历经了千百万次的迭代和更新的。

任务描述

通过对本任务的学习，完成以下任务。

- 了解信息技术的概念。
- 了解信息技术的发展历史。
- 了解不同阶段信息技术发展的重要标志。
- 了解信息技术的未来发展趋势。
- 了解我国知名信息技术企业的发展历程。
- 了解信息安全及其潜在的威胁因素。
- 了解计算机病毒的特点及各类杀毒软件。
- 了解我国颁布的与信息安全相关的法律法规。
- 完成单元考核中的相关任务。

6.2.1 信息技术的发展史

信息技术是人类文明发展历程中的核心主线之一，从不同阶段来看，人类历史上的信息技术发展史可以划分为 5 个阶段。

1. 第一次信息技术革命：远古信息技术发展阶段

第一次信息技术革命以语言的使用为标志，其发生在公元前 3500 年，此时人类正在实现从猿到人的历史性进化。作为人类共同的祖先，智人基于突出的语言能力，在与以尼安德特人为代表的原始人种的激烈竞争中最终胜出，并通过千百万年的劳动、繁衍逐步进化为现代人，在此过程中的语言持续发展并形成体系。自此，语言在人类之间的广泛传播推动了第一次信息技术革命的发展，帮助人类第一次实现了信息交流。

2. 第二次信息技术革命：古代信息技术发展阶段

第二次信息技术革命以文字的创造为标志。大约在公元前 3200 年出现了文字，文字的创造是信息第一次打破时间、空间的限制。从原始社会母系氏族繁荣时期的河姆渡和半坡原始居民使用过的陶器上的符号，到历史最早有文字可考记载商朝社会生产状况和阶级关系的甲骨文，再到商周时期的钟、鼎等部分青铜器上铸刻的金文、钟鼎文等早期文字信息。公元 1040 年前后，我国开始普及活字印刷技术的应用，比欧洲人 1451 年开始应用印刷技术早了 400 年。自此，语言的传播与文字的传播成为人类文明演化的双行路，奠定了人类古代信息技术发展的双重基石。

3. 第三次信息技术革命：近代信息技术发展阶段

第三次信息革命是以电报、电话、广播和电视的发明和普及应用为标志。18 世纪中后期，随着电报、电话（见图 6-4）的发明，电磁波的发现，人类通信领域产生了革命性的进步，实现了用金属导线上的电脉冲来传递信息及通过电磁波来进行无线通信。1837 年，萨缪尔·芬利·布里斯·莫尔斯（Samuel Finley Breese Morse）研制了世界上第一台有线电报机（见图 6-5）。从原理上看，电报机利用电磁感应驱动电磁体上的指针实现位移，从而在纸带上画出点、线相间的符号，这些符号基于多种排列组合的方式，以字母文字的形式，将信息在全世界范围内经电线进行广泛传播。1864年，詹姆斯·克拉克·麦克斯韦（James Clerk Maxwell）通过长期的跟踪研究论证了电磁波的存在及其类光性的特征。1875年，亚历山大·格拉汉姆·贝尔（Alexander Graham Bell）发明了世界上第一台电话机，并于1878年在相距300千米的美国纽约市与波士顿市之间实现了首次长途电话通话。1895年，基于麦克斯韦预言的电磁波技术持续进步，亚历山大·斯捷潘诺维奇·波波夫（Alexander Stepanovich Popov）和伽利尔摩·马可尼（Guglielmo Marconi）最终分别成功地实现了信息的无线电传播。1920年，康拉德（Conrad）在匹兹堡建立了世界上第一家商业无线电广播电台，广播技术及其相应产业进一步拓展了信息传播的范围。1933年，克拉维尔（Clavier）建立了英法之间的第一条商用微波无线电线路，推动了无线电技术的进一步发展。此后，世界各国专家陆续发明了静电复印机、磁性录音机、雷达、激光器等一系列信息技术史上的重要发明。总的来看，近代信息技术的发展特征是以信息的电传输技术为主要的信息传递方法。

图6-4 电话

图6-5 电报机

4. 第四次信息技术革命：现代信息技术发展阶段

第四次信息技术革命始于20世纪60年代，其标志是互联网的发明和普及应用。此后，是电子计算机的普及应用及计算机与现代通信技术的有机结合。第四次信息技术革命是在计算机发明的基础上，让计算机实现联网。人类交换信息不再受时间和空间的限制，彻底颠覆了“中央复杂，末端简单”的信息传播规律传统，还可利用互联网收集、加工、存储、处理、控制信息。计算机的发明是人类智力的延伸，互联网的发明是人类智慧的延伸。从特征上来看，现代信息技术发展阶段的基本特征载体是网络、光纤和卫星通信。图6-6和图6-7所示分别为光纤电缆和无线上网。

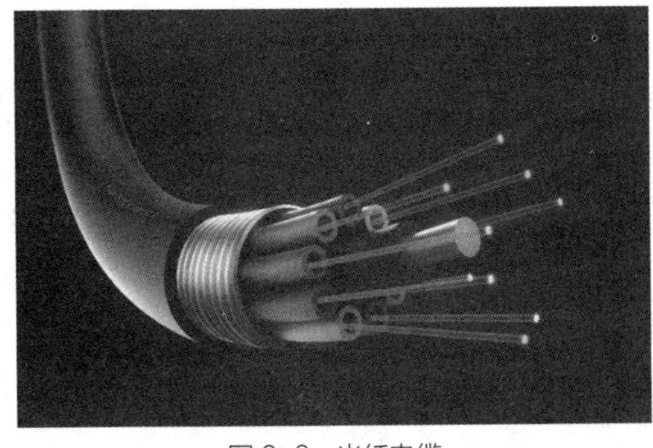

图6-6 光纤电缆

图6-7 无线上网

5. 第五次信息技术革命：新时代信息技术发展阶段

从信息技术研究的视角来看，除了上述的4次信息技术革命外，人类在2010年左右经历了第五次信息技术革命，其标志是在以信息技术为核心形成技术组合的基础上，形成了更具延展性的新一代信息技术集群。一方面，自动化、云计算、大数据、互联网、物联网、综合集成技术等新一代信息技术形成集群；另一方面，人工智能、5G、纳米技术、量子计算机、生物技术、分布式共识、3D打印技术、自动驾驶等技术都得到了很大的进步和发展。以众多颠覆性的创新型信息技术集群为驱动力的新时代信息技术发展变革正以前所未有的态势席卷全球。2010年10月，我国颁布的《国务院关于加快培育和发展战略性新兴产业的决定》中列出了国家战略性新兴产业体系目录，其中就以“新一代信息技术产业”为核心代表。这一标志性的决定表明了发展战略性新兴产业已成为世界主要国家抢占新一轮经济和科技发展制高点的关键点，我国抓住了机遇，明确了方向，突出了重点，按照科学发展观的要求加快培育和发展战略性新兴产业，并将其逐步上升为国家战略并持续推进。当前，在国际上新时代信息技术竞争的洪流中，我国的北斗卫星导航系统BDS（见图6-8）、美国的全球定位系统GPS、俄罗斯的“格洛纳斯”卫星导航系统GLONASS、欧盟的“伽利略”卫星导航系统GSNS为全球四大卫星导航系统。此外，在5G的研发和应用领域，以我国的华为集团和中兴通讯为代表的民族企业走在了全球竞争中的领先位置。

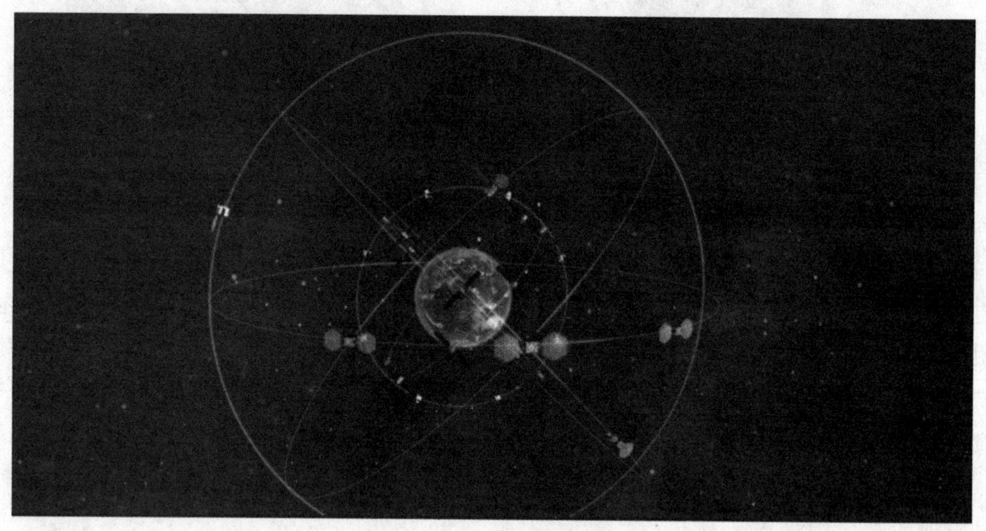

图6-8　北斗卫星导航系统

总的来看，人类历史上5次重大的信息技术变革有一些共同的发展趋势：首先，信息传播的渠道越来越广泛，电磁技术、光学技术、网络技术的不断发展拓宽了信息传播的渠道和路径，为信息技术的发展及颠覆性创新提供了可能性；其次，信息传播的成本越来越低，从文字纸张到信息邮件，信息传播的载体越来越轻便，从而为信息传播提供了更低成本的发展环境；最后，信息传播的技术越来越统一，在网络技术不断发展迭代的情况下，以大数据、云计算、物联网、区块链、人工智能技术为代表的颠覆性信息技术并行发展，互相支持，推动了世界范围内信息传播技术的逐渐统一，形成了新一代信息技术发展集群，最终实现了人类社会信息技术的跨越式发展。

6.2.2 知名信息技术企业的发展历程

1. 百度集团

百度集团因其强大的互联网技术基础，现已成为国内领先的信息技术领航型企业，图 6-9 所示为百度集团总部。作为全球为数不多的能提供人工智能芯片、软件架构、应用程序等软硬件技术的全球性信息技术企业，百度集团现已成为全球四大人工智能公司之一。秉承着“用科技让复杂的世界更简单”的发展理念，百度集团坚持技术创新，持续致力于成为了解用户并能够帮助各类合作企业持续成长的基础设施型信息技术服务企业。图 6-10 所示为百度集团 Apollo 项目启动。

图 6-9　百度集团总部

图 6-10　百度集团 Apollo 项目启动

从发展历史来看，百度集团于 2000 年 1 月 1 日创立于中关村，其创始人李彦宏拥有“超链分析”技术专利。因此，百度集团的创立使得中国能够跻身世界上具备搜索引擎核心技术的国家。基于企业主营的搜索引擎业务，百度集团在主营业务持续发展的基础上研发并逐步商业化了智能图像识别、自然语言处理、知识图谱、语音识别等人工智能技术。从成果上来看，在过去的几十年间，百度集团在自动驾驶、交互式人工智能技术、深度学习技术、神经网络芯片等领域的投资和研发方面取得了许多实质性的进展，从而保障其成为始终保持着全球性的领航型信息技术的企业。从业务发展的量化指标来看，作为中文信息搜索服务的核心入口，百度集团已服务了全球超过十亿互联网用户，每天应对超过 100 个国家和地区的数十亿次的搜索需求。

基于超大流量的平台优势，百度集团在中国互联网领域二十年的精耕细作过程中逐步构建了世界上最大的网络联盟，帮助我国各类线上线下企业实现运营推广、品牌营销、业务覆盖面积扩大，以集团自身为核心带动了中国数百万中小企业的发展。在信息经济与数字经济时代，百度集团以表率作用积极引领和探索数字化转型新路径，积极探索由人与信息连接向人与服务连接的新趋势迭代。

作为国内信息技术的领军企业之一，弥合信息鸿沟、建设数字中国是百度集团的重要社会责任。为此，在企业发展壮大的二十多年间，百度集团积极投入国家公益事业，针对老年人、少儿、盲人等弱势群体打造特殊且适合他们的搜索引擎，积极推进更广大人群实现互联网连接和畅通化信息获取的现实场景，持续探索通过信息化变革和搜索引擎产业链的扩展实现更大规模、更大范围、更多参与主体的广泛就业。在信息技术的产业应用领域，百度集团通过技术创新与商业模式迭代，推动了金融、教育、医疗、交通、生活等相关产业的互联网融合与信息化程度，为推动国家经济的高质量发展、转变经济发展方式发挥积极作用。

2. 腾讯集团

腾讯集团成立于 1998 年 11 月，其总部（见图 6-11）位于中国深圳。腾讯集团通过技术丰富互联网用户的生活，持续推动了个人、企业和社会的信息化与数字化升级。腾讯集团以数个国民级的通信工具实现了人与人之间更加紧密的沟通与连接，不断开发和提供操作便捷且功能丰富的社交平台与即时通信软件，以持续性的技术创新不断实现各参与主体间沟通方式的便捷化、个性化与立体化。图 6-12 所示为腾讯集团年度会议。

图 6-11　腾讯集团总部

图 6-12　腾讯集团年度会议

从业务领域来看，腾讯集团最为人熟知的产品是即时通信软件，从 QQ 到微信，即时通信软件为我们的学习、工作、生活等方面带来便利。在数字时代，腾讯集团的业务领域不断拓展，腾讯集团不断探索更适合未来趋势的多元化社交娱乐融合体。基于优质内容，以技术为驱动引擎，腾讯集团不断探索社交和内容融合的下一代形态。透过跨屏幕、多平台、多形态的模式，腾讯集团为互联网用户提供多元化、多维度的内容，以满足用户的不同娱乐体验需求。在创意产业的发展方面，腾讯集团不断在内容业务生态体系内发掘有潜质的 IP，并助力各类 IP 价值持续成长。截至 2021 年，腾讯数字内容产品主要包括游戏、视频、直播、新闻、音乐、文学。腾讯集团为用户提供多种工具性软件，帮助用户快速、直接地进行网络安全管理、快捷浏览、定位出行、应用管理、电子邮件管理等。作为传统金融工具的有效支撑，腾讯集团以微信支付和 QQ 钱包两大平台为基础，致力于连接人与金融，构建金融生态，与合作伙伴携手为全球用户提供移动支付、财富管理、证券投资等创新金融服务。

3. 华为集团

华为集团创立于 1987 年，是全球领先的信息通信技术（Information and Communication Technology，ICT）基础设施和智能终端提供商。目前，华为集团业务遍及多个国家和地区，服务全球30多亿人口。自企业创立以来,华为集团一直致力于把数字世界带给每个人、每个家庭、每个组织,构建万物互联的智能世界,让无处不在的连接,成为人人平等的权利,成为智能世界的前提和基础;为世界提供最强算力,让云无处不在,让智能无所不及。华为集团致力于推动各类合作的企业和组织因其强大的数字平台而变得更加敏捷、高效、智能。华为集团致力于通过AI重新定义商业与消费场景,让消费者在居家、出行、办公、影音娱乐、运动健康等场景获得极致的个性化智慧体验。图6-13所示为华为产业展览会,图6-14所示为华为产品研发场景。

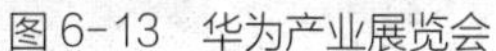
图6-13 华为产业展览会

图6-14 华为产品研发场景

截至2020年年底,华为集团在全球范围内共持有十万个以上的有效专利,其中90%以上的专利为发明专利。在学术科研方面,华为集团积极投入学术活动,发表了590篇以上的学术论文。在信息技术研发投入方面,近十年来,华为集团累计投入的研发费用超过了7200亿元人民币。华为集团聚焦ICT基础设施和智能终端领域,坚持开放式合作与创新,从维护全球标准统一、建设产业生态联盟、拥抱全球化、推进关键技术创新等方面着手,聚合、共建、共享全产业要素,携手各行业、各领域的产业和生态伙伴共同构建全球开放生态,推动中国乃至全球范围内的信息技术产业持续健康发展。

从独创性研究成果来看,华为集团在5G方面的研究成果展现出全球领先的国际化高水平。从本质上看,华为集团的5G代表了第五代移动通信技术,可以提供商用5G CPE的端到端产品的解决方案,技术成熟度领先同行。在模式频段上,智能手机需要支持NR/TD-LTE/LTEFDD/WCDMA/GSM才能使用5G网络。当前,华为集团的5G可应用于各类作业场景:远程医疗、自动驾驶、智能电网、智能城市、增强现实、虚拟现实。从优势上来看,5G传输速度快,延时低,全球领先运营商正加速商用5G的部署,5G产业在标准、产品、终端、安全、商业等各领域已经准备就绪。由此可见,华为集团及我国众多全球领先的信息技术公司将共同领航全世界范围内5G创新的新征程,共同开创我国5G时代社会经济发展的新篇章。

6.2.3 了解信息安全自主可控

1. 信息安全的概念

从范围来看,信息安全既包括国家安全、军事安全等宏观安全问题,也包括商业安全、企业信息泄露、个人信息泄露、青少年浏览网站信息等方面的微观安全问题。在数字时代,构建国家层面的信息安全体系是保障广大公民及社会经济中各个参与主体信息安全的关键举措，而国家层面的信息安全则包括各类信息安全协议、各类安全法律法规、各类信息安全体制机制、各类计算机安全操作系统等环节，各个环节中任何一个环节的潜在漏洞都可能成为威胁到全局安全的重要问题。

从概念上看，狭义的信息安全可被定义为：基于信息网络的软硬件设备及其相关系统中的数据信息资料能够得到应有的保护，且不会受到偶然、恶意的原因而被泄露、篡改、破坏，从而保障其系统能够持续、稳定地正常运行，信息化传播渠道不会受限或遭到负面影响。从广义来说，凡涉及互联网及非互联网环境下信息真实性、完整性、可用性、可控性及保密性等的相关理论与技术都是信息安全问题的研究范畴。在国际上，国际标准化组织（International Organization for Standardization，ISO）将信息安全进行了以下定义："为数据处理系统建立和采用的技术、管理上的安全保护，为的是保护计算机硬件、软件、数据不因偶然和恶意的原因而遭到破坏、更改和泄露。"从信息安全的影响因素来看，计算机的硬件因素、操作系统的软件因素及计算机和网络的使用者产生的人为因素都是可能侵犯信息安全的影响因素，其中以人为因素影响最大。图 6-15 所示为信息安全保护体系示意，图 6-16 所示为信息通信加密示意。

图 6-15　信息安全保护体系示意

图 6-16　信息通信加密示意

2. 信息安全的目标

（1）保密性

在加密技术的应用下，网络信息系统能够对申请访问的用户展开筛选，允许有权限的用户访问网络信息，而拒绝无权限的用户的访问申请。

（2）完整性

在加密、散列函数等多种信息技术的作用下，网络信息系统能够有效阻挡非法与垃圾信息，提升整个系统的安全性。

（3）可用性

网络信息资源的可用性不仅是指能向终端用户提供有价值的信息资源，还包括能够在系统遭受破坏时快速恢复信息资源，满足用户的使用需求。

（4）授权性

在对网络信息资源进行访问之前，终端用户需要先获取系统的授权。授权能够明确用户的权限，这决定了用户能否对网络信息系统进行访问，是用户进一步操作各项信息数据的前提。

（5）认证性

在当前技术条件下，人们能够接受的认证方式主要有两种：一种是实体性认证，一种是数据源认证。在用户访问网络信息系统前展开认证，是为了让提供权限的用户和拥有权限的用户为同一对象。

（6）抗抵赖性

简单来说，任何用户在使用网络信息资源的时候都会在系统中留下一定痕迹，用户无法否认自身在网络上的各项操作，整个操作过程均能够被有效记录。这样做能够应对不法分子否认自身违法行为的情况，提升整个网络信息系统的安全性，创造更好的网络环境。

3. 信息安全威胁及其防治

（1）常见的信息安全威胁种类

计算机病毒是对计算机信息或系统起破坏作用的程序，它由人为制造且具有潜伏性、传染性和破坏性的特点。从其影响作用方式来看，计算机病毒不能独立存在，其运行需要隐藏于某些可执行程序之中。某台计算机被病毒感染后，将出现运行速度变慢、文件丢失、系统卡顿乃至宕机或无法开机等现象，而这样不同程度的现象将给计算机使用主体带来不同程度的损失和负面影响。因此，这一类对于计算机软硬件造成破坏性影响的应用程序被统称为计算机病毒。伴随着信息技术的发展，计算机病毒也在不断更新，近年来出现的许多新型计算机病毒因其各自的独特性，导致无法被按照传统计算机病毒分类的方式进行归类，如木马病毒、脚本病毒、后门病毒等。

① 木马病毒。

木马病毒是指隐藏在正常程序中的一段具有特殊功能的恶意代码，是具备破坏和删除文件、发送密码、记录键盘和攻击 DOS 等特殊功能的后门程序。木马病毒其实是计算机黑客用于远程控制计算机的程序，控制程序寄生于被控制的计算机系统中，通过“里应外合”的方式对被感染木马病毒的计算机实施操作。一般的木马病毒程序主要是寻找计算机的“后门”，伺机窃取被控计算机中的密码和重要文件等，它可以对被控计算机实施监控、资料修改等非法操作。木马病毒具有很强的隐蔽性，可以根据黑客的意图突然发起攻击。

② 脚本病毒。

脚本病毒的前缀是：Script。该类病毒的公有特性是使用脚本语言编写，通过网页进行传播。脚本病毒的前缀还有 VBS、JS（表明是何种脚本编写的），其中最具代表性的是宏病毒。宏病毒的前缀是 Macro，该类病毒的公有特性是能感染 Office 系列文档，然后通过 Office 通用模板进行传播。

③ 后门病毒。

后门病毒的前缀是：Backdoor。该类病毒的公有特性是通过网络传播，给系统开后门，给用户的计算机带来安全隐患。如 IRC 后门 Backdoor.IRCBot。

（2）计算机病毒的特点

① 传染性。

计算机病毒最主要的特点是传染性，其能够通过互联网、U 盘接触等渠道入侵目标计算机。在入侵之后，往往可以扩散病毒，感染未感染的计算机，进而造成系统大面积瘫痪等事故。伴随着信息技术的不断发展，不断迭代的高级计算机病毒能够在短时间之内实现大规模的恶意入侵。基于此，在计算机病毒的安全防御体系相关研究中，如何应对计算机病毒的快速传染是构建防御体系的关键，也是有效防御病毒的重要基础。

② 破坏性。

计算机病毒在入侵计算机之后通常具有不同程度的破坏性，计算机系统运行速度变慢、系统文件丢失、系统卡顿乃至宕机或无法开机等现象都有可能出现。计算机病毒通过消除、篡改、恶意传播信息的方式，将可能导致更大规模的网络环境及其内部计算机系统受到破坏及大面积瘫痪，从而给计算机使用人员带来不同程度的损失和负面影响。如常见的蠕虫、木马等计算机病毒可通过很多渠道入侵计算机，从而给许多计算机带来安全隐患。

③ 潜伏性。

计算机病毒具有潜伏性的特点。计算机病毒需要在宿主中寄生才能生存，才能更好地发挥其功能，破坏宿主的正常机能。通常情况下，计算机病毒都是在其他正常程序或数据中潜伏，在此基础上利用一定介质实现传播。在宿主计算机实际运行过程中，一旦达到某种设置条件，计算机病毒就会被激活，随着程序的启动，计算机病毒会对宿主计算机的文件进行不断修改，使其破坏作用得以发挥。

④ 隐蔽性。

计算机病毒具有隐蔽性的特点，这导致了其在很多计算机运行过程中不会被及时发现乃至清除。计算机病毒通过伪装成正常程序，难以被杀毒软件识别，甚至在很多情况下即使被清除了还能自动复原，持续困扰计算机的操作人员。究其原因，主要是计算机病毒通常以隐藏文件或隐藏程序代码的方式存在，在很多常规的计算机病毒查杀过程中，难以对其进行全面、有效、及时的查杀和肃清。更有甚者，一些计算机病毒被设计成专门针对计算机病毒的“杀毒软件”来诱导计算机使用者安装运行，最终轻松地入侵使用者的计算机。因此，许多计算机病毒因其较强的隐蔽性使得计算机安全防范处于被动状态，从而造成严重的信息安全隐患。

（3）计算机病毒的防治

① 数据备份。

为减小计算机病毒带来的影响，我们在日常使用计算机的过程中应规律性地对重要的文件资料进行数据备份将全部或部分数据集合从应用主机的硬盘或阵列复制到其他的存储介质，其目的是防止因操作失误或系统故障导致数据丢失。

② 安装杀毒软件。

在做好数据备份工作之外，防治计算机病毒的最直接手段是安装最新的杀毒软件，并且定期升级杀毒软件的病毒库，定时或不定时地对计算机进行病毒查杀，在连接到互联网环境时更要实时开启杀毒软件的监控功能。计算机操作人员还应当培养良好的上网习惯，例如不浏览不安全及陌生的网站，慎重对待来历不明的邮件及其附件信息，设置安全系数较高的密码及口令，从而更好地应对基于密码破译种类的计算机病毒攻击。

③ 及时安装补丁。

在日常积极使用杀毒软件保护计算机信息安全的基础上，打开计算机操作系统的系统补丁升级功能，根据系统提示主动将软件系统升级到最新版本，从而更好地防范病毒入侵。在日常使用计算机的过程中，应避免计算机病毒以网页传播、U 盘接触传播等方式入侵到软件系统或者通过攻击其他应用软件漏洞等渠道进行计算机病毒传播。此外，如果计算机确实已受到计算机病毒的感染，则应将被侵害的计算机进行断网隔离，防止计算机病毒在互联网环境下进行更大规模的传播和入侵。

④ 树立信息安全意识。

在做好以上各项信息安全保障工作之外，作为计算机的使用者应当培养自身更加完善的信息安全意识。一方面，基于计算机病毒的互联网传播特点，各类计算机操作人员应在条件允许的情况下尽可能实现专机专用，避免浏览或登录陌生网站，避免安装不明网站的软件程序，避免打开或传播不明网站下载的文件或资料。另一方面，基于计算机病毒的移动存储介质传播特点，各类计算机操作人员在办公和学习过程中使用移动存储设备时，应尽可能地避免与陌生计算机设备交叉使用、共享使用，从而降低因不必要的计算机及移动存储介质交叉使用导致的计算机病毒入侵风险。

（4）国产杀毒软件简介

① 奇虎 360 安全卫士及杀毒软件。

奇虎是北京奇虎科技有限公司的简称，由周鸿祎于 2005 年 9 月创立，主营以 360 杀毒为代表的免费网络安全平台、拥有 360 安全大脑等业务。作为中国最大的互联网安全公司之一，奇虎拥有国内规模领先的高水平安全技术团队，其旗下的 360 安全卫士（见图 6-17）、360 杀毒、360 安全浏览器、360 安全桌面、360 手机卫士、360 安全大脑等一系列产品，使 360 成为我国乃至全球范围内领先的网络安全品牌。

图 6-17　奇虎 360 安全卫士

② 金山安全卫士及杀毒软件。

金山毒霸（见图 6-18）是我国的反病毒软件，从 1999 年发布最初版本至 2010 年由金山软件开发及发行，是国内少有的拥有自研核心技术、自研杀毒引擎的杀毒软件。金山毒霸软件融合了启发式搜索、代码分析、虚拟机查毒等经业界证明的成熟可靠的反病毒技术，使其在查杀病毒种类、查杀病毒速度、未知病毒防治等多方面达到先进水平，同时金山毒霸软件具有病毒防火墙实时监控、压缩文件查毒、查杀电子邮件病毒等多项先进的功能。紧随世界反病毒技术的发展，金山毒霸软件为个人用户和企事业单位提供完善的反病毒解决方案。

图 6-18 金山毒霸软件

③ 百度杀毒软件。

百度杀毒软件（见图 6-19）是百度公司出品的专业杀毒软件，集合了百度强大的海量数据学习功能与百度自主研发的反病毒引擎专业能力。其采用百度独有的“深度学习”技术，具有超大规模训练集、高木马检出率、极低误报、体积小等特点。在“慧眼引擎”及“雪狼引擎”两大自研引擎的防护下，百度杀毒软件能够给用户带来更快、更安全的计算机病毒查杀体验。

图 6-19 百度杀毒软件

④ 瑞星杀毒软件。

作为我国老牌杀毒软件的代表，瑞星杀毒软件（见图 6-20）采用获得欧盟及中国专利的 6 项核心技术，形成全新软件内核代码，具有八大绝技和多种应用特性，是国内外同类产品中最具实用价值和安全保障的杀毒软件产品之一。瑞星杀毒软件的“整体防御系统”可将所有互联网威胁拦截在用户计算机外。深度应用“云安全”的全新木马引擎、“木马行为分析”和“启发式扫描”等技术保证将病毒彻底拦截和查杀。再结合“云安全”系统的自动分析处理病毒流程，能第一时间将未知病毒的解决方案提供给用户。

图 6-20　瑞星杀毒软件

4. 信息安全威胁的根源

（1）信息保护意识欠缺

网络上个人信息的肆意传播、电话推销源源不绝等情况时有发生，从其根源来看，这与公民欠缺足够的信息保护意识密切相关。公民在个人信息层面的保护意识相对薄弱，给信息被盗取创造了条件。如随便点进网站便需要填写相关资料，有的网站甚至要求填写身份证号码等信息，很多公民并未意识到上述行为是对信息安全的侵犯。此外，部分网站基于公民信息保护意识薄弱的特点公然泄露或者是出售相关信息。再者，日常生活中随便填写传单等资料也存在信息被违规使用的风险。图 6-21 所示为个人网络数据被窃取的漫画。

图 6-21　个人网络数据被窃取的漫画

（2）信息采集缺乏规范

现阶段，虽然人们的生活方式呈现出简单和快捷的特点，但其背后也伴有诸多信息安全隐患。如诈骗电话、推销信息及人肉搜索信息等均对个人信息安全造成影响。不法分子通过各类软件或者程序盗取个人信息，并利用信息获利，严重影响了公民的生命、财产安全。此类问题多是集中在日常生活中，如无权、过度或者非法收集等情况。除了政府和得到批准的企业外，有部分未经批准的商家或者个人对个人信息实施非法采集，甚至部分调查机构建立调查公司，并肆意兜售个人信息。上述问题使个人信息安全遭到极大的威胁，严重侵犯公民的隐私权。

（3）信息安全监管不足

从监管层面来看，各级政府部门在对广大公民及各类组织、机构进行信息保护和监管的过程中可能会由于管辖范围的差异造成管理边界模糊、管理边界交叉等问题，因此需要建立针对经济社会各参与主体信息活动与信息行为全方位保护的动态统筹协调机制。针对一些迫切需要解决的信息孤岛问题，应设立专业化、跨领域、跨部门的监管部门。在我国，针对信息安全监督管理的各项法律法规逐渐完善，特别是在保护我国公民个人信息安全相关法律法规正式实施的背景下，我国社会各个领域的信息安全监管情况将得到持续改善。

5. 信息安全的展望

伴随着新一代颠覆性信息技术的不断发展，各类新技术的进步，在物理层面和网络层面给信息安全保障工作带来了更高层次的新挑战。

（1）传统安全技术不能满足新一代信息安全形势的要求

从功能来看，传统的信息安全技术主要关注被动的信息安全防御及信息安全的应急处理能力。然而，基于大数据与云计算的相关产业发展趋势下，传统的信息安全技术已经不能满足新一代信息安全形势的要求。只关注传统互联网环境下各个孤立程序和系统的信息安全技术应降低用户形象信息的安全成本、提高信息安全保障效率的逻辑起点、重新构建基于新形势下信息安全保障的整体产业链，从而更好地应对信息安全领域的各类新要求。

（2）各类新型信息技术的融合给信息安全带来新的挑战

从趋势来看，大数据、云计算、物联网、区块链、元宇宙等新型信息技术的融合是全世界信息技术发展不可逆的大趋势。新一代颠覆性信息技术集群发展将给信息安全产业带来更大的挑战。在落地应用领域，大数据、云计算、物联网等技术将会在国防军事、智能交通、智慧电网、智能商业、智能加密认证等领域更加深入地融合，各类新型信息技术应用落地带来的数据信息将呈几何级增长，从而在信息存储、信息传播和信息处理领域给信息安全带来更多新挑战。

（3）更加开放格局下的信息产业提出新的信息安全标准

在国内大循环和国际双循环的大背景下，更加开放的互联网环境消除了许多传统的网络边界，在创造了更多发展机遇的同时也给信息安全的标准提出了更高的要求。例如，我国各类科研机构和高等院校正在积极探索基于区块链等非对称加密技术的发展来推动未来我国社会增信经济的不断发展壮大。在更加开放的开源化互联网发展趋势下，国家的信息安全标准正在由直接化、单一化、中心化和集成化的传统特征向间接化、规模化、复杂化和分布化的方向发展。在未来，我国信息安全产业将在融合开放和增信经济的大安全环境中实现高质量发展。信息安全的综合体系如图 6-22 所示。

6. 我国信息安全相关法律法规

网络信息安全行业属于国家鼓励发展的高新技术产业和战略性新兴产业，该产业受到国家政策的大力扶持。近年来，我国政府颁布了《中华人民共和国国家安全法》《中华人民共和国网络安全法》《中华人民共和国密码法》等重要法规，并制定了一系列政策及标准，从制度、法规、政策、标准等多个层面促进国内信息安全行业的发展，提高对政府、企业等网络信息安全的合规要求。我国网络信息安全政策的逐步实施，将带动政府、企业在网络信息安全方面的投入。在网络信息安全法律法规的驱动下，我国网络信息安全行业将持续保持较快的增长。2020 年 7 月 22 日，为深入贯彻落实我国网络安全等级保护制度和关键信息基础设施安全保护制度，健全完善国家网络安全综合防控体系，有效防范网络安全威胁，有力处置网络安全事件，严厉打击危害网络安全的违法犯罪活动，切实保障国家网络安全，中华人民共和国公安部发布了《贯彻落实网络安全等级保护制度和关键信息基础设施安全保护制度的指导意见》。

图 6-22 信息安全的综合体系

全国政协围绕个人信息安全和隐私保护开展了大量工作，采取系列措施加快构建个人信息安全的“防火墙”，让个人信息安全，让社会公众满意，如图 6-23 所示。除个人信息安全外，用法律法规来保护国家安全也十分重要，如图 6-24 所示。

图 6-23 构建防火墙保护个人信息

图 6-24 以法律法规保护国家安全

进入了“十四五”规划的新发展阶段，我国信息安全建设工作呈现出以下 4 个方面的新特征。

第一，网络安全等级保护制度深入贯彻实施。网络安全等级保护定级备案、等级测评、安全建设和检查等基础工作深入推进。网络安全保护“实战化、体系化、常态化”和“动态防御、主动防御、纵深防御、精准防护、整体防控、联防联控”的“三化六防”措施得到有效落实，网络安全保护良好，生态基本建立。

第二，关键信息基础设施安全保护制度建立实施。关键信息基础设施底数清晰，安全保护机构健全、职责明确、保障有力。在贯彻落实网络安全等级保护制度的基础上，关键岗位人员管理、供应链安全、数据安全、应急处置等重点安全保护措施得到有效落实，关键信息基础设施安全防护能力明显增强。

第三，网络安全监测预警和应急处置能力显著提升。跨行业、跨部门、跨地区的立体化网络安全监测体系和网络安全保护平台基本建成，网络安全态势感知、通报预警和事件发现处置能力明显提高。网络安全应急预案齐备，应急处置机制完善，应急演练常态化开展，网络安全重大事件得到有效防范、遏制和处置。

第四，我国网络安全综合防控体系基本形成。网络安全保护工作机制健全完善，党和国家统筹领导、各部门分工负责、社会力量多方参与的工作格局进一步完善，网络安全责任制得到有效落实，网络安全管理防范、监督指导和侦查打击等能力显著提升，“打防管控”一体化的网络安全综合防控体系基本形成。

任务 6.3　了解信息伦理与职业行为自律

在信息与数字化社会，信息伦理问题越来越成为经济社会中不可回避的问题。在未来就业岗位中的信息获取、信息处理岗位及部分传统工作岗位中的信息化作业单元都将涉及用户信息采集、处理及传播等场景，如何根据合法合规的信息伦理准则来实现个体的职业行为自律值得全社会进行长期探讨。利用搜索软件和日常学习资料梳理信息伦理的相关新闻资讯，并总结我们日常生活及未来工作中将遇到哪些信息伦理问题。

任务描述

通过对本任务的学习，完成以下任务。

- 了解信息伦理的概念。
- 了解信息伦理的思辨。
- 了解信息伦理的相关法规，特别是我国信息伦理的相关法规。
- 了解信息道德的概念。
- 了解信息道德的层次。
- 了解信息道德的类型。
- 了解我国信息道德环境的建设成果。
- 了解个体视角下的信息道德与职业行为自律。
- 完成单元考核中的相关任务。

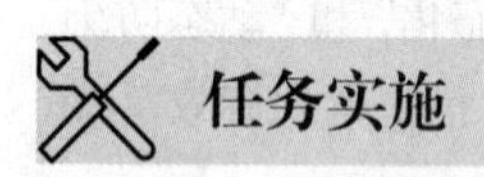

6.3.1　理解信息伦理知识

1. 信息伦理的概念

从狭义上来看，信息伦理是指个体在获得、传播、使用和创造信息的过程中应遵循的道德准则，即各参与主体的信息相关活动及行为应在不违反道德规范、不侵犯他人的合法权益、不危害社会公共安全等前提下进行。从广义上来看，信息伦理是指各参与主体在信息相关活动及行为中的道德情操，并且能够合理、合情、合法地利用信息来产生价值，或者使用信息来解决个体和组织的特点问题。因此，针对信息社会中的各参与主体，应在公民普遍的基础教育阶段培养其全面而得体的信息伦理道德修养，从而保证这些当前及未来信息技术领域的从业人员不会因一己私利而从事非法的信息相关活动，保证其懂得如何防范计算机病毒及其他信息犯罪活动，更好地遵守相关的信息伦理道德规范。

2. 信息伦理的思辨

数字经济的蓬勃发展推动着社会进入更高级别的信息时代，而信息时代面临的挑战也越来越多，我们每个人的工作和生活中都面临着知识碎片化、信息量大导致注意力分散和效率降低、隐私泄露的风险加大，信息安全问题日益严峻的多重问题。因此，在大数据环境下，批判性思维和信息评价意识更加重要。信息用户需要明确其信息需求，并能从海量信息中，取其精华，去其糟粕，真正找到满足个人信息需求的、有真正价值的信息。大数据技术对现有的信息存储和信息安防措施提出了挑战，个人隐私泄露的风险日益升高。因此，人们更应当具有信息安全意识，提高保护信息安全能力。

在全面改变和影响人类社会的同时，信息系统及由智能信息系统驱动的智能机器人正在以更高的社会地位参与到各类经济生活之中，并且在很多领域潜在地动摇着人类的高级智慧生物的地位，甚至在部分特定场景威胁到人类的传统道德体系。在未来，高度智能化的机器人、长时间伴随人类成长过程的机器人、人类的伴侣乃至配偶的机器人是否应当具有传统自然人的社会经济地位及相应的责任和义务，这些问题都值得相关学者、科学家乃至全体人类进行深刻的思考。进一步地，被人类制造出来的高等级智能机器人作为社会经济的参与主体，在其触犯了法律的情况下，如何被定责、参与其设计到制造的各个人类主体是否应当承担一定的责任，这些问题也都值得我们深思。从应用场景来看，自动机器人及无人驾驶汽车等人工智能应用，在人类社会的运行过程中如果出现了人机交互的纠纷与事故，如何根据不同特定环境进行定规定责，这是值得国家法律法规各个部分及全社会进行广泛讨论的长远问题。从单一层面来看，这样的信息伦理问题如果不能得到充分的解决，我们就很难实现全面的自动驾驶技术的应用。从全局层面来看，在可预见的未来，大规模智能机器人在人类社会普遍应用的背景下，以上的一系列问题都关乎人类的未来发展。

总的来看，如果各个场景下的人机交互与人机协作（见图 6-25）等衍生问题不能被妥善解决和规范，那么我们实现智能机器人及自动化系统的大规模普及应用还任重而道远。

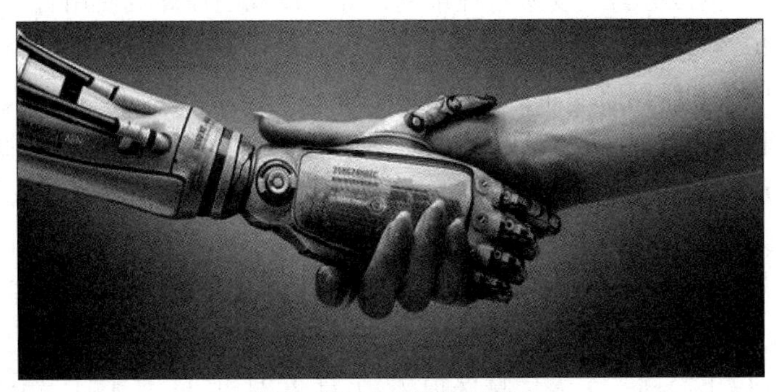

图 6-25　人机协作假想图

6.3.2 信息伦理相关法律法规

在信息时代，许多国家针对个体公民的信息被过度搜集、泄露、使用的问题均出台了相应的法律法规。针对已有的资料，全球主要国家关于信息安全与伦理法律法规的汇总如表6-1所示。

表6-1 主要国家信息安全相关法律法规汇总

国家	政策法规	实施时间
中国	《中华人民共和国网络安全法》 《中华人民共和国个人信息保护法》	2017年6月1日 2021年11月1日
美国	《隐私法案》 《网络安全信息共享法案》	1974年12月31日 2015年10月27日
欧盟	《电子通信领域个人数据处理和隐私保护的指令》 《通用数据保护条例》	2002年7月12日 2018年5月25日
俄罗斯	《俄罗斯联邦信息、信息化与信息保护法》	1995年2月20日

信息技术的持续进步和不断迭代深刻重塑了人类的劳动生产方式和经济社会生活，也重塑了人类的思维方式、行为准则和价值观念。从我国的情况来看，信息安全相关法律法规的不断完善一直是构建我国信息社会的引领主线。随着信息化与经济社会的持续深度融合，网络已成为生产生活的新空间、经济发展的新引擎、交流合作的新纽带。近年来我国个人信息保护力度不断加大，但仍有一些个人、企业、机构基于一己私利，恶意获取、随意滥用、非法交易各类私人信息，乃至通过信息犯罪破坏人民群众的安宁生活、侵犯人民群众的财产安全、危害人民群众的生命健康等。在当前与未来的信息时代，个人信息保护已成为广大人民群众非常关心的问题之一，长久以来，社会各方面也广泛呼吁政府出台专门的个人信息保护法。

为此，党中央高度重视网络空间法治建设，持续推进对个人信息保护立法工作的部署。习近平总书记多次强调，要坚持网络安全为人民、网络安全靠人民，保障个人信息安全，维护公民在网络空间的合法权益，还对加强个人信息保护工作提出了明确要求。按照时间顺序来看，我国先后颁布了《中华人民共和国计算机信息系统安全保护条例》《中华人民共和国计算机信息网络国际联网管理暂行规定》《计算机信息网络国际联网安全保护管理办法》《计算机病毒防治保护管理办法》《互联网电子公告服务管理规定》《计算机软件保护条例》《互联网上网服务营业场所管理条例》等，以规范计算机使用者的行为。从重要的法律法规来看，2016年11月7日，第十二届全国人民代表大会常务委员会第二十四次会议通过了《中华人民共和国网络安全法》（以下简称《网络安全法》），首次从立法层面对个人信息进行了定义和不完全列举：个人信息，是指以电子或者其他方式记录的能够单独或者与其他信息结合识别自然人个人身份的各种信息，包括但不限于自然人的姓名、出生日期、身份证件号码、个人生物识别信息、住址、电话号码等。《网络安全法》是首次对网络运营者的职责、违规使用个人信息需承担的法律责任做出了集中性规定的法律文件。2021年8月20日，第十三届全国人民代表大会常务委员会第三十次会议表决通过的《中华人民共和国个人信息保护法》（以下简称《个人信息保护法》）自2021年11月1日起施行，此法律法规是根据宪法，为了保护个人信息权益，规范个人信息处理活动，促进个人信息合理利用而制定的。《个人信息保护法》的颁布是对《网络安全法》的重要补充，它弥补了我国法律体系中的一大空白。图 6-26 所示为我国《个人信息保护法》正式实施的漫画。

图 6-26 我国《个人信息保护法》正式实施

除了我国之外，美国、欧洲各国与信息相关的法律法规也十分丰富，但都有各自侧重的方向。

美国在 1974 年通过了《隐私法案》，后续有关个人信息安全的法律规范都是在这一法案的前提下进行立法的。2015 年 10 月，美国通过《网络安全信息共享法案》，进一步规定了对个人隐私、自由等权利的保护。美国的法律体系的特征较为显著，主要以行业作为划分，针对金融、医疗、电信、教育、娱乐、消费者保护和儿童隐私保护等领域制定了有关个人信息安全保护的细则。此外，在联邦颁布的法律基础上，各州也推出了自己的信息安全保护政策。其中，美国加利福尼亚州于 2018 年 7 月通过的《2018 加州消费者隐私法案》借鉴了欧盟的《通用数据保护条例》（The European General Data Protection Regulation，GDPR）的多条核心内容，该法案已于 2020 年 1 月 1 日正式实施。

在 1995 年，为严格保护个体的信息安全，欧盟颁布了《计算机数据保护法》。2018 年 5 月 25 日，欧盟出台了《通用数据保护条例》，明确了《通用数据保护条例》的实施部门为各国数据保护机构，其赋予数据主体包括访问权、纠错权、被遗忘权、限制处理权、反对权、拒绝权和自决权等权利，为欧盟各成员国的个人信息隐私权保护提供了法律依据。在此前欧盟颁布的相关法律法规中，只有收集和使用数据的数据拥有者需要对数据保护负责。此后，《通用数据保护案例》规定了数据处理者也需要直接承担合规风险和义务；在数据保护上，数据供应链自上而下的各方都会被问责。此外，在欧盟的《通用数据保护条例》之下，许多欧洲国家也颁布了各自国家的信息安全法律法规，例如，在荷兰颁布的《个人数据保护法》（DPA）中，处理个人数据的 6 项法律依据中最重要的是“同意”，在未获得参与个体数据相关行为“同意”的前提下，任何企业和机构都不能违法处理任何个人数据。

总的来看，针对个人信息安全保护的立法是信息经济发展到一定阶段的必然产物，而在保护个人信息安全和保护合规企业的竞争力，引导市场“良币战胜劣币”的权衡上，我国近年来在信息安全与信息伦理相关的法律法规制定方面兼顾了开放包容与客观审慎两方面的特点。

6.3.3 信息道德与职业行为自律

在信息化、数字化时代，信息的获取和分享都更为便捷，但在这样的新环境下产生的新问题值得我们去思考。信息安全与道德是个人和社会健康发展的重要保证。对个人而言，要认识到个人隐私及信息完整与安全的重要性，注意保护好自己的密码、证件等个人信息，做好病毒防护和实时的数据备份等措施。

扫码观看
微课视频

1. 信息道德的概念

从定义上来看，信息道德是指在信息的获取、处理、存储、使用及传播等信息活动的各个过程中，用来规范各参与主体及其相互关系的信息道德意识、信息道德行为及信息道德规范的集合。信息道德通过代代相传、舆论传播等方式逐步构建了经济社会各参与主体的价值观、世界观等观念体系，进而通过影响和规范更广大人群信息处理行为习惯的方式来提升全社会的信息道德水平。

作为信息处理各个环节中的重要准则，信息道德与信息法律、信息政策等有密切的关系，这三者从各个角度对各参与主体的各类信息活动及信息行为进行全面的规范化管理。其中，信息道德是制定和实施信息法律与信息政策的源泉和基础。从影响方式来看，信息道德以其强大的约束能力，通过潜移默化的方式规范各类参与主体的信息活动及信息行为，在制定和实施各类信息法律与信息政策的过程中必须充分考虑当下及未来现实社会的信息道德环境基础，这三者在信息社会的运行过程中相辅相成、相互补充，协同保障各类信息活动的平稳开展。

2. 信息道德的层次

从层次来看，信息道德可划分为信息道德意识、信息道德关系、信息道德活动等3个层次。

第一个层次是信息道德意识，其集中体现在信息道德的原则、规范和范畴等方面，也是经济社会各参与主体产生信息道德行为的深层心理动因。信息道德意识包含所有与信息活动相关的道德观念、道德意志、道德信念、道德理想及道德情感等。

第二个层次是信息道德关系，其主要包含各个个体、组织等参与主体之间的关系。信息道德关系的建立需要以一定的权利和义务为基础资源，并通过特定的信息道德规范形式进行外化展现。作为一种特殊的社会关系，信息道德关系可以被认为是经济社会中各参与主体基于个体自身及各主体间相互关系的动态进程所衍生出的信息关系。

第三个层次是信息道德活动，其主要包括信息道德修养、信息道德行为、信息道德教育和信息道德评价等环节，并以信息道德的实践为核心。信息道德行为即经济社会中各参与主体在信息交流过程中主动选择、下意识的行为活动，也是各参与主体对其自身和他人信息意识和信息行为的认知、参与、应对的完整过程。

图6-27所示为描绘纷繁复杂的网络信息环境的漫画，图6-28所示为构建我国高质量信息道德体系的漫画。

图 6-27 纷繁复杂的网络信息环境

图 6-28 构建我国高质量信息道德体系

3. 信息道德的类型

（1）网络道德

网络道德是伴随着计算机与互联网技术的发展过程衍生出来的概念。在互联网技术迅猛发展的当下，数字化、信息化社会变革速度持续加快，网络社会乃至元宇宙概念的诞生标志着现实中经济社会的各个参与主体构建了一个在传统物理社会之外的虚拟社会，而且这样的社会正在被严肃、规范地对待。在传统的网络社会中，因虚拟身份与真实物理身份没有实现充分的一一对应，从而导致个人隐私安全、知识产权保护、信息传播安全等环节受到各类不道德、甚至非法网络行为的侵犯。为此，世界各国针对网络社会及其未来迭代的新形态逐步制定了多维度的行为规范及法律法规，从而构建更加和谐的网络环境。

（2）技术道德

技术道德是伴随着信息技术发展而衍生出的概念。从范畴上来看，一方面，技术道德属于科学技术道德；另一方面，因其对现代经济社会的重要影响及信息技术属性的特点，技术道德的内涵有了进一步的拓展。技术道德研究的重点在于如何从道德约束的视角对信息的获取、处理、传播和创造等方面进行足够的规范约束，从而保障各类信息活动与信息行为产生最大范围的正能量和相应的积极效果，最终实现信息技术的发展引领经济生活中各参与主体和全社会实现帕累托最优和高质量的发展。

4. 我国信息道德环境的建设

对世界各国来说，信息道德的建设需要全社会的共同努力。作为世界上最大的社会主义发展中国家，我国在充分借鉴国外信息道德环境建设的研究成果的基础上，结合我国国情和现有的信息伦理道德水平，通过加强宣传和教育，不断提升经济社会各参与主体及全社会的信息伦理道德水平和信息文明意识，进而构建我国信息强国的发展根基。

从我国信息道德环境的建设成果来看，1995 年，中国信息协会通过了《中国信息咨询服务工作者的职业道德准则的倡议书》（以下简称《倡议书》），《倡议书》对我国信息咨询服务从业者应遵循的信息道德准则进行了强调和规范。《倡议书》中的信息道德准则涉及信息咨询服务的基本指导思想、职业道德等多方面内容。此外，网络数字媒体作为信息社会的重要参与主体，在新时代肩负着推动我国信息社会中信息道德和信息伦理体系构建的关键任务。我国网络数字媒体与传统媒体的协同并进推动着我国物理空间和虚拟空间的信息社会实现高质量发展。

在构建中国特色社会主义的信息道德、信息法律和信息政策完整体系的过程中，仍然需要各类经济生活参与主体认真践行社会主义核心价值观，进一步明确每个参与主体在信息道德环境建设方面的责任和义务，切实承担起自身和他人信息活动与信息行为过程中信息道德环境建设任务的实践、落实和评价工作。以全社会的信息道德教育为引领，共同持续建设我国的社会主义信息道德环境。

5. 个体视角下的信息道德与职业行为自律

在信息经济与数字经济时代，我们每一个个体在享受着新一代信息技术发展变革带来的红利与便利的同时，理所当然地，也应该承担一名新时代合格公民应尽的责任和义务。从本质上看，作为一名具有社会属性的自然人，我们每一个个体都具有信息的制造者、吸收者、传播者等三重以上的身份，在不同的身份下我们要遵循的信息道德和信息伦理也不尽相同。

作为一名信息的制造者，我们应选择那些有用的、有正面影响的信息进行加工、合成，以生成有益于社会，有益于他人，也有益于自己的信息，在信息的产生阶段形成正循环的开始。作为一名信息的吸收者，我们可能会遇到许多参差不齐的信息，对那些有负面影响的信息我们应坚决加以抵制，不让歪风邪气影响我们自身。作为一名信息的传播者，我们应把那些参差不齐的信息过滤，再传递给他人，尽最大可能以保证亲人、朋友、陌生人等的身心健康，同时还要帮助周围的人更好地选择、判断、评价信息的好坏，形成社会主义正能量积极传播的完整闭环。

总体来讲，在当前我国社会主义法治信息社会的大环境下，我们要做到 6 个“不”。第一，不利用计算机网络窃取国家机密，盗取他人密码，传播、复制色情内容等；第二，不利用计算机提供的方便，对他人进行人身攻击、诽谤和诬陷；第三，不破坏别人的计算机系统；第四，不制造和传播计算机病毒；第五，不窃取别人的软件资源；第六，不使用与传播盗版软件。图 6-29 所示为树立良好的个人信息道德与职业行为自律示意图。

图 6-29　树立良好的个人信息道德与职业行为自律示意图

拓展任务

在课后利用互联网搜索引擎、微博等社交平台、微信等即时通信软件及抖音、快手等短视频平台查阅信息素养、信息技术发展历程、信息安全与信息道德的宣传视频资料，在学习小组中讨论学习心得，撰写学习笔记并提出自己的观点进行。

事件	重要标志及影响
第一次信息技术革命	
第二次信息技术革命	
第三次信息技术革命	
第四次信息技术革命	
第五次信息技术革命	

知识点	概念定义及作用
信息素养	
信息安全	
信息道德	
信息伦理	

考核评价

姓名：________ 专业：________ 班级：________ 学号：________ 成绩：________

一、单选题（每题5分，共计30分）

1. 我国最早使用印刷术的时间比欧洲早（ ）。

A. 200年 B. 400年 C. 600年 D. 800年

2. 当前，我国的（ ）卫星导航系统与全球其他三大卫星导航系统并称“四大卫星导航系统”。

A. 北斗 B. 盘古 C. 鸿蒙 D. 麒麟

3. 在国际的5G研发与应用领域呈现领导地位的是以我国的（ ）集团为代表的民族企业，其拥有当前全球最先进的5G。

A. 百度 B. 腾讯 C. 华为 D. 中兴

4. 下列杀毒软件中，不是我国品牌的是（ ）。

A. 瑞星 B. 诺顿 C. 360 D. 金山

5. 为严厉打击危害网络安全的违法犯罪活动，切实保障国家网络安全，中华人民共和国公安部于（ ）发布了《贯彻落实网络安全等级保护制度和关键信息基础设施安全保护制度的指导意见》。

A. 2019年3月22日 B. 2019年7月22日

C. 2020年3月22日 D. 2020年7月22日

6.《中华人民共和国个人信息保护法》自（ ）年11月1日开始实施。

A. 2019 B. 2020 C. 2021 D. 2022

二、多选题（每题5分，共计30分）

1. 信息素养的构成要素有（ ）方面。

A. 信息知识 B. 信息意识

C. 信息能力 D. 信息伦理与道德

2. 下列属于信息安全影响因素的有（ ）。

A. 操作因素 B. 硬件因素

C. 软件因素 D. 人为因素

3. 计算机病毒有（ ）特点。

A. 传染性 B. 破坏性 C. 潜伏性

D. 连续性 E. 隐蔽性

4. 信息安全保护的目标有（ ）。

A. 保密性 B. 完整性 C. 可用性

D. 授权性 E. 认证性

5. 信息道德的层次有（ ）。

A. 信息道德意识 B. 信息道德关系

C. 信息道德活动　　　　D. 信息道德操守

6. 信息伦理通常指的是（　　）方面应该遵循的道德要求。

A. 获取信息　　　　B. 使用信息

C. 生成信息　　　　D. 传递信息

三、简答题（每题 20 分，共计 40 分）

1. 进入“十四五”规划的新发展新阶段，我国信息安全建设工作呈现出怎样的特点？

2. 在信息素养标准的 3 个方面共 9 个标准中，你认为哪个标准最重要？你将怎样有针对性地培养这方面的素养？